U0345707

恰如其分的软件架构
JUST ENOUGH SOFTWARE ARCHITECTURE

风险驱动的设计方法
A RISK-DRIVEN APPROACH

[美] George Fairbanks 著
张逸　倪健 译
高翌翔 审校

华中科技大学出版社
http://www.hustp.com

内 容 简 介

    本书描述了一种恰如其分的架构设计方法。作者建议根据项目面临的风险来调整架构设计的成本,并从多个视角阐述了软件架构的建模过程和方法,包括用例模型、概念模型、域模型、设计模型和代码模型等。本书不仅介绍方法,而且还对方法和概念进行了归类和阐述,将软件架构设计融入开发实践中,与敏捷开发方法有机地结合在一起,适合普通程序员阅读。

湖北省版权局著作权合同登记　图字:17-2013-093 号

图书在版编目(CIP)数据

恰如其分的软件架构/[美]George Fairbanks 著;张逸,倪健 译;高翌翔 审校. —武汉:华中科技大学出版社,2013.9(2022.10重印)

ISBN 978-7-5609-9075-0

Ⅰ.恰… Ⅱ.①G… ②张… ③倪… ④高… Ⅲ.软件设计 Ⅳ.TP311.5

中国版本图书馆 CIP 数据核字(2013)第 113598 号

恰如其分的软件架构　　　　　　　[美]George Fairbanks 著　　张逸　倪建译
　　　　　　　　　　　　　　　　　　　　　　　　　　　　　　高翌翔 审校

策划编辑:徐定翔　　　　　　　　　　　　　　　　　责任校对:李 琴
责任编辑:熊 慧　　　　　　　　　　　　　　　　　责任监印:周治超
出版发行:华中科技大学出版社(中国·武汉)　　　电话:(027)81321913
　　　　　武汉市东湖新技术开发区华工科技园　　　邮编:430223
录　排:华中科技大学惠友文印中心
印　刷:湖北新华印务有限公司
开　本:787mm×960mm 1/16
印　张:23.5
字　数:447 千字
版　次:2022 年10月第 1 版第 8 次印刷
定　价:99.90 元

读者对本书的赞誉

What Readers Are Saying About Just Enough Software Architecture

如果你打算阅读一本关于软件架构的书，那就选择这一本吧。《恰如其分的软件架构》涵盖了每一位程序员、开发人员、测试人员、架构师、经理都必须知道的软件架构的基本概念，它提供了很多在实战中非常实用的建议，而这只需要你花几个小时去阅读！

——Michael Keeling，专业软件工程师

本书反映了作者造诣高深的软件架构知识和丰富的行业经验。如果你是一位架构师，一定会希望公司里的开发人员都能读一读这本书。如果你是一位开发人员，请仔细阅读。本书介绍了在软件项目实战（没有你想象中那么理想）中的架构工作。它描述了你将会碰到的环境，以及如何在这样的环境中提升自己的设计实战能力。

——Paulo Merson，在职软件架构师、软件工程学院访问学者

Fairbanks 把笔墨聚集在"恰如其分"的软件架构上，这对于每一位想要使架构过程变得更容易的开发人员来说，都是极具吸引力的。本书通过详细的案例和建议，展示了如何用风险驱动来管理架构的建设和范围，重点突出，易于理解。同时，作者提供了软件架构学术方面的很多细节，这对那些对理论和实践都很感兴趣的开发人员非常有益。

——Bradley Schmerl 博士，卡内基·梅隆大学计算机科学学院资深系统科学家

George Fairbanks 的《恰如其分的软件架构》一书中的风险驱动建模方法已经被 NASA Johnson Space Center（JSC）成功地应用于 eXtensible Information Modeler (XIM) 项目。项目组的所有成员，从项目管理人员到开发人员，都必须遵循。实际上，这本书应该是每一位开发人员的必备工具。仅仅是讲述代码模型和反模式的部分，就值回书价了。

——Christopher Dean，
美国国家航空航天局约翰逊空间中心工程科学团队 XIM 首席架构师

《恰如其分的软件架构》教你如何在战略和战术上使用工具，以及如何为你的软件项目选择架构策略。无论你是一位开发人员还是架构师，本书都是你在架构过程中的必备参考资料。

——Nicholas Sherman，微软项目经理

Fairbanks 将过程、生命周期、架构、建模及服务质量方面的最新理念集成在一个条理清楚的框架中。这个框架可以立即应用于你的 IT 应用。Fairbanks 的写作异常清晰、精确，同时具有很强的可读性和趣味性。《恰如其分的软件架构》是 IT 应用架构方面一个具有重要贡献的文献，对于企业应用架构师来说，也许会成为他们的标准参考资料。

——Ian Maung 博士，花旗企业架构部门资深副总裁，Covance 前企业架构总监

本书完全满足了那些软件开发实践者的关键需求，即如何有效地创建更加实际的系统。Fairbanks 常常运用自己的经验，并与学术理论相结合，为我们提供一个又一个概念模型、领域（或更广范围）内的最佳实践，以及在软件架构方面如何体现其现实意义，具有指导性作用。他在书中提出了基于风险的架构方法，并帮助我们认识到怎样才是"恰如其分"的。本书的问世为软件架构领域又增添了一份重要的文献。

——Desmond D'Souza，《MAp and Catalysis》一书的作者，Kinetium, Inc.

本书展现的软件架构将帮助你构建软件，而不会阻碍软件的构建；本书能够让你关注那些真正值得关注的关键性架构工作，从而避免影响编码工作。

——Kevin Bierhoff 博士，专业软件工程师

很多系统和软件开发人员常常追问为什么要做，以及针对什么做软件架构，他们一定会感谢本书的作者在这本书中呈现了清晰的论证和精彩的推理；对于纠结何时，以及如何做架构的开发人员，也会在本书中找到恰如其分的指导，当然还有很多概念和思想。总之，本书简洁易懂，涵盖了很多可供参考的内容。的确，这是一本架构精到、设计精心的好书！

——Shang-Wen Cheng 博士，航空软件工程师

序

Foreword

20 世纪 90 年代，软件架构成为软件工程的一个分支，引起人们广泛的关注。好的软件架构也成为构建成功软件系统的一个关键性因素。随之而来，为了支持架构设计，一大批让人眼花缭乱的符号、工具、技术、过程被引入现有的软件开发实践。

然而，尽管产生了很多关注于软件架构的理论和原则，但在很多情况下仍然无法找到通用的实践性方法。部分原因是在架构的角色定位上产生了分歧。一部分人提倡以架构为中心的设计，即架构在整个软件开发过程中扮演最核心、最关键的角色。持这种观点的人倾向于建立包含全面细节的架构设计、严格定义的架构里程碑及标准化的架构文档。另一部分人则希望弱化架构，主张架构随着产品设计自然呈现，也就是说，架构作为一种特殊的系统类，根本没必要重点关注。持这种观点的人倾向于尽量不要把架构设计活动从实现中分离出来，同时减少，甚至完全忽略架构文档。

显然，这两种方法都不能完全适合所有的系统。实际上，最核心的问题应该是："对一个特定的系统，应该做多少相应的架构设计工作？"

在本书中，作者 George Fairbanks 给出了一个答案："恰如其分的架构"。人们对这个答案的第一反应可能是不以为然，因为这种说法可大可小。当然，本书不仅仅只是给出这个答案，还对这个答案在原理上作出了严谨的论述，并指出"恰如其分"的真正内涵。

本书为实现软件架构指出了一条清新的、独具匠心的道路，具有巨大的实践价值。

Fairbanks 认为，决定架构工作是否充分的核心标准是，看它是否能够降低风险。如果设计中的风险很小，就不需要做多少架构工作。如果系统设计有很大的问题，架构就是一个很好的工具。本书真正站在工程的角度，从成本和收益方面来选择技术。尤为可贵的是，它通过关注风险的降低，平衡工程上的收益和进行架构设计的成本，从而获得最好的结果。

很自然，还有很多派生出来的问题需要回答。哪些风险是最好通过软件架构来解决的？如何采用架构设计原理来解决一个设计问题？哪些架构承诺要写下来以便其他人参考？如何确保架构承诺被实现者所遵循？

本书不仅回答了上面的这些问题，而且还回答了实践中更多值得思考的问题。正是由于这些内容，本书为软件架构领域贡献了一种独特的实践。对于正在使用创新方式构建软件系统的人，对于正在面临艰难进行设计权衡决策的人，对于正在尝试在敏捷过程和传统方法间找到平衡的人，简而言之，对于几乎所有的软件工程师来说，这都是一本必备的读物。

David Garlan
计算机科学学院教授
专业软件工程系主任
卡内基·梅隆大学
2010 年 5 月

前言
Preface

在我走上软件开发道路之初，就希望能拥有这样一本书。在那时，介绍语言及面向对象编程的书籍可谓汗牛充栋，而关于设计的书却如凤毛麟角。了解 C++ 语言的特性并不意味着你能设计出一个好的面向对象系统，熟知统一建模语言（UML），也未必能设计出一个好的系统架构。

本书不同于其他介绍软件架构的书籍，区别在于：

风险驱动的架构设计　当风险很小时，设计无须谨小慎微，但当风险威胁到项目的成功时，就没有任何借口进行草率的设计了。许多资历丰富的敏捷软件支持者都认为进行适度的预先设计是有裨益的，而本书则描述了一种恰如其分的架构设计方法。它避免了以"一招鲜，吃遍天"的方式来解决"焦油坑"问题，建议根据面临的风险来调整架构与设计的成本，摒弃仓促草率的做法，通过更为严谨的方式来调整大多数技术的精确度。

促进架构设计的民主化　你所在的团队可能拥有软件架构师——事实上，你可能正是其中一位。我认识的每一位架构师都希望所有开发者能够理解架构。他们抱怨开发者无法理解约束存在的原因，无法认识到表面看来细小的变化怎么会影响系统的属性。本书力求将架构与所有软件开发者联系起来。

积累陈述性知识　能够击中网球与知道为何能击中网球明显不同，心理学家将其分别称为过程性知识（procedural knowledge）与陈述性知识（declarative knowledge）。如果你已经善于设计和构建系统，你会用到本书提供的许多技术，但是，本书更要让你认识到你能做到的事情，并为这些概念命名。这些陈述性知识可以提高你指导其他开发者的能力。

强调工程实践 软件系统的设计者与构建者要做的事情很多，包括安排日程计划、协调资源的承诺及满足利益相关人的需求。诸多软件架构书籍业已涵盖了软件开发过程与组织结构。相对而言，本书将重心放在软件开发的技术部分，处理开发者要做的事情，以确保系统可以工作，即工程学的范畴。它为你展现了如何构建模型，如何分析架构，并在原则的指导下进行设计权衡。它还描述了软件设计者用来分析从中等到大型规模问题的技术，指出了在哪里才能学到专业技术的更多细节。因此，通观全书，软件工程师指的就是开发者，并没有将架构师从程序员中区分出来。

提供实践指导 本书提供了架构的实践方法。软件架构是一种软件设计，设计决策会影响到架构，反之亦然。最优秀的开发者所要做的事情就是深入那些障碍的细节，理解它们，再提炼出这些障碍的本质，从整体上将它们与架构相关联。书中采用的方式是，从架构到数据结构设计，描述具有不同抽象层级的模型，并遵循了这种向下深挖，继而向上提升的行为。

关于我
About me

我的职业生涯源于我对如何构建软件系统的渴求。这种渴求引导我游走于学术研讨与行业软件开发之间。我拥有完整的计算机科学学位：学士、硕士及博士（获得卡内基·梅隆大学软件工程学的博士学位）。我的论文专注于软件框架领域，因为它是许多开发者都要面临的问题。我开发了一种新的规格，称为设计片段（design fragment），它可以用来描述如何使用框架。同时，我还构建了一个基于 Eclipse 的工具，用于验证它们的使用是否正确。我非常荣幸能够得到 David Garlan 与 Bill Scherlis 的指导，并邀请到 Jonathan Aldrich 与 Ralph Johnson 作为论文的评审委员。

我受益于学术的精确与严密，但我的根还是在工程界。我作为软件开发者，参与了多个项目，包括：Nortel DMS-100 中央办公电话交换机、驾驶模拟器的统计分析、时代华纳通信公司的 IT 应用系统、Eclipse IDE 插件，还有我自己创建的网络初创公司开发的每一行代码。我作为一名业余的系统管理员捣鼓着自己的 Linux 机器，拥有一间闪烁着灯光、用电力供暖的小房间。

我在敏捷技术的早期就成为它的拥趸，1996 年，我成功地鼓动我的部门将开发周期从 6 个月切换为 2 周，并在 1998 年开始测试先行的开发。

本书适合谁？
Who is this book for?

本书的主要读者是那些实践中的软件开发者。读者应该对基本的软件开发思想，包括面向对象软件开发、UML、用例与设计模式等有所了解。若能拥有实际的软件开发过程的经验，对阅读本书会更有帮助，因为本书的许多基本主张都基于这些常见的经验。若你看到开发者编写了太多的文档，又或者未经深思熟虑就急于编写代码，一定会认识到这种软件开发方式的谬误，需要寻找像本书提供的那些治病良方。本书同样可以作为大学高年级学生或研究生的教材。

对于不同的读者，这里提出了一些期望：

开发新手或学生 如果你已经了解软件开发的基本机制，例如，编程语言和数据结构设计，理想情况下，已经学过通用的软件工程学课程，本书会为你介绍软件的特定模型，帮助你形成软件架构的概念模型。无须绘制大量图形、编写大量文档，这一模型就能帮助你从大型系统的混乱中走出来，理清思路。它还为你提供了诸如质量属性和架构风格等理念的初次体验。你可以学会如何从对小程序的理解，上升到对整个行业规模与质量的理解。它能加速你的成长，使你成为一位高效的、富有经验的开发者。

经验丰富的开发者 倘若你善于开发软件系统，可能会被频繁要求去指导别人。然而，你可能发现你所掌握的架构知识多少有些异于寻常，或许还使用了独一无二的图形标记或术语。本书将提高你指导他人的能力，理解为何你能够在别人苦苦挣扎的领域取得成功，并教给你标准的模型、标记与名称。

软件架构师 在你所在的软件组织中，一旦其他成员无法理解身为架构师的你究竟做了什么，以及为何要这样做，这个角色就会变得处境艰难。本书不仅教会你构建系统的技术，还提供了一些办法帮助你向团队解释你的工作内容与工作方式。或者，你甚至可以将本书分享给同事，使他们成为真正的团队伙伴，以便能够更好地完成工作。

学术研究人员　本书为软件架构领域做出了多个贡献。它引入了软件架构的风险驱动模型，这是一种决定为项目作出多少架构和设计工作的方法。它描述了三种架构方法：架构无关的设计、专注架构的设计与提升架构的设计。它还整合了软件架构的两种视角：功能视角与质量属性视角，从而形成一种单独的概念模型。本书还引入了架构明显的编程风格（architecturally-evident coding style）的理念，通过阅读源代码使架构显现。

致谢
Acknowledgments

没有众人的鼎力帮助，本书不可能完成。好几位与我共事的朋友参与了其中的一些章节，对于他们的帮助，我必须致以真挚的谢意。这些朋友包括 Kevin Bierhoff、Alan Birchenough、David Garlan、Greg Hartman、Ian Maung、Paulo Merson、Bradley Schmerl 和 Morgan Stanfield.

还有其他人为我早期糟糕的草稿殚精竭虑，他们发现了一大堆问题，并提供了非常有益的指导。Len Bass、Grady Booch、Christopher Dean、Michael Donohue、Daniel Dvorak、Anthony Earl、Hans Gyllstrom、Tim Halloran、Ralph Hoop、Michael Keeling、Ken LaToza、Thomas LaToza、Louis Marbel、Andy Myers、Carl Paradis、Paul Rayner、Patrick Riley、Aamod Sane、Nicholas Sherman、Olaf Zimmermann 和 Guido Zgraggen，谢谢你们！

对于这些年来为我的成长提供指导的所有人，我若未能一一致谢，一定是我的疏漏。首先是我的父母，他们对我的支持远远超过了文字描述所及。我的专业导师包括 Desmond D'Souza 及 Icon Computing 团队等，我的论文指导老师 David Garlan 与 Bill Scherlis，还有卡内基·梅隆大学的师生们，在此表示感谢！

如此精美的封面，从创意到绘制都出自于我朋友 Lisa Haney(http://LisaHaney.com)之手，而 Alan Apt 在整个写作过程中都对我给予了支持。

本书的编写与排版主要使用了一些开源工具，包括 Linux 操作系统、LYX 文档处理器、Memoir LATEX 的样式、LATEX 文档排版系统及 Inkscape 绘图编辑器。大多数图表均使用了 Microsoft Visio 及 PavelHruby 的 Visio UML 模板。

目录
Contents

第 1 章　概述 1

　　1.1　分治、知识与抽象 2

　　1.2　软件架构的三个案例 3

　　1.3　反思 5

　　1.4　视角转换 6

　　1.5　架构师构建架构 7

　　1.6　风险驱动的软件架构 8

　　1.7　敏捷开发者的架构 9

　　1.8　关于本书 10

第 1 部分　风险驱动的软件架构 11

第 2 章　软件架构 15

　　2.1　何为软件架构？ 16

　　2.2　软件架构为何重要？ 18

　　2.3　架构何时重要？ 22

　　2.4　推定架构 23

　　2.5　如何运用软件架构？ 24

　　2.6　架构无关的设计 25

　　2.7　专注架构的设计 26

　　2.8　提升架构的设计 27

　　2.9　大型组织中的架构 30

　　2.10　小结 31

　　2.11　延伸阅读 32

第 3 章　风险驱动模型 35

　　3.1　风险驱动模型是什么？ 37

3.2 你现在采用风险驱动了吗？ 38

3.3 风险 39

3.4 技术 42

3.5 选择技术的指导原则 44

3.6 何时停止 47

3.7 计划式设计与演进式设计 48

3.8 软件开发过程 51

3.9 理解过程变化 53

3.10 风险驱动模型与软件开发过程 55

3.11 应用于敏捷过程 56

3.12 风险与架构重构 58

3.13 风险驱动模型的替代方案 58

3.14 小结 60

3.15 延伸阅读 61

第 4 章 实例：家庭媒体播放器 65

4.1 团队沟通 67

4.2 COTS 组件的集成 75

4.3 元数据一致性 81

4.4 小结 86

第 5 章 建模建议 89

5.1 专注于风险 89

5.2 理解你的架构 90

5.3 传播架构技能 91

5.4 作出合理的架构决策 92

5.5 避免预先大量设计 93

5.6 避免自顶向下设计 95

5.7 余下的挑战 95

5.8 特性和风险：一个故事 97

第 2 部分 架构建模 101

第 6 章 工程师使用模型 103

6.1 规模与复杂度需要抽象 104

6.2 抽象提供洞察力和解决手段 105

6.3　分析系统质量 105

6.4　模型忽略细节 106

6.5　模型能够增强推理 107

6.6　提问在前，建模在后 108

6.7　小结 108

6.8　延伸阅读 109

第 7 章　软件架构的概念模型 111

7.1　规范化模型结构 114

7.2　领域模型、设计模型和代码模型 115

7.3　指定与细化关系 116

7.4　主模型的视图 118

7.5　组织模型的其他方式 121

7.6　业务建模 121

7.7　UML 的用法 122

7.8　小结 123

7.9　延伸阅读 123

第 8 章　领域模型 127

8.1　领域与架构的关系 128

8.2　信息模型 131

8.3　导航和不变量 133

8.4　快照 134

8.5　功能场景 135

8.6　小结 136

8.7　延伸阅读 137

第 9 章　设计模型 139

9.1　设计模型 140

9.2　边界模型 141

9.3　内部模型 141

9.4　质量属性 142

9.5　Yinzer 系统的设计之旅 143

9.6　视图类型 157

9.7　动态架构模型 161

9.8　架构描述语言 162

9.9　小结 163

9.10　延伸阅读 164

第 10 章　代码模型 **167**

10.1　模型-代码差异 167

10.2　一致性管理 171

10.3　架构明显的编码风格 174

10.4　在代码中表达设计意图 175

10.5　模型嵌入代码原理 177

10.6　表达什么 178

10.7　在代码中表达设计意图的模式 180

10.8　电子邮件处理系统预演 187

10.9　小结 193

第 11 章　封装和分割 **195**

11.1　多层级故事 195

11.2　层级和分割 197

11.3　分解策略 199

11.4　有效封装 203

11.5　创建封装接口 206

11.6　小结 210

11.7　延伸阅读 210

第 12 章　模型元素 **213**

12.1　和部署相关的元素 214

12.2　组件 215

12.3　组件装配 219

12.4　连接器 223

12.5　设计决策 233

12.6　功能场景 234

12.7　不变量(约束) 239

12.8　模块 239

12.9　端口 241

12.10　质量属性 246

12.11　质量属性场景 249

12.12　职责 251

12.13　权衡 252

12.14　小结 253

第 13 章　模型关系 255

13.1　投影(视图)关系 256

13.2　分割关系 261

13.3　组合关系 261

13.4　分类关系 261

13.5　泛化关系 262

13.6　指定关系 263

13.7　细化关系 264

13.8　绑定关系 268

13.9　依赖关系 269

13.10　使用关系 269

13.11　小结 270

13.12　延伸阅读 271

第 14 章　架构风格 273

14.1　优势 274

14.2　柏拉图式风格对体验式风格 275

14.3　约束和以架构为中心的设计 276

14.4　模式对风格 277

14.5　风格目录 277

14.6　分层风格 277

14.7　大泥球风格 280

14.8　管道-过滤器风格 281

14.9　批量顺序处理风格 283

14.10　以模型为中心的风格 285

14.11　分发-订阅风格 286

14.12　客户端-服务器风格和多层 288

14.13　对等风格 290

14.14　map-reduce 风格 291

14.15　镜像、支架和农场风格 293

14.16　小结 294

14.17　延伸阅读 295

第 15 章　使用架构模型..297

　　15.1　理想的模型特性...297

　　15.2　和视图一起工作...303

　　15.3　改善视图质量...306

　　15.4　提高图的质量...310

　　15.5　测试和证明...312

　　15.6　分析架构模型...312

　　15.7　架构不匹配...318

　　15.8　选择你的抽象级别...319

　　15.9　规划用户界面...320

　　15.10　指定性模型对描述性模型...320

　　15.11　对现有系统进行建模...320

　　15.12　小结...322

　　15.13　延伸阅读...323

第 16 章　结论..325

　　16.1　挑战...326

　　16.2　聚焦质量属性...330

　　16.3　解决问题，而不是仅仅对它们建模.................................331

　　16.4　使用导轨一样的约束...332

　　16.5　使用标准架构抽象...333

术语表..335

参考文献..347

索引..355

第 1 章

概述

Introduction

随着岁月的推移，软件系统无论是规模还是复杂度都在呈数量级增长。作为软件的构建者，这种非凡的变化带给我们的惊叹远甚于恐慌。设想我们采用同样的方式让篮球比赛不停地扩大规模，在 10 年内，从最初的 5 名球员，增加到 50 名球员，再到 500 名球员……该是多么困难。正是因为这样的高速发展，今日之软件系统无论是规模，还是复杂度，均远远超出过去构建的任何系统。

软件开发者常常陷入与复杂度和规模这些宿敌斗争的泥沼。但正所谓"魔高一尺，道高一丈"，无论对手变得多么强大，开发者总能绝处逢生，甚至大获全胜。他们是如何做到的？

一种答案是，软件工程的进展已经与软件规模及复杂度的增长相当。汇编语言编程(assembly language programming)已让位于更高级的语言及结构化编程。在许多领域，过程已让位于对象。软件重用在过去仅仅意味着子例程(subroutine)，而现在却代表种类繁多的程序库及框架。

如今，开发者与软件复杂度之间的战争似乎陷入了僵持状态，这并非巧合。由于开发者无法平添智慧，因此转而改良他们的武器。武器的改良给了开发者两种选择：是更容易解决昨日之难题，还是准备与明日之敌作战？尽管我们并不比前辈开发者更加聪明，但是改良了的武器使得我们能够构建规模更大、复杂度更高的软件。

软件开发者总是善于运用一些有形的武器，例如，集成开发环境(integrated development environments, IDEs)和编程语言，然而，无形的武器带来的影响可以说更为深远。回到篮球比赛的隐喻。假设教练和新手(初出茅庐的新队员)正在观看同一场比赛。教练所能察觉到的内容会远远超过新手。这并非是因为教练火眼金睛，而是因为他掌握了某种无形的武器。通过建立一整套思维抽象，教练能够透过现象看到本质，把对原始现象的感知转换为对目前局势简明扼要的理解。例如，教练在看到传球的一瞬间，就会联想到某种进攻战术的成功。尽管教练与新手都观看了同一场比赛，但是教练却可以更好地理解比赛。原因何在？Alan Kay 早已捕捉到了这一现象，称之为你的"观察能力就值 80[1] 分智商指数"（Kay，1989）。

在许多低层细节上，软件皆大同小异。如果开发者已建立起一整套思维抽象（即概念模型），那么他们就能将那些细节转换为简明的理解：也许在看到确切的代码以前，他们就明白了线程安全的锁策略，或者是事件驱动系统。

1.1 分治、知识与抽象
Partitioning, knowledge, and abstractions

为了在未来10年中成功解决软件的复杂度及规模增长带来的问题，开发者就需要精良的武器。这些武器可被略显牵强地归纳为三类：分治、知识、抽象。开发者把问题**分割**为规模更小且易于处理的若干子问题，这样他们就可以运用相似问题的**知识**来解决某些子问题，而且使用**抽象**有助于他们进行推理和判断。分治、知识、抽象的有效性在于它们能帮助我们在不变的智力条件下理解不断增长的问题。

分治 作为解决复杂度及规模问题的有效策略，分治必须满足两个条件：首先，分割后的各个部分必须足够小，以便一个人单枪匹马就能够解决它们；其次，必须考虑如何将各个部分装配[2]为整体。那些被封装的部分理解起来越容易，在将各个部分组成整体方案时，所需跟踪的细节也就越少，至少可以暂时忘记其他部分的内部细节。这就使得开发者更容易推断各部分之间的协作方式。

知识 软件开发者运用从先前问题中习得的知识来解决当前问题。这类知识可能只可意会，不可言传。这类知识也可能是明确的，例如，哪些组件能与其他组件良好协作；或是通用的，例如，优化数据库布局的技术。知识的来源有多种形式，包括书籍、演讲、模式描述、源代码、设计文档及画在白板上的草图。

---

[1] 译者注：一般认为，智商在 80 到 120 之间称为正常，其中 110 到 120 属于较聪明，达到 130 称为超常，超过 160 称为天才。
[2] Mary Shaw 曾谈到，在进行分割和解决时，分割是相对容易的部分。

抽象　抽象能够精简问题空间，而且问题越小越容易理解，因而能够有效解决软件的复杂度及规模增长带来的问题。倘若你驱车从纽约到洛杉矶，可以只考虑高速公路，从而简化导航问题。通过隐藏细节(将驱车穿越田野或停车场排除在外)，就可以减少选项，简化问题。

正如 Fred Brooks 所说，世间并不存在任何银弹可以瞬时排除软件开发的艰难险阻(Brooks，1995)。然而，应该去寻觅各种武器，以便更好地分割系统、提供知识，并利用抽象来揭示问题的本质。

软件架构正是这样的武器。它能帮助解决软件系统的复杂度及规模增长带来的问题。它有助于分割软件系统，提供有助于设计出更优秀软件的知识，提供有助于理解软件的抽象。它是富有经验的开发者手中的利器，能够帮助软件开发者按部就班地构建那些以前需要大师才能完成的系统(Shaw & Garlan，1996)，不过它仍需要经验丰富的软件开发者。它并不是要扼杀创造力，而是使得开发者可应用其创造力去构建规模更大、复杂度更高的系统。

1.2　软件架构的三个案例
Three examples of software architecture

这就是软件架构能够为你做的，但它究竟是什么呢？大体说来，架构是软件系统的宏观设计。本书第2章给出了更为准确的定义。不过或许理解软件架构的最好方法就是先给出一些具体的案例。

谚语云："只见树木，不见森林。"我们却需要从各种设计细节(树木)中去发现架构(森林)。通过比较多个具有不同架构的相似系统，或能注意到区别所在，由此甄别出它们各自的架构。下面描述功能相同、架构却完全不同的三个系统，它们皆来自 Rackspace 的实践。

Rackspace 是一家真实存在的公司，管理着许多托管邮件服务器。一旦客户遇到问题，就会致电寻帮助。为此，Rackspace 必须查询日志文件，了解系统在处理该客户的邮件时，究竟发生了什么。由于邮件的数量持续增长，Rackspace 前后构建了三代系统，用于处理客户查询(Hoff, 2008b; Hood, 2008)。

版本 1：本地日志文件　程序的第一个版本很简单。那时已有数十台邮件服务器都在生成日志文件，Rackspace 就编写了一个脚本，使用 SSH[1]网络协议来连接

---

[1] 译者注：SSH(Secure Shell 的缩写)是一种网络协议，用于在两台联网的计算机之间进行安全的数据通信、远程 Shell 服务，或执行命令及其他安全的网络服务，而且两台计算机是在不安全网络上通过安全通道连接的，即服务器和客户端(分别运行 SSH 服务器程序和 SSH 客户端程序)。

每台机器，并在邮件日志文件上执行 grep[1]查询。通过调整 grep 查询，工程师可以控制搜索结果。

最初，该版本的系统运行良好，然而随着时间的推移，搜索数量逐渐增加，在邮件服务器上运行搜索所产生的开销日渐明显。此外，只能由工程师执行此类搜索(需熟练掌握 grep 命令行工具和正则表达式)，而技术支持人员则无法胜任。

版本 2：中央数据库 第二个版本通过将邮件服务器的日志数据迁移到数据库，不仅解决了之前存在的缺陷，而且技术支持人员还能使用此版本进行搜索。每隔几分钟，邮件服务器会将最近的日志数据发送到中央服务器的关系型数据库。技术支持人员就可以通过基于 Web 的界面访问数据库中的数据。

在那时，Rackspace 要处理数百台邮件服务器，且日志数据也随之增长。Rackspace 面临的挑战是如何快速有效地将日志数据导入数据库。公司决定将大量记录插入若干张合并表中。这样就可以在两三分钟内完成日志数据加载。由于只保留 3 天内的日志，故数据库的大小并不会影响性能。

随着时间的推移，系统又陷入了困境。数据库服务器是单机环境，而且数据及查询量的持续增长使得 CPU 及磁盘的负载达到了极限。通配符方式的模糊查询被禁用了，因为它会给服务器带来额外的负载。随着日志数据的增长，搜索变得越来越慢。服务器上各种看似随机的失败也变得日益频繁起来。由于没有备份，被删除的日志数据无法恢复。这些问题让人对此系统丧失了信心。

版本 3：索引簇 通过将日志数据存储到分布式文件系统，并对日志数据执行并行索引处理。版本 3 解决了版本 2 的问题。系统运行在 10 台商用机器上，而非单台具有超强处理能力的机器上。邮件服务器的日志数据以流的方式存储到 Hadoop 分布式文件系统中，并在不同的磁盘中为所有数据保留了三份拷贝。在 2008 年，Rackspace 分享了他们的经验，当时已经有超过 6 TB 的数据分别存放在 30 块磁盘上，那是 6 个月的搜索索引。

使用 Hadoop 执行索引时，首先会分割输入数据，索引或映射(map)到若干作业(job)中，然后再将那些不完整的结果合并或还原(reduce)为完整的索引。每隔 10 分钟运行一次作业，大约 5 分钟后执行完毕，因此索引结果会滞后约 15 分钟。RackSpace 每天可以为超过 140 GB 的日志数据建立索引，而且自该系统启动以来，已执行了超过 150 000 次作业。

与第二个系统相同，技术支持人员可以通过 Web 界面进行访问，那个界面和 Web 搜索引擎界面极其相似。查询结果能在数秒内获得。

---

[1] 译者注：grep 是一种命令行工具，用于搜索纯文本数据集，以便找出那些与正则表达式相匹配的行。grep 最初是为 Unix 操作系统开发的，不过现在可用于所有类 Unix 系统。

一旦工程师想出一些与数据有关的新问题，就可以编写一个新作业，并在几个小时内得到答案。

1.3 反思
Reflections

通过观察这三个系统，首先会发现它们都具备大致相同的功能(通过查询邮件日志来诊断问题)，但架构却大相径庭。**它们的架构与功能是完全独立的**。这意味着我们在构建系统时，应该选择最符合当前需求的架构，并在该架构的框架下实现功能。除此之外，这三个系统还揭示了软件架构的哪些方面呢？

质量属性 尽管功能相同，不同版本的系统却展现了不同的可修改性(modifiability)、可伸缩性(scalability)及延迟时间(latency)[1]。例如，在前两个系统中，通过修改用于搜索的 grep 表达式或改变 SQL 查询语句的方式，可以在数秒之内创建即席查询(ad hoc query)[2]。而对于第三个系统，则需要编写一个新程序，并在获得查询结果前安排执行计划。虽然三种方案都支持创建新查询，但在简单易用(可修改性)方面却天差地别。

还需谨记，天下并无免费的午餐：提升一种质量就会抑制另一种。第三个系统相较另外两个具有更好的可伸缩性，但是其代价是降低了创建即席查询的能力，以及在获得结果前要等待更长时间。第一个系统中的数据是支持在线查询的(第二个系统具有近似的能力)，而第三个系统则必须事先收集数据，然后进行批量处理，对结果进行索引，这意味着查询结果有些过时。如果在某种情况下能获得良好的可伸缩性、延迟时间、可修改性等质量属性，那么你应该觉得自己是幸运的，因为这些质量属性之间的影响通常会互相抵消。要将一种质量属性发挥到极致，就必然意味着其他质量属性会因而降低。例如，若要设计支持更好的可修改性，则可能导致延迟时间更长。

概念模型 即使并非软件架构专家，通过阅读这三个系统的介绍，也可以推断出它们的设计遵循了某些基本原理。那么，软件架构专家(即作为教练而非新手)又具有哪些优势呢？无论是教练还是新手，天生就有推理能力，但教练之所以能够脱颖而出，是因为在其脑海中形成了概念模型，这有助于他理解所见到的内容。

作为架构专家，首先要注意到每个系统在分治上的区别。你需要区分代码块(模块)、运行时块(组件)及硬件组(网络节点或环境要素)。你还需要识别并掌握每个系统运用的架构模式，了解每种模式能够满足哪些质量属性，这样才能事先判

---

[1] 译者注：延迟时间(latency)是指从某个事件发生开始到对其作出响应所需的时间，有时也指将数据从一个点传输到另一个点所花费的时间。

[2] 译者注：即席查询(ad hoc query)是指用户在使用系统时，根据自己当时的需求定义的查询。即席查询与普通应用查询最大的不同是，普通应用查询是定制开发的，而即席查询是由用户自定义查询条件的。

断客户端-服务器系统比映射-还原(map-reduce)系统具有更少的延迟时间。你应该针对领域因素、设计选择及实现细节进行分类整理，并建立联系，而且当别人已经将它们混在一起时要特别留意。成为软件架构专家，有助于你更有效地使用天生的推理能力。

抽象与约束 大型的软件系统总是由细小的部分组成的。我们既要见微知著(例如，阅读单独的代码行)，对于大的系统也需要有效推理(例如，客户端与服务器)。譬如，Rackspace 的第三个系统采用了计划作业，并将数据存储在分布式文件系统中。如果需要解决作业如何在系统中传递的问题，最为有效的方式就是在同一层次上探讨此问题。虽然也可以从更为细小的部分如对象和过程调用进行推理，但却并非有效的方式，它可能会让你陷入大量细节之中无法自拔。

而且，"作业(job)"是抽象概念，意味着它将更多地遵循约束，而非随意写段代码就可以实现。开发者施加这些约束，是为了使推导系统变得更简单。例如，如果限制为作业的执行不能有副作用，那么就可以重复运行相同的作业，而且在以并行方式运行多个作业时，还可避免因某个作业出问题而导致的系统瘫痪。我们很难对随意编写的代码块进行推导，特别是因为无从知晓它究竟不做什么。开发者对系统主动施加一些约束，可以增强他们的推理能力。

1.4　视角转换
Perspective shift

1968 年，Edsger Dijkstra 写了一篇至今依旧具有影响力的文章《GOTO 是有害的》，文中主张使用结构式编程。他的观点是：开发者编写一个包含了静态语句的程序，执行这些语句会产生输出。人的认识总有局限，开发者很难预见程序中的静态语句在运行时究竟是如何执行的。GOTO 语句加大了这种推断运行时执行顺序的难度。放弃 GOTO 语句，转而选择结构式编程，方才是上策。

今天，回顾这场辩论，很难想象那些持不同意见者的猛力抨击；然而在彼时彼刻，会有如此大的阻力却也不足为怪。开发者已习惯与那套老式的抽象打交道。他们的目光只看到了新抽象带来的约束，却忽略了它所具备的优势；他们揪住那些结构式编程不善处理的问题不放，而实质上，这些问题不过是细枝末节。伴随着每一轮新的抽象观念的诞生，总会有那么一群迷恋骸骨的守旧者，这些人只知道抱残守缺，却不知与时俱进。在我的编程生涯中，曾经看到许多抽象数据类型和面向对象编程的反对者，最终还是投入了新方法的怀抱。

新的架构抽象理念并未否定过去,而是兼容并包。使用诸如组件和连接器之类的抽象,并不意味着对象、方法和数据结构就会消亡。与此类似,森林消防员考虑的是个别树木还是整个森林,完全取决于他们当时的工作内容[1]。

若要有效地运用软件架构思想,需要有意识地转而接受这种抽象,例如,组件和连接器,而不仅限于狭隘地运用主流编程语言本身具有的抽象(通常仅有类或对象)。如果你不愿意主动选择系统架构,最终就可能导致 Brian Foote 和 Joseph Yoder 所说的**大泥球**(a big ball of mud)系统(Foote & Yoder, 2000),他们认为这才是最为常见的软件架构。这种架构显而易见:想象那些最初只有 10 个类的系统,随着规模扩大到 100 个、1000 个……由于没有新的抽象或分治,系统中的对象协作会变得越来越随意。

1.5　架构师构建架构
Architects architecting architectures

有时,我看到一些软件开发者设计的系统具有漂亮的架构,但他们却声称自己反对软件架构。这种反对声音事实上是反对那种官僚主义严重的预先设计(up-front design)过程,设计的那种华而不实的架构;抑或是反对将大量的时间浪费在绘图(而非设计系统)上。

工作头衔、开发过程及工程制品三者是可分离的,因此重要的是,要避免将"架构师"的**工作头衔**、构建系统的**过程**及**工程制品**(即软件架构)这三者混为一谈。

工作头衔:架构师　在软件组织中,一种可能的工作头衔(或角色)就是所谓的"软件架构师"。一些架构师偏坐一隅,在那里"闭门造车";另一些架构师则与开发团队打成一片,完全投入软件的构造过程中。不管怎样,头衔与办公室都不是设计或软件构建工作的本质所在。所有的软件开发者都应该理解他(她)所开发的软件架构,而不仅仅是架构师。

过程:构建　软件是随着项目开始从无到有的,项目结束,就能交付一个能运行的系统。在此之间,团队会执行一系列活动(例如,遵循某种开发过程)去构造系统。一些团队偏向于预先设计,而另一些团队则喜欢一边构建,一边设计。团队遵循的过程与呈现的设计无关。团队可以遵循不同的过程,以便开发不同的产品,例如,三层式系统。换言之,单看最后完成的软件,几乎不可能判断出这个

---

[1] 译者注:当山火仍在蔓延,火势尚未得到有效控制时,森林消防员考虑的是保护整个森林,他们会尽快挖掘隔离带,阻止山火继续蔓延;当山火得到有效控制后,森林消防员会转而考虑保护个别树木,尽快扑灭山火。

团队究竟遵循了哪种构建过程。

工程制品：架构 只要看一眼汽车，就可以分辨汽车的类型，也许是全电动汽车、混合动力汽车，或是内燃机汽车。汽车的类型特征既不同于设计汽车所遵循的过程，也不同于设计者的头衔。汽车的设计是工程制品。例如，设计一款混合动力车，选择不同的过程及不同头衔的设计师，会对最终的设计产生影响。软件的研发与之相似。只要看一眼完成的软件系统，就可以分辨出不同的设计，例如，基于语音网络的端对端协作的节点、信息技术(IT)系统的多层架构或位于互联网系统中的可并行化映射-还原(map-reduce)节点。每个软件系统都有自己的架构，正如每辆汽车都有自己的设计一样。有些软件是拼凑起来的，没有常规的设计过程，但仍可看出其架构。

本书的第 2 章和第 3 章将会着重讨论架构的过程。本书的其余部分则把架构当做一种工程制品对待，即架构是可以被分析、理解及设计的产出物。只有这样，才能构建更好的系统。

1.6 风险驱动的软件架构
Risk-driven software architecture

不同的开发者倾心于不同的设计过程。一些人推崇敏捷过程，提倡不做或少做预先设计。另一些人则对那种深入细节的预先设计情有独钟。那么，你的选择呢？理想情况下，你应该找到一些指导原则，以帮助作出恰当的选择。

本书建议使用**风险(risk)**来权衡实施架构的度。那么风险是如何指导你对架构作出明智的选择呢？或许我父亲安装信箱的故事可以给你一些启发。

我的父亲拥有机械工程学的双学位，但他安装信箱的办法并没有显得与众不同：先在路边刨个坑，接着安放信箱的立柱，最后用水泥填满缝隙就大功告成了。他懂得计算动量、压力和拉力，但这并不意味着为了这么点儿小事，还得大动干戈。要是换一种情形，若是忽略了这些分析，又显得愚不可及了。他是怎么知道何时运用这些知识的？

软件架构是门相对较新的技术，包含了系统建模及分析等多种技术。每种技术都会花费构建系统的时间。本书介绍适用于软件架构的**风险驱动模型**(risk-driven model)。该模型可以帮助你选择合适的架构技术，做到"行于其所不得不行，止于其所不得不止"，从而设计出恰如其分的软件架构。

失败的风险有多高，你付出的努力就有多大。或许系统需要良好的可伸缩性，因为它是个大众化的 Web 服务。在你为系统设计冥思苦想(或者在站点正式上线)之前，最好是确保系统能够满足预期数量的用户访问[1]。如果系统不在乎它的可修改性(或者可用性等)，就没有必要再为该风险浪费时间了。

每个项目都将面临不同的风险，因此，设计软件架构并没有唯一正确的方式：你必须评估每个项目存在的风险。有时，这个答案却是没有架构工作可做，因为一些项目已有先例存在，完全可以重用那些经历了考验得到证明的架构，这几乎没有什么风险。然而，如果你面临的是全新的领域，或者要将现有系统推向未知的"疆域"，你就必须小心翼翼了。

Barry Boehm 提出的软件开发**螺旋模型**(spiral model)(Boehm, 1988)认为，不断地工作有助于降低工程风险。螺旋模型是完整的软件开发过程，能够指导项目首先处理最高的风险项。项目同时面临管理和工程两方面的风险，因此管理者必须为所有的管理风险(例如，被客户拒绝的风险)和工程风险(类似系统不够安全及低效的风险)排定优先级。

相比螺旋模型，风险驱动模型有助于解答一些范围更窄的问题：该做多少架构工作，以及选择何种架构技术？因为风险驱动模型只用于设计工作，这意味着可将它应用于敏捷过程、瀑布过程及螺旋过程。因为无论何种过程，都必须设计软件——区别在于何时开始设计，以及运用何种技术。

1.7 敏捷开发者的架构
Architecture for agile developers

敏捷软件开发是对重型开发过程的一次反击。它强调有效地构建客户真正需要的产品(Beck et al., 2001)。随着敏捷思想的逐渐普及，研究显示，大约有 69%的公司希望在一些项目中尝试敏捷开发(Ambler，2008)。

敏捷开发者希望能够裁剪软件开发过程中不必要的环节，其中，一些人坚持认为应该放弃软件架构技术。不过这种"一厢情愿"的观点尚不普遍。在敏捷社区中，多位重量级人物仍然赞同做一些计划式设计的工作，这些人包括 Martin Fowler、Robert Martin、Scott Ambler 和 Granville Miller(Fowler, 2004; Martin, 2009; Ambler, 2002; Miller, 2006)。在大型项目中，要重构一个糟糕的架构需要

---

[1] 记得在 Facebook 和 MySpace 流行之前的一个社交网站是 Friendster，但它却因为不能妥善处理用户访问的高峰期，而渐渐失去了用户。

付出高昂的代价。本书可以帮助敏捷开发人员在遵循敏捷原则的同时，对软件架构进行构建，原因有二：

恰如其分的架构(just enough architecture) 架构的风险驱动模型将指导开发者把握架构活动的程度，及时开始编码。如果能够预见某些风险可以通过重构解决，就可以停止架构设计了。作为敏捷开发者，如果能够认识到重构并不足以获得期望的安全性或可伸缩性，就应该寻找一种方法降低这些风险(即使处于第 N 次迭代)，然后再开始编码。

概念模型(conceptual model) 敏捷对于软件开发过程的最大贡献并非设计的抽象，而是提供了一些能够改善设计的技术，例如，重构和技术预演(spike)。本书给出了有助于推导系统架构与设计的概念模型，介绍了一系列软件设计与建模的技术，以及软件架构的专门知识。这些内容都是对敏捷过程的补充与增强。

本书并不仅限于敏捷软件架构，不过你会发现风险驱动的方法非常适合敏捷项目。特别地，3.11节介绍了如何将风险与迭代、以功能为中心的开发过程相结合的框架。

1.8 关于本书
About this book

本书重点关注软件架构，因为它关系到软件的构造，书中介绍的技术将用于保证软件满足工程需求。本书内容基本与过程无关，因为工程技术本身基本上就是与过程无关的。阅读本书，你不会看到任何与管理活动有关的建议，例如，架构师的行政责任、何时召开特定会议，以及如何从利益相关者那里收集需求。

本书分为两部分。第1部分介绍了软件架构与风险驱动方法。第2部分旨在帮助读者建立一个软件架构的概念模型，讲解抽象的细节并详述相关抽象概念，例如，组件与连接器。以下是每部分内容的简略介绍。

第1部分：风险驱动的软件架构

软件架构的定义很难准确界定，但与架构相关的很多内容却显而易见。就像其他领域的工程师一样，软件开发者使用抽象概念与模型来解决错综复杂的问题。软件架构就好似系统的骨架，它将影响系统的质量属性(quality attributes)，与功能呈正交关系，并通过约束来影响系统属性。

倘若解决方案的回旋余地小，且失败风险高，或者面临较高的质量属性要求，架构就显得尤为关键。可供选择的设计有三种类型：架构无关的设计(architecture-indifferent design)、专注架构的设计(architecture-focused design)及提升架构的设计(architecture hoisting)。

风险可以用于甄别所使用的设计和架构技术，权衡开展设计与架构活动的工作程度。风险驱动模型的核心思想极为简单：识别风险，为风险排定优先级；选择和运用相关技术；评估风险降低的程度。

实践出真知，本书的第 4 章将会给出一个案例，讨论如何在家庭影院系统中运用风险驱动模型。该系统的开发者面临的挑战包括团队交流、现成商业(COTS)[1]组件集成及确保元数据一致性。

本书在第 1 部分的结尾给出了使用模型和软件架构的若干建议，包括：使用模型解决问题，审慎地添加约束，着重关注风险，以及在团队中传递架构知识与技能。

第 2 部分：架构建模

本书第 2 部分旨在帮助读者建立软件架构的概念模型。首先介绍了经典的模型结构：领域模型(domain model)、设计模型(design model)与代码模型(code model)。领域模型对应于真实世界中的事物，设计模型是针对正在构建的软件所做的设计，代码模型则对应于源代码。我们还可以构建一些额外的模型，用于展现特定的细节，并称之为视图(view)。这些视图可以归为不同的视图类型(viewtype)。

构建封装边界是软件架构的关键技能。组件或模块的用户通常会忽略内部的工作机制，而将精力放在解决其他难题上。对于封装好的组件或模块，可以自由地改变其内部实现，而不会影响到它们的用户。只有封装是有效的，这些组件或模块的构建者才能获得这种自由，因而本书将会传授如何保证封装有效性的技术。

多年来已经积累了大量架构方面的抽象概念及建模的技术。本书博采众家之长，融汇软件架构技术，关注系统的质量属性与功能属性，还讨论了务实的方法，以实用主义态度构建有效的模型，并能够对它们进行修正。

本书的第2部分以如何有效使用模型的相关建议作为结束。任何一本书，如果对某种技术只知道一味地颂扬，而缺乏批判的精神，都是不值得信任的，因此书中还涉及读者可能遇到的各种问题。到第2部分结束之时，读者应该已经建立起丰富的概念模型，其中包含各种抽象概念及其相互关系，这有助于读者以教练看待比赛那样的方式去看待软件系统。

---

[1] 译者注：现成商业(commercial off the shelf，COTS)，又称商用现货，是指那些很容易被获得的现成产品。有时此术语也被用在军队采购武器中。

第 1 部分
风险驱动的软件架构

Risk-Driven Software Architecture

第 2 章

软件架构

Software Architecture

在理解如何使用风险来决定软件架构的工作量之前，首先要明确理解何为软件架构。本章将深入剖析软件架构的内涵，阐明它为何如此重要，从而为理解风险与软件架构之间的关系奠定基础。

软件架构就是系统设计，以及它对诸如性能、安全和可修改性等系统质量所产生的影响。本书不打算对软件架构的定义另辟蹊径，而是采用了通用的卡内基·梅隆大学软件工程研究所(SEI)对架构的定义。本章讨论了架构与详细设计之间的区别，分析了重要的设计决策如何影响和启发代码的实现。

软件架构的抉择至为重要，因为架构是系统的骨架，直接影响质量属性，并约束着整个系统。软件架构与系统功能几乎是正交的，从某种程度上讲，架构与功能可以互相组合，只是不同组合的效果表现各异而已。

有些时候，信手拈来的架构就能使问题迎刃而解；而有些时候，即便是可行的解决方案也不容易找到。问题越难，对架构的抉择就要给予越多关注。倘若解空间[1]小、失败风险高、质量属性需求难以达到，抑或你正在从未涉足的全新领域中工作，则架构抉择就至关重要。

本章讨论了对架构的三个层次的处理。对于架构无关的设计(architecture-indifferent design)，几乎不考虑架构，但可能根据假定选择通用的推定架构，例如，信息技术(IT)项目中的三层系统架构。

---

[1] 译者注：解空间(solution space)：在优化(数学分支之一)及搜索算法(计算机科学的主题之一)领域，候选解决方案(candidate solution)是针对给定问题的可行解决方案集合中的一员。候选解决方案并不一定是该问题可能的或合理的解决方案——它仅仅是位于满足所有约束的集合之中。

所有候选解决方案所占据的空间称为可行域(feasible region)、可行集合(feasible set)、搜索空间(search space)或解空间(solution space)。

详细解释参见：http://en.wikipedia.org/wiki/Candidate_solution。

若是专注架构的设计(architecture-focused design)，对于架构的选择则是经过深思熟虑的，需要考虑它是否符合系统的目标。而对于提升架构的(architecture hoisting)设计，设计的架构则需要确保系统的目标或属性。

2.1 何为软件架构？
What is software architecture?

透过本书，你将学会如何利用模型及抽象概念去解释软件系统，确切地说是系统的软件架构。设计会影响到系统的优劣，例如，系统是否处理快速、安全或易于修改。无论你是将设计记录在精心标记过的活页夹中，还是直接记在脑海中，设计都会对系统的优劣产生影响。

架构与详细设计 软件系统的**设计**由开发者的决策与意图组成。设计可以被划分为**软件架构**(通常简称**架构**)和**详细设计**。

在实践过程中，你通常会发现，很难将架构与详细设计区别开来。无独有偶，虽然专家们普遍认同架构的主干，但在一些细枝末节上存在分歧，例如，何时终止架构设计，进而开始详细设计。或许把架构与详细设计之区别叙述得最明了的，还要数该领域的两位领导者，Mary Shaw 与 David Garlan(Shaw & Garlan, 1996)：

随着软件系统规模与复杂度的增长，整个系统结构的设计与规格说明书变得更为重要，甚至超过对算法与运算数据结构的选择。系统的结构问题包括：系统的组织，如组件的组合方式；整体的控制结构；用于通信、同步及数据访问的各种协议；针对设计元素的功能分配；设计元素的组合方式；物理分布；伸缩能力及性能；演进的维度；在多个可选设计方案中作出选择。这些都是**软件架构**层面的设计。

定义 尽管已提出的软件架构定义不胜枚举，不过，人们普遍认同架构可以处理那些宏观的、影响广泛的软件设计问题。其中被普遍接受的定义来自卡内基·梅隆大学软件工程研究所(SEI)(Clements et al.，2010)：

计算系统的软件架构是解释该系统所需的结构体的集合，其中包括：软件元素、元素之间的相互关系，以及二者各自的属性。

该定义罗列了软件架构至关重要的要素：元素、关系及属性。然而，并不能简单地认为就是这些结构体组成了架构，而是说架构是解释该系统所需的结构体的集合。

譬如说，让我们设想美国的架构。连小学生都知道美利坚合众国由 50 个州组成，并在课堂上记住了这些州的位置。然而，光有这些结构信息并不足以理解这个国家。因此，学生们在随后的课程中，进一步地了解到各州在成立时的面积大小、资源的差异，还有各州面积与人口对国家立法机构的影响。随着了解的逐步深入，他们就可以理解为何每个州的参议员名额都是两个，即使人口最多的州与人口最少的州，其人口数相差了 60 多倍。

这一类比的价值在于：若要理解某个系统(例如，美国)的架构，就不能死记硬背它的结构，而应该多了解一些相关知识。这也让我们有机会预览本书的一个主题：即使没有系统的完整模型，仍然可以对系统进行分析。如果要回答类似"美国有哪些城市可以乘船前往？"的问题，则无须美国的完整模型。

什么属于架构层面的内容　将架构定义为一组能够帮助我们对系统进行推断与分析的要素，有助于我们专注于架构的目的(分析)；不过，问题在于，它模糊了架构与详细设计之间的界线。简而言之，架构是设计的宏观部分，例如，模块及模块之间的连接方式，至于详细设计，则涵盖了设计的其他方面。

然而，有关架构细节的大量示例说明架构并非仅限于系统的宏观层面。最初的 Java Bean 规格说明书就为公开 Bean 的属性规定了命名规范，隐藏其后的设计思想就是通过反射将方法转换为公开的属性，例如，将方法 getTargetVelocity 转换为公开的属性 TargetVelocity。尽管方法的命名规范是相当底层的设计决策，但在架构层面，它对于 Java Bean 却意义重大。与之类似，有的架构可能会禁用线程，例如，要求方法在 100 毫秒内执行完毕，要求运算可以被分解为多个作业(job)，抑或其他深深植根于代码中的设计细节。

由此得出一个不尽如人意的结论，即架构关注于设计的宏观部分，但有时却并非如此。根据如此定义，谁又能决定哪些内容才属于架构呢？或许房屋及摩天大厦的设计者可以把架构与设计之间的区别解释明白。与软件相似，房屋的设计者仍然需要架构设计与详细设计；然而，软件开发的历史才不过半个世纪，而房屋建造的历史却已有悠悠千载。

我的兄弟就是建造摩天大厦的，他告诉我，在他的领域里，建筑设计师通常会指定一些低级别的细节，而将其余细节留给建筑公司来决定。判断设计细节是否属于架构范畴，就是看这些细节是否会直接影响建筑物的整体质量，例如，建筑物的水密性(watertightness)、美学观感及可施工性。是，则属于；反之，则不属于。在我兄弟的最近的一份工作中，建筑设计师坚持己见，要求窗户之间的间隔必须足够小，因为这一细节决定了建筑设计师对建筑物外观的设计意图。

意图　要从诸多细节中分辨出属于架构的部分，要旨在于把握其意图：架构师的某些高层意图或决策会影响到低层的细节，就好像传递意图的链条一般。尽管大多数细节对任何合理的实现保持开放，但对某些细节却有所限制，并可以沿着意图链条回溯到设计者的高层意图。一份有关架构的详细说明可能是宏观与微观细节的混合物，它甚至可能是不完整的，并未勾勒出每个高层模块的轮廓，却限制方法的命名规范(例如，Java Beans)。

传递架构意图链条的想法存在瑕疵，因为它难以准确表达"高层意图或决策"这一概念；并且某些系统虽然拥有架构层面的细节内容，却非有意为之。不过，当无法区分架构与设计，或者基于某位架构师的突发奇想得到的内容时，这一想法仍然大有裨益。它看起来吻合各种针对真实系统确定的架构决策，包括高层与低层决策的混合。正如设计摩天大厦，只要细节关乎系统的整体质量，它就可能属于架构层面的内容。

2.2　软件架构为何重要？
Why is software architecture important?

软件架构的重要性在于它会影响整个软件系统。只有审慎地选择软件架构，才能降低风险，避免失败。

架构扮演着系统骨架的角色　无论开发者是否有意选择架构，所有系统皆有架构。对于软件系统而言，世上虽不存在唯一正确的架构，不过或多或少都有适合的系统骨架。

架构影响质量属性　质量属性是外部可见的，例如，安全性、可用性、延迟时间或可修改性。不同的系统骨架在处理不同的系统负荷时，会有优劣之分，因此，挑选恰当的架构会更容易满足质量属性。

架构与功能(基本上)是正交的　对于同一系统而言，既可能构建为三层架构，也可能构建为对等网络系统。然而一旦架构与功能匹配欠佳，开发者就要努力克服之。

架构是对系统的约束 架构是对系统恰如其分地施加约束,以便系统获得我们所需质量属性的一门艺术。例如,为了确保可伸缩性,或许就会要求一些组件是无状态的。

下面将依次阐述这些观点。

架构是系统的骨架 骨架作为架构的隐喻,虽有不足却很有用。骨架为动物提供了整体结构,以支撑其行动。鸟之所以善飞,袋鼠之所以善跳,完全得益于它们各自的骨架。大多数行动迅捷的动物都拥有四条腿,而两条腿的动物虽然行动会慢些,却更善于使用工具。

除非你说跳比飞好,否则就不能说一种骨架优于另一种骨架。你可以说一种骨架是否很好地适合其功能,例如,要让袋鼠的骨架适于飞翔,势必要大费周章。

软件亦如是。三层架构使得信息技术系统可以把变更限制在局部范围,并能处理事务性的负载。之所以协作进程架构更适合操作系统,是因为它能够隔离故障。很难想象,类似 Skype 的分布式 VOIP 网络系统若不使用对等网络架构(参见第 14 章的架构风格),会是怎样的情形。

然而,之所以说骨架的隐喻存在不足,是因为架构并不仅仅是那些外部可见的主体部分(即骨骼),某些不可见部分(如约束)通常更重要。例如,锁策略、内存管理策略或者集成第三方组件的技术,都可以是架构的一部分,而在运行的系统或源代码中,这些内容都是不可见的。

架构影响质量 开发者必须关注其软件做了什么,即软件的**功能**。要是财会软件不能管理账务,动画软件不能制作动画,对于这样的软件,只能弃之如履。此外,系统还包含许多与功能无关的额外需求,通常称之为**质量属性需求**。同样,开发者必须重视质量属性需求,因为要是财会软件如果让别有居心的家伙读取到保密账户,或者动画软件的运行速度异常缓慢,都会让人选择放弃。质量属性将在第 7 章深入讨论。

系统架构不仅要支持所需的功能,同时还能够促进或抑制诸如安全或性能等系统质量。尽管人和马的身体骨架都支持运输苹果到市场的功能,但在运输效率和数量上却相差甚远。选择一种架构使得系统能够工作并非难事,但在满足质量属性方面,有的选择是事半功倍,有的选择则会事倍功半。

　　功能随着时间的推移而演化，这对于任何一个系统都是一种挑战，而质量属性的演化却会迫使系统产生剧变。设计一个系统，使其从支持一百名用户扩展到十万名，要想不改变架构，几乎不可能做到。我们经常可以看到，应用系统持续不断的变迁与波动，导致旧有的架构无法满足其增长，这有些像螃蟹的躯体变得越来越大，超过了它所寄居的蟹壳。

　　架构与功能(基本上)是正交的　没有一个放之四海而皆准的最佳架构，就像动物的骨架一般，各有所长，各有所短。要是袋鼠拥有了中空骨骼，那跳跃时就非常容易折断，要是鸟儿拥有了强壮的双腿，那飞起来就会像鸵鸟一样笨拙。另一方面，可能会选定一种骨架，并迫使其在不适宜的环境下工作。例如，鱼类可以在水中呼吸，哺乳动物却不能。然而，鲸尽管属于哺乳动物，却能打破这一约束而生活在水中，虽然要费些周折。

　　重要的是，我们要认识到架构与功能可以相互混合，取长补短。我们可以改变系统的架构并保持功能不变；抑或在提供不同功能的系统上重用同一套架构。不过，二者的组合取得的效果不尽相同，或者珠联璧合，或者水火不容。

　　虽然对系统架构的选择与功能是相互独立的，但糟糕的架构决策总是会给功能与质量属性的实现带来障碍。这就好比工厂制造的产品与其所处的地理位置属于两个截然不同的维度，你完全可以在二者彼此独立的情况下作出抉择。要在大漠之中修建船厂[1]也非不可，不过要将造好的船只拖到港口，就得费九牛二虎之力了。只要你能付出足够的努力，无论选择哪种架构都可以构建出各种系统，然而，一旦架构选择失当，开发者就会举步维艰。

　　架构约束程序　任何系统皆有约束。某些系统需要与旧有系统进行互操作，某些系统强制要求使用指定供应商的子组件，还有的系统则必须满足内存或时间的预算。这些约束常常被视为绊脚石，它们使得开发者的工作变得更为棘手；然而，不妨换种思路去看待这些约束。

　　在设计系统时，你的选择会将系统限制为某种工作方式，而不是另一种。有时这些选择是随意而为的。不过有些选择却可以限制系统具有某种意图，从而引导系统到达所选择的目的地。对于系统建设、系统执行作业的能力及与时俱进的维护能力而言，此类约束条件起着**导轨**的作用，并且至关重要。

---

[1] 古埃及人曾经这样做过，在尼罗河沿岸一处名为 Koptos 的地方，他们先造好船只，再把船只拆卸开来，带着零部件穿越上百英里的沙漠，到达红海岸边一处名为 Saww 的地方，最后再把船只重新组装起来。

设计系统时,可以约束实现方法的唯一性。有时候,这些选择显得随意而为;然而,有些选择却可以指导系统的设计走向期望达到的目标。这样的约束起到了指南针的作用,是构造一个系统必需的行动指南,既可以指导工作的实现,又能够随着时间的变迁,有助于维护整个系统。

系统**不做**什么与系统能做什么同等重要。要确保系统具备特定的质量属性,就必须施加约束,以便明示那些**不能**做的事情。例如,安全的系统不会与不可信的第三方交换数据,而可用的系统不会在没有提供取消选项的情况下就启动长时间运行的计算。

为了实现性能或安全等质量要求,可以主动对自己的设计进行约束。例如,火车受到轨道的约束,因而行驶路线缺乏灵活性。但是,这种约束却有助于其他的质量要求,例如,车轮与轨道的摩擦力较小,因而可以提高行进速度。随之带来的好处还有安全,因为要劫持一辆火车相对比较困难。从字面上讲,不受限制的设计可以做任何事情,因此若是希望对系统进行分析,就必须给予限制。关于约束的使用贯穿本书始终,随后我们会回来继续讨论,并提供更为详尽的例子。

工程师通过约束来保证设计的系统满足其意图。只要运用得当,就可以从约束中获益良多:

体现判断 约束有利于知识在开发者之间的传递,便于达成共识。资深工程师对行业的了解更加细致而深入,但却要花费时间才能将此类知识传递给其他人。通过对设计进行约束,就可以指导其他工程师接受解决方案,无须完整地传递他们所拥有的知识。

促进概念完整性 Fred Brooks 认为,系统的概念完整性是系统设计的重要目标,因此运用一个始终如一的好主意胜过几个散布于系统各处的奇思妙想(Brooks, 1995)。Desmond D'Souza 持有相同观点,他在谈到架构约束时,认为开发者应该"减少不必要的创新",将这种创新力放到需要的地方(D'Souza and Wills, 1998)。

降低复杂度 作为概念完整性的必然结果,约束可以化繁为简,从而使得就此构建的系统具有显而易见的基本原则。相比之下,没有约束的系统则可能以任意不同的方式在不同的地方去完成类似的工作,从而影响对系统的理解,除非能够完全掌握系统的所有细枝末节。约束提供了明确的做法,可以砍掉[1]此类复杂性。例如,如果数据只能保存至某个数据库,那么你就能知道该去哪里找数据。

---

[1] 几年前,我试图对一个不太熟悉的代码库做些改动,最初进展缓慢。直到我发现某些 setter 方法不仅没有设值变量,而且还执行了无原则的复杂逻辑,包括发送事件、通知其他部分的代码,我才豁然开朗。我认识到我对代码约束的假设有误,而且任务之所以执行时间过长,是因为名为 launchSpaceShuttle() 方法可能名不副实。通过约束,可以更轻松地理解代码库,例如,限制 setter 方法只能用于设置变量,并且影响范围仅限于局部作用域。

理解运行时行为 虽然可以直接审查源代码，但却难以预测其运行时行为。可以编写出晦涩艰深的代码，使其运行时行为令人费解；抑或对其加以约束，从而使其运行时行为变得显而易见。

在某些时候，你可能会抱怨系统施加的约束让人变得缩手缩脚。虽然确有约束使用不当的情况发生，然而离开了约束，设计就无从谈起。不能因噎废食，因为约束可以使得混乱归于井然有序，而这种混乱恰好是工程师的大敌。必须妥善地对系统施加约束，而不能全盘否定。对系统架构的设计就是对决策进行推敲与取舍，判断什么该做，什么不能做。任何对于施加约束的犹疑不定都不会来自对它们的明智使用，而是来自其他人草率、无知的滥用约束方式。

2.3 架构何时重要？
When is architecture important?

保证软件架构的正确性，是项目取得成功的关键，但有时候，它也会变得无足轻重。开发简单的软件，例如，搜集家庭郊游活动注册信息的网站，就无须花太多时间考虑架构。相反，你却希望医疗软件的开发者必须密切关注其架构。那么，又是如何确定架构何时才重要呢？

对于大规模或高复杂度的系统，需要特别重视架构。下面给出了五种存在架构高风险的特定案例。

小的解空间 如果解空间小，或者难以设计出可以接受的解决方案，架构就显得尤为重要。考虑一下制造人力飞机与制造时速更快的汽车孰难孰易。制造人力飞机需要一切因素，包括低重量及高效率，都要恰如其分。相反，在一定程度上，要制造更快的汽车，并不比增加一个更高功率的发动机要难多少。

高的失败风险 任何时候，失败的风险越高，就越需要保证架构的正确性。如果医疗系统出现故障，带来的问题可能生死攸关。一旦这种高安全性的系统出现故障，公司的声誉就可能因此毁于一旦。

难以实现的质量属性 架构会影响满足质量属性的能力，看起来开发一个电子邮件系统并不复杂，然而，一旦要求高性能地支持百万级用户，就变得异常困难。

全新的领域　面对全新的领域，或者至少对于设计者而言是全新的领域，就需要对架构给予更多关注。倘若正在构建第十个交互式桌面应用系统，你会本能地避免糟糕的设计；然而，若是初次构建这样的系统，就必须在架构方面投入主要精力。

产品线　一些产品集合会共享某一通用架构。其产品线架构对于某些类型的产品变化唾手可得，而对于其他类型的产品变化则束手无策。某些系列产品会共享一个共同的架构。这种产品线架构在处理某些类型的产品变化时，显得游刃有余，而对于其他类型的产品，则又捉襟见肘了。

首选的答案就是看看错误的架构会带来多么坏的结果。如果系统规模小或者简单，架构不会搞垮项目，就不必太在意架构。阿姆达尔定律(Amdahl's Law)认为，提高部分系统的速度，与这一部分带来的收益成正比。与之相似，选择正确架构带来的收益与规避整体系统风险是成正比的。

2.4 推定架构
Presumptive architectures

人们过去常说，从来没有人会因为购买了 IBM 的产品而被炒鱿鱼。由于 IBM 的大型机系统占据了市场的主导地位，因此也就假设挑选 IBM 的系统是合理的。如今，许多领域都有各自占据主导地位的软件架构，正如 IBM 大型机一度所经历的那样。这正是所谓的推定架构(presumptive architecture)。

推定架构是在特定领域中占据主导地位的架构族。在这些领域内工作的开发者可能必须对有别于推定架构的抉择作出解释，却不用证明选择使用推定架构的合理性。不爱刨根问底的开发者可能从来都不会认真考虑其他架构，或者也许误以为所有的软件都应该采用推定架构。

推定架构类似于参考架构(reference architecture)。**参考架构**是一族架构，它们描述了针对某一问题在架构层面的解决方案，通常会以规格说明书的形式记录下来。对于高可靠性的嵌入式系统，或者使用特定供应商的技术去构建基于网络的系统，都可以找到相应的参考架构。尽管参考架构的发布者可能希望其架构能成为推定架构，但是那种情况或许永远都不会发生。也就是说，参考架构通常是那种雄心勃勃的标准，而推定架构则是事实上的标准。

推定架构之所以能取得成功，是因为它能够很好地处理领域中的常见风险。例如，信息技术(IT)系统经常要面对的问题包括对共享数据的并发访问、业务规则的变化及需要长期保留的数据，而分层系统能够很好地解决这些问题。一层处理用户界面，另一层处理业务逻辑，还有一层将数据存入事务型(或常见的关系型)数据库。

关于推定架构的另一范例是在操作系统中使用协作进程，以支持系统的长期运行，即使运行其上的软件出现了故障，也能够正常恢复。尽管操作系统在许多方面存在差异，但是几乎所有的操作系统都由内核(kernel)及一组相互协作的系统进程构建而成。通过在各个独立进程中运行任务的方式，就可以将出现在单个任务中的故障与其他任务隔离开来，然后就可以重启该任务，从而使整个系统的功能维持原状。

本书之所以引入"推定架构"这一术语，是因为忽略这些现有架构，而相信所有开发者在进行软件架构时都从第一要则开始，本身就是一种错误。采用推定的 N 层架构的信息技术系统开发者几乎总能做得不错。事实上，他们真正的架构决策仅仅是在每一层选用何种现成商业(commercial off-the-shelf，COTS)软件，例如，选用哪个品牌的关系型数据库或 Web 应用服务器。

2.5 如何运用软件架构？
How should software architecture be used?

软件架构师或许羞于承认：即使开发者忽视了软件架构，许多系统仍然可以取得成功。凡事皆有两面，仍然有大量的失败本可以通过重视软件架构而得以幸免。通过阅读本书，可以让你做好充分准备，从而理解你正处于何种情形之下。

大体说来，开发者可以从三种对待软件架构的方式中选择其一：或者忽视架构，或者欣然接受架构，又或者提升架构。不妨为这些方式命名，以便于对它们开展讨论。

架构无关的设计　采用此方式，你很少会去关注架构，而系统要么成为一个大泥球，要么形成某种并非你有意为之的独特架构，要么是在领域规范的引导下而选用某一推定架构。

专注架构的设计　采用此方式，你会审慎地选择软件架构，所设计的架构要满足软件目标，该目标包括功能及各种质量属性。

提升架构的设计　此方式专注于架构的设计，开发者以保证系统的某一目标或属性为目的去设计架构。一旦某个目标或属性被提升至架构之中，开发者就无须再写任何代码去实现它。

选择第一种方式即架构无关的设计的开发者，要么是出于无知，要么就是因为他所开发的系统毫无挑战性。通过学习有关软件架构的知识，可以确保不会出于无知而再次选择此方式，并在不知不觉间增加风险。

第二种方式与第三种方式类似，后面会详细讨论二者之间的差异。目前，可以把专注架构的设计看做是挑选一个与系统目标兼容的架构，但是，这一选择并不能提供绝对的保证，仅仅是一种可能而已。提升架构的设计则要求架构在项目开发中扮演积极的角色，即可以依靠该架构去实现目标。

或许用汽车做个类比有助于阐明这些方式之间的差异。在我上大学时，我的室友拥有一辆漂亮的单排座福特牌皮卡。那辆车存在的唯一问题是，设计师在车辆安全性上采用了架构无关的设计方式，因为车里根本没装安全带。显然，设计师寄希望于不要出车祸(而且我们确实没出事儿)。毕业后，我买了辆大众的高性能紧凑型双排座轿车(GTI[1])。这辆车的设计师采用了专注架构的设计并加装了安全带，不过我必须要记得每次开车时系好安全带才行。尽管这辆车的架构与安全性兼容，但是并不能确保安全。如今，不可能买到没有将安全性提升至车辆架构中的汽车，因为所有汽车都必须安装可自动弹出的安全气囊。以下各节将对每种方式逐一进行详细讨论。

2.6 架构无关的设计
Architecture-indifferent design

对于**架构无关的设计**，开发者常常会将系统架构抛之脑后，也**不会**刻意挑选架构去帮助他们降低风险、实现功能或确保质量。开发者也许会完全无视其架构，也许会照搬之前项目的架构，或者使用其所属领域的推定架构，抑或采用企业的标准。

请注意，在讨论开发者对待架构的方式时，所讨论的对象是某个人，而不是软件中某个可辨别的特征。无论系统的架构是否经过审慎挑选，所有系统都有其架构。采用架构无关的设计方式，也会产生一种架构，只不过此架构既没有经过审慎挑选，又并非开发者有意为之。

对架构漠不关心并不意味着架构就不合适，只是错过了选取合适架构的机会而已。倘若架构合适，那也纯属偶然。如果架构选择不当，开发过程就变得困难重重，但在具备充足资源的前提下，通过艰辛的努力也可能获得成功。

架构无关的设计最适合于低风险项目。那些几乎没有挑战性需求的独立项目，风险相对较低，又极为常见，即使不关注架构也能够轻易构建起来。此外，那些采用推定架构的系统一般都取得了成功。

---

[1] 译者注：GTI 是 grand tourer injection 的缩写，源自意大利语 Gran Turismo Iniezione，这个词组最早由大众在 1976 年的产品 Golf GTI 中引用，所以是意大利语与德语的混合体，用于标明 Golf GTI 是一款拥有强劲汽油发动机的特别车型。自 1976 年后，GTI 便成为高性能紧凑型双排座轿车的代名词，为众多其他的汽车厂商所喜爱，纷纷推出自己的 GTI 型号。这些厂商有雪铁龙、罗孚、尼桑、标致、铃木和丰田等。

架构无关的设计存在若干弊端。如果开发团队对架构愿景(architectural vision)缺乏共识，那么即便是具有合适架构的系统，随着时间的推移也会退化为架构不合适的系统。例如，开发者可能会通过各种局部的、毫无原则的修改去试图提高系统的运行速度。然而随着时间的推移，系统复杂度日渐增加，也许会超出开发者实际的系统维护能力。

架构无关的设计开启了通往复杂度的大门，一旦增加了复杂度，系统就变得积重难返。在项目初期，即使缺乏对系统架构愿景的清晰认识，开发者的经验也足够应付。然而，随着系统需要对缺乏一致性的设计进行分析，任务就变得愈来愈艰难了。模型简单的时候，分析工作还算不错，而架构无关的设计方式可能会导致系统变得愈来愈复杂，存在许多违背规则的例外情况。对架构的选择缺乏深思熟虑，导致无法从系统分析中获益。

诸如服务总线(service bus)及关系数据库等成熟而又强大的现成连接器(connector)和组件(component)在一定程度上缓解了架构无关的设计方式的弊端。这些连接器及组件能够处理各种棘手的问题，例如，并发操作或伸缩能力等，否则开发者就要在架构层面上关注此类问题。这些相同的因素也有助于在开发者无法满足架构层面需求的情况下，增强他们演进系统的能力。

2.7 专注架构的设计
Architecture-focused design

倘若开发者采用**专注架构的设计**，就会知道系统的软件架构，并审慎地挑选架构，以便系统可以达到其既定目标。这至少意味着架构是合适的，也不会妨碍系统目标的实现。所有关于软件架构领域的书籍(包括本书)都假设遵循这一设计方式。

在设计解决方案时，大多数问题都会涉及一些必须克服的引入关注的挑战。某些挑战属于功能范畴，例如，如何计算债券利息；其余挑战则与质量属性有关，例如，如何扩展到支持成千上万的用户规模。专注架构的设计理念认为，所选择的架构可能让这些挑战变得更简单，但也可能变得更难。因此，挑选有助于战胜挑战的架构才是明智之举。

许多开发者业已采用了专注架构的设计，即使他们并未意识到这一点。例如，倘若系统需要获取锁，可以按照约定的顺序获取，从而避免死锁。假设系统没有垃圾回收机制，可能会制定如何释放内存的规范，以防止内存泄漏，例如，基于模块作用域去释放内存。要是系统使用了缓存，可能会限制访问，确保缓存一致性能够得到保证。系统若是要处理订单，你可能会使用具有持久性保证的消息队列，以便订单消息不会丢失。这些都是设计决策，也可以说是架构层面的决策，其目的在于满足架构的质量。

注意，这些例子都是全局性的解决方案，而不是只针对局部的。例如，避免内存泄漏的另一种方法是，一旦发现内存泄漏就简单修复它们。专注架构的设计寻求的是架构层面的解决方案，而不是"头痛医头，脚痛医脚"。

专注架构的设计往往需要使用架构层面的抽象概念(例如，各种组件及连接器)及架构层面的视图(例如，模块视图、运行时视图与部署视图)去解释问题。例如，运行在自己线程中的组件需要线程安全的连接器，分布式组件不能假定引用都位于同一内存空间，这两句话几乎是同义重复的表述。不过，要是根据独立的代码行去判断，很可能就得不出上述言论。

专注架构的设计意味着必须留意观察那些会影响架构决策的需求，不过这些需求却很少能阐述清楚。它们要么隐藏在利益相关者隐晦的话语中，要么对于所在领域的其他系统而言是司空见惯的。一旦认识到其中的一点，就应该叩问自己：系统将如何实现那个需求？架构对于系统而言，是助力，还是阻力？

系统总有其架构，一旦决定选用专注架构的设计，就说明决定关注架构。然而，关注架构并不见得就要将其记录在案。在大型项目中，将架构记录在案会对项目大有裨益。而对于一家只有三名开发者局促在一间车库中的初创公司，对架构的记录编档便显得无足轻重了。

专注架构的设计可以与任何软件开发过程兼容。每当想到架构，人们往往很容易联想到充斥着预先架构设计的瀑布过程；然而，架构设计仅仅是另一种工程任务，是与设计模块、对象或数据结构类似的工程任务。要是能提早选定架构，有些事情就会变得更容易，同样，选择编程语言、接口及框架莫不如是。

2.8　提升架构的设计
Architecture hoisting

对于专注架构的设计方式，开发者会审慎挑选适合其系统目标的架构。而提升架构的设计是一种更为严格的专注架构的设计。当采用**提升架构**的设计方式时，开发者会以保证系统的某一目标或属性为目的去设计架构。使用任何一种软件设计，要得到若干保证都是很困难的，不过提升架构的设计会力争通过架构决

表 2.1 三种软件架构方式的总结

方　式	描　述
架构无关的设计	这种方式几乎不关注架构。系统要么成为一个大泥球,要么形成某种并非你有意为之的独特架构,要么在领域规范的引导下选用某一推定架构
专注架构的设计	你会审慎地挑选软件架构。设计的架构能够满足你的目标,包括功能及各种质量属性
提升架构的设计	此方式是一种专注架构的设计,开发者以保证系统的某一目标或属性为目的去设计架构。一旦某个目标或属性被提升至架构中,开发者就无须再写任何代码去实现它

策来保证某一目标或属性。提升架构的想法是,一旦某一目标或属性被提升至架构中,开发者就无须再写任何代码去实现它。

对于开发者而言,由架构无关的设计转变到专注架构的设计是显而易见的——很明显,开发者会有意识地挑选适合其需求的架构。而接下来再转变到提升架构的设计可能会更为微妙。他们会注意到,它们的区别并不是简单地挑选一个适合其需求的架构,而是会要求架构服务于设计者,或者使他们的工作变得更轻松。

为使这种想法变得言之有物,我们可以来分析一个具体的案例。设想,系统对性能的要求是响应时间必须在 50 毫秒以内。给定这三种设计方式,存在可能的实现系统架构的方式:

架构无关的设计　采用架构无关的设计,可能会照搬前一系统所采用的分布式处理架构。随后,希望响应时间不要太长,你会发现系统中多台机器之间传递消息的开销用掉了这 50 毫秒的大部分时间,只剩下一点时间来完成实际处理。为了能成功地满足需求,要么改变架构,要么写出能在 10 毫秒内执行完毕的超高效代码。

专注架构的设计　采用专注架构的设计,则需审慎地挑选适合此需求的架构,例如,客户端-服务器架构。向服务器发起的一次远程调用可能会用掉 10 毫秒,这就会留下 40 毫秒的充足时间完成实际处理。

提升架构的设计 若是要将该性能目标提升至架构中，就应该叩问自己，如何设计架构才能使系统确保在 50 毫秒内作出响应。或许通过调查，结果显示存在一些有可能导致服务器过载的请求峰值时刻，因而构建软件就是为了补充额外的处理能力，也许额外的处理能力来自于云服务器。

每当开发者编写代码去处理消息时，他们必须知道这条性能需求。当采用架构无关的设计及专注架构的设计时，开发者要为满足此需求而负全责。而在采用提升架构的设计的情况下，尽管不严谨的代码仍有可能导致失败(即没有任何保证)，但是通过主动补充额外的服务器，架构就能够承担起部分系统负荷。

注意，无论是采用架构无关的设计，还是采用专注架构的设计，你都无法指出一段代码说："瞧，就是这段代码确保了满足 50 毫秒的响应时限。"提升架构的设计方式则不然，完全可以指出是哪一段代码负责管理服务器的数量。一旦把某个目标或属性提升至架构中，就会发现：管理它的代码，或者经过深思熟虑获得的结构性约束(通常伴随着推理或计算)可以确保它。结构性约束的例子包括将敏感数据藏在防火墙后面，或者通过具有持久性及性能保证的事件总线进行通信。

已有一些提升架构的主流案例。例如，一台用于 Web 应用的应用服务器。一台应用服务器就是一个掌管着另一程序多个运行时质量的程序。一台应用服务器可以掌管运行在单台机器上的多个应用程序副本(提升并发性)，或者掌管分布于多台机器上的多个副本(提升伸缩能力)。EJB(Enterprise Java Bean)应用服务器提升了并发性、可伸缩性及持久性，为这些常见问题提供了架构级解决方案。而 Eclipse 框架则提供了多种功能、属性及质量，例如，资源管理、并发及平台无关的特性。

一旦把一些属性或质量属性提升至架构中，应用程序为了能在架构中运行起来，就必须遵循某些约束。例如，EJB 不允许应用程序启动自身的线程，或者写入本地硬盘。这种约束是有意义的，若是应用程序可以创建自身的线程，EJB 应用服务器就难以处理并发；若是应用程序在本地磁盘上存储了数据，EJB 应用服务器就很难在服务器之间迁移应用程序。

提升架构的设计通常会涉及各种利弊权衡。自动垃圾回收机制可以视为是对内存管理的提升，使得开发者可以更轻松地管理内存，但同时也使得系统达成性能目标的难度更大。若干领域特有的并发模式有可能比一种被提升至架构中的通用机制更有效。

架构提升可以看成是对开发者的一种集权统治，给他们加上了约束的负担，并在统治上保持了官僚主义的作风。或者，也可以把它视为对开发者的解放，还他们以自由，从而使他们专注于功能，而不再是专注于质量属性。提升不过是一种机制，因此既有可能用得恰如其分，也可能被滥用。只有当系统设计满足质量属性，而实现它们又会给开发者造成负担时，提升架构才是有效的。通常，开发者可能是某一领域的专家，但却不知该如何保证诸如安全或性能等质量，因此提升机制可以使专家们在其专业上一展身手。

2.9 大型组织中的架构
Architecture in large organizations

本书不会介绍软件开发所应遵循的过程，以及如何成为一名架构师，或者如何在组织中分配软件开发的角色。因此，本书所指的软件工程师就是开发者，并不区分架构师与程序员。

然而，大型组织中的软件开发由于规模问题而给其自身带来了挑战。大型公司及组织将其自身划分为若干区域、部门与团队。他们引入了各种角色，并赋予其不同的职责。这种方式对于组织一家公司而言，是一把双刃剑，并不完美。我们应该认识到，任何一种对公司进行结构分解的做法，在解决一些问题的同时，又会带来另外一些问题。

在大型公司中，常见的组织模式是设立一个**企业架构组**(enterprise architecture group)，并在其他众多职责之中，把打造跨多应用架构的工作交给他们。该组织由此产生了两种工作角色：**企业架构师**(enterprise architect)与**应用架构师**(application architect)。

企业架构师 企业架构师是那些负责多个应用系统的开发者。他们并不会控制任何一个应用系统的功能。相反，他们会设计一个生态系统，位于其中的每个应用系统都将为整个企业做出自己的贡献。企业架构师打造的生态系统是保证企业能够达成目标的关键，这些内容通常包括系统集成、对跨区域和跨市场的多样性支持及部署环境的标准化。企业架构师就像电影制片人一样，能够直接影响最终结果。由于他们并不会直接影响软件的质量，譬如，他们不会直接编写代码，也不会开发一个单独的系统，因此他们将通过专注架构的设计或提升架构的设计来施加影响。企业架构师会限制应用架构师对架构的选择，并约束应用架构师对质量和目标的追求。

应用架构师 应用架构师是负责单个系统的开发者。他们可能对构成自己系统数以千计的对象了如指掌。应用架构师就像电影导演,每天的工作都在让产品逐渐成形。即使采用架构无关的设计,应用架构师也能取得成功,因为他们设计的是系统的功能,而非架构。当然,他们也可以将专注架构的设计或提升架构的设计运用到应用系统中。

毁誉参半 将企业架构剥离于应用架构之外,可以帮助公司避免异构的系统,以及由此导致的混乱不堪,而无法专注于标准化。利益总是伴随着挑战。首先是"各自为王"的问题。开发人员、应用架构师和企业架构师并不向同一个领导汇报,这意味着他们的优先级是不相同的。日程安排、系统集成、架构约束及平台选择等的冲突就可能发生。其次是如何选择适当的架构约束。企业架构师可能对架构施加了太严格的约束,因为他们并不完全了解每个单独系统的需求。程序员可能又过分低估了跨系统之间标准化的重要性,总是觉得自己的应用系统应该享有特权,可以不受整个企业架构的约束。

由于没有完美无瑕的组织结构,因此明智的做法就是充分了解各种利弊,并预见问题。若是每个人都明白企业架构组独立于开发过程的真正原因,且知道可能出现的各种麻烦,那么大家就可以尽早发现问题出现的征兆,努力降低问题带来的影响。

理想状态下,所有的开发者都应具备软件架构技能,这一点将会在 5.3 节详细介绍。成立单独的企业架构组是个不错的主意,不过要想使其成功机会更高,就需要所有开发人员都能理解核心的架构原则,了解对完成质量和目标要求所引入的架构约束,明白如何让选定的架构适合项目。

2.10 小结
Conclusion

软件架构是一种涉及大规模决策及宏观元素(例如,模块、组件及连接器)的设计。之所以很难在架构与详细设计之间划清界限,是因为某些架构方面的决策会对代码产生深远的影响。

软件架构的决策至关重要。它是系统的骨架,影响着系统的质量属性,并对系统产生约束。架构通常与系统的功能是正交的,因此在一定程度上,架构与功能可以相互混合,取长补短。如果架构符合功能特征与质量属性的要求,构建系统就会变得更加容易,反之,则需要为满足需求付出更多的努力,甚至不得不作出妥协。

软件架构会对系统施加约束，因而，选择架构就意味着对自主权的限制。我们常常会自然而然地降低约束，但从本质上讲，约束是有用的，它可以体现架构师的决断，促进概念的完整性，降低复杂度，并帮助理解系统的运行时行为。

在众多开发任务中，架构需要投入更多的注意力，这反而能够帮助我们看清到底应该投入多少应有的重视。如果系统规模小，或者风险低，架构就显得无足轻重，因为失败的可能小，影响低。相反，如果设计可供选择的余地小，失败的风险高，难以达到要求的质量属性，工作在全新的领域，或者需要构建产品线的架构，则架构决策就至关重要了。一言以蔽之，投入架构中的注意力应该与整个系统可能出现的风险成正比，架构的风险越小，改进的空间就越小。

倘若不希望在架构上投入太多精力，可以选择架构无关的设计，这意味着架构师主要关注于能达到系统目标的局部更改。如果不需要架构承担太多责任，则可以选择默认的推定架构。尽管许多项目的开发者采用了架构无关的设计方式，仍然取得了成功，但他们同时也因此承担着不必要的失败风险。

与其他所有讲解软件架构的书籍一样，本书认为了解并审慎地挑选架构非常重要。若采用专注架构的设计，则需要精心挑选适合项目需求的架构，可能是满足系统的可伸缩性，也可能是希望系统更容易被修改。还可以选择专注架构的设计的更严格版本，即将问题域提升到架构层次，例如，让应用服务器处理并发问题，或者通过垃圾回收器负责管理内存。

你可能会发现，身处一个大型组织中，本身属于不同团队的架构职责会集中到一个单独的企业架构组。每种组织结构的选择都各有利弊，因此最佳策略是充分认识到各种可能出现的问题，以便及时地解决。企业架构师提供了一个让各个单独的应用系统苗壮成长的土壤。这意味着需要引入架构约束，并采用专注架构的设计。

2.11 延伸阅读
Further reading

架构提升(architecture hoisting)这一术语最初由 NASA/JPL Mission Data System(MDS)的开发者提出，他们包括 Daniel Dvorak、Kirk Reinholtz、Nicholas Rouquette 及 Kenny Meyer (Meyer，2009)。他们使用该术语原本是为了强调现有空间系统代码可能会使一些细节变得晦涩难懂，例如，航天器的位置

或速率。在使用过程中，架构提升(architecture hoisting)使得那些重要的事情在架构上得以显现，包括基本的状态变量及先前的紧急行为，例如，调度。虽然时过境迁，但是本章所采用的定义与他们的初衷是一致的。

本章引用了一条计算机科学的著名定律——阿姆达尔定律(Amdahl's Law) (Amdahl, 1967)。另一些著名定律包括：布鲁克斯定律(Brooks' Law)，"为延期的项目增派人手会让它拖得更久"(Brooks，1995)，以及康威定律(Conway's Law)，"任何设计系统的组织⋯⋯必然会产生以下设计结果，即其结构就是该组织沟通结构的写照"(Conway，1968)。

术语"**软件架构**(software architecture)"拥有多种定义。虽然这些定义各占胜场，但应该知道其中两个被普遍接受的定义。第一个定义在本章已经给出，它来自软件工程研究所(Software Engineering Institute，SEI)，认为架构是关于元素与元素之间关系的一种结构(Clements et al.，2010)。第二个定义来自 Martin Fowler 与 Ralph Johnson 之间的讨论，他们认为"架构是必须在项目早期作出的一组设计决策"(Fowler，2003b)。这通常也被非正式地称为"那些在项目后期难以改变的内容"。注意，这一定义并没有限制究竟应该是哪些决策，因此也可以包含类似编程语言的决策。本书主要采纳了 SEI 的定义，部分原因是此定义强调了架构即工件(architecture-as-artifact)的观点，而不是角色或过程。

Bredemeyer 咨询公司多年来就一直都在强调架构师的职位头衔、架构系统的过程，以及所谓软件架构的工程制品这三者之间的区别(Bredemeyer & Malan，2010)，这种区别甚至出现在其公司标志上。

各种会议及研讨会通常会报道一些有关软件架构的学术成果。建议保持关注的有：

(1) WICSA，IEEE/IFIP 软件架构联席会议；

(2) ECSA，软件架构欧洲大会；

(3) QoSA，软件架构质量大会；

(4) SHARK，架构知识分享与重用研讨会；

(5) ICSE，软件工程国际会议；

(6) SPLASH，"系统、编程、语言及应用程序：人类的软件"大会(前身为 OOPSLA 大会)。

此外，SEI 的网站也经常会发布一些技术报告(SEI Library)。

本书避免讨论有关架构师应如何在组织中开展工作的话题，因为其他几本书已经对此话题进行了精彩的讲解，包括 Bass、Clements 和 Kazman 的著作(2003)，Lattanze 的著作(2008)。从业务管理的角度来看，软件架构提供了系统的底线，Ross、Weill 与 Robertson(2006)的著作讨论了如何让架构策略与业务策略保持一致的概念性框架，而架构的经济利益则在 Maranzano(2005)及 Boehm 和 Turner(2003)的相关论著中进行了讨论。

企业架构已经发展为一个自成体系的领域。本章介绍的内容不过是走马观花，仅仅从软件设计的角度作了概要性介绍。关于如何使商业战略与软件架构协调一致，Jeanne Ross、Peter Weill 与 David Roberston 在其著作(Ross, Weill & Robertson，2006)中已有精妙讲解。Martin Fowler 的著作则是探寻企业架构标准模式的最佳来源(Fowler，2002)。还有几种适用于企业架构的概念模型，通常称之为**企业架构框架**，包括开放群组架构框架(The Open Group Architecture Framework，TOGAF)(The Open Group，2008)、国防部架构框架(Department of Defense Architecture Framework，DoDAF)(Wisnosky，2004)及 Zachman 框架(Zachman，1987)。

第 3 章

风险驱动模型
Risk-Driven Model

要构建成功的软件，开发者需要面临设计的选择，根据风险之高低去芜存菁。当风险低时，无须思考太多，设计过程仍然是一帆风顺的；然而，挑战性的设计问题始终会出现，此时，开发者就必须设法解决高风险的设计，否则无法确定工作是否能顺利进展。

正所谓"未算胜，先算败"，要构建成功的软件，就必须预期可能出现的失败，以避免设计遭遇滑铁卢。杰出的工程学历史学家 Henry Petroski 将工程学视为一个整体：

失败的概念是设计过程的核心，正所谓"失败乃成功之母"，通过消除失败，可达至成功之设计……由于它常隐匿于设计方法之后，因此对于失败的考量与分析正是成功的关键所在。毫无疑问，倘若这样的分析与考量出现偏差，或未能完成，就会导致错误的设计，真正的失败就会接踵而来。(Petroski, 1994)

为了消除失败的风险，早期的软件开发者发明了一些设计技术，例如，领域建模、安全分析及封装，以帮助他们构建成功的软件。如今，可供开发者选择的设计技术浩如烟海。面临众多选择，随之而来的则是抉择的难题：开发者应该使用哪种设计与架构技术？

如果没有最后期限(deadline)，难题将迎刃而解，即运用所有的技术。这显然并不现实，因为工程学的标志就是**高效地**利用包括时间在内的各种资源。开发者面临的风险之一就是在设计上耗费了太多的时间。随之而来的问题是：**如何确定设计与架构的度**？

就此问题，辩论纷争，可谓众说纷纭：

勿做预先设计　开发者应该一上来就写代码。设计仍然会发生，不过是与编码齐头并进，在敲击键盘的同时酝酿设计，而非事先做不必要的揣测。

采纳衡量标准　例如，开发者应将 10%的时间用于架构与设计，40%的时间用于编码，20%的时间用于集成，30%的时间用于测试。

构建文档包　开发者应采用一整套设计及文档技术，以产生完整的书面设计文档。

随机应变　开发者应根据项目需求作出反应，并现场决定要做多少设计工作。

随机应变的方式或许最为常见，但它却基于主观经验，无法提供恒久的经验教训。倘若失败的风险很高，则完全避免设计的做法就是不切实际的；当风险低时，构建完整的文档包同样不合乎实际。使用衡量标准虽然有助于规划到底该投入多少精力来设计架构，但它却不能帮助你选择技术。

本章将介绍架构设计的风险驱动模型。它的本质思想在于：你设计软件架构所付出的精力应与你在项目中面对的风险成正比。我父亲在安装新信箱时，不会做任何机械工程的分析与设计；相反，他会直接在路边刨个坑，放入信箱的立柱，再用水泥填满缝隙就大功告成了。风险驱动模型能够帮助你作出决策：什么时候该运用架构技术，什么时候你可以略过它们。

软件开发过程精心安排了从需求到部署的各个活动，风险驱动模型仅仅针对架构设计给予指导，因此可以运用在任何软件开发过程中。

风险驱动模型反映了真实的开发世界，即开发者为了能够以合理成本快速构建高质量软件而承受着压力，而这些开发者所拥有的架构技术，要比他们能用得上的架构技术更多。风险驱动模型有助于解决前面提到的两个问题：要做多少软件架构工作才适宜？应该使用何种技术？它帮助开发者选择走中间路线，既能够避免将时间花费在技术的选择上，又能确保以适合的技术来解决危及项目的风险。

在本章，我们将看到：为何降低风险的方法会是所有工程学规范的核心，如何选择相关技术降低风险，了解工程风险与管理风险之间的相互影响，以及如何权衡计划式设计与演进式设计。本章主要介绍支撑风险驱动模型的相关思想，如果希望首先看到如何运用该模型的范例，可以跳到第 4 章。

3.1　风险驱动模型是什么？
What is the risk-driven model?

风险驱动模型可以指导开发者运用最小的架构技术集合去降低最紧迫的风险，以求事半功倍。这就带来了一连串的问题："我的风险是什么？用于降低这些风险的最佳技术是什么？风险是否已经缓解，可以开始(或恢复)编码了吗？"概括起来，风险驱动模型可以归纳为三个步骤：

(1) 识别风险，并排定优先级；

(2) 选择并运用一组技术；

(3) 评估风险降低的程度。

对于无足轻重的技术，无须浪费太多的时间；对于威胁项目的风险，则不能熟视无睹。只有将好钢用在刀刃上，才能构建成功的系统。这意味着只有当架构与设计技术受风险驱动时，才运用它们去消除风险。

以风险或特征为中心　风险驱动模型的核心要素在于将风险放到极为显著的位置。只有将风险暴露出来，才会去考虑它带来的影响。大多数开发者已经认识到风险的重要性，但他们要考虑的东西实在太多，结果常常忽略了这些风险。最近的一篇论文介绍了一个团队如何由采用预先设计架构转向采用纯粹的特征驱动过程。整个团队关注于交付的特性，以至于推迟了对质量属性的关注，直到项目开发终止时，该系统已处于维护期(Babar, 2009)。结论显示，团队对于系统特征的关注会使得开发者转移注意力，从而忽略了其他方面的内容，这其中就包括风险。早期的研究显示，即使是架构师在权衡设计因素时，对风险给予的足够重视也比人们预期的少(Clerc，Lago & Van Vliet，2007)。

合乎逻辑的理由　若是你对风险的认知不同于其他人的认知，又该怎么办？风险识别、为风险排定优先级、选择技术及对风险缓解程度进行评估，这些活动的结果都是因人而异的。莫非风险驱动模型只是一种即兴发挥？

非也。虽然不同开发者觉察到的风险各有不同,因而会挑选不同的技术,但是,风险驱动模型却具有一种有用的属性,即它可以产出可供评估的论据。一个论据示例采用如下形式:

将 A、B、C 识别为风险,其中 B 为首要风险。我们会花费时间运用 X 和 Y 技术,因为这两项技术有助于降低风险 B。我们对由此产生的设计结果进行评审,并一致认为已充分降低了风险 B,因此决定按照该设计进行编码。

这样,就可以根据相关背景(即觉察到的风险)提供一份计划(即要用到的技术),以便回答那个宽泛的问题:"到底应该做多少软件架构工作?"

其他开发者可能并不赞成你的评估结果,因此,他们可能提供另一份采用同样形式的论据,或许认为还应该考虑风险 D。从工程学角度对风险和技术的讨论就将随之而来,因为你已经阐述了支撑你的观点与意见的理由,并且可供评估。

3.2 你现在采用风险驱动了吗?
Are you risk-driven now?

很多开发者都自认为已经采用了风险驱动模型,或相似的模型。但有迹象表明许多开发者并未做到。迹象之一就是无法将他们所面对的风险及采用的对应技术罗列出来。

任何开发者都能答出这样的问题:"你正在实现哪些特性?"但对于"你的主要失败风险及对应的工程技术是什么"这类问题,许多开发者都会感到棘手,难以回答。如果确乎将风险摆在首位,要回答这类问题就轻而易举了。

技术选择应该多样化 由于项目面临不同的风险,因此开发者就应运用不同的技术。一些项目会面临棘手的质量属性需求,因此需要做预先的计划式设计;而另一些项目只是对现有系统的微调,所以失败的风险也就微乎其微。某些开发团队是分布式的,因而需要为设计编写文档以利于分布团队的知识共享;而另一些团队则是同地协作,因此便可简化这种形式。

一旦开发者未能使架构活动与风险保持一致,他们就会对架构技术使用过度或不足,抑或兼而有之。通过仔细研究软件开发的整体过程,就可以知道为何会发生这样的事情。多数组织都会要求开发者遵循一种开发过程,其中包括某种文档模板,或设计活动列表。这些内容虽然有益且有效,但也可能在不经意间引导开发者误入歧途。

下面是一些设计规则的例子,它们的出发点是好的,但却可能使得开发者采取的行动与其项目风险不相匹配。

(1) 团队必须始终(或永不)为每个项目创建完整的文档。

(2) 团队必须始终(或永不)绘制类图、分层图等。

(3) 团队必须在架构上投入 10%(或 0%)的项目时间。

尽管此类指导原则聊胜于无，但不同项目面临的风险也各不相同。倘若同一套设计图或技术总能作为解决一组不断变化的风险的最佳方法，则只能说这是一种不可思议的巧合罢了。

样本不符　假设一家公司构建了一个三层架构的系统。第一层是用户界面，并向互联网公开。这一层中最大的风险可能是可用性与安全性。第二层和第三层分别实现了业务规则与持久化，它们都被部署在防火墙内，最大的风险可能在其吞吐量与可伸缩性方面。

如果该公司采用了风险驱动模型，则前端与后端的开发者就会运用不同的架构与设计技术来处理他们面临的不同风险。然而事实相反，经常发生的事情是两个团队采用同一个公司的标准化开发过程或模板，而且竟然提供同一份模块依赖图。问题就在于，他们所使用的技术与面临的风险之间没有任何联系。

采用标准的过程或模板未必是坏事，不过它们却常常被滥用。随着时间推移，你或许能够归纳总结出公司项目遇到的诸多风险，进而摸索出一张适用技术的列表。关键之处就在于，技术与风险相互匹配。

风险驱动软件架构的三个步骤看似简单，实则纷繁复杂，一言难尽。风险与技术究竟是什么？如何挑选一套适用的技术？何时结束架构行为，又该何时开始或恢复构建系统？以下各节将深入剖析这些问题。

3.3　风险
Risks

在工程领域，**风险**常常被定义为失败的概率乘以失败带来的影响。这两者都是不确定的，因为它难以精确度量。通过将不确定性的概念塞到风险的定义中，就可以回避觉察到的风险与实际风险之间的区别。因此，风险的定义就变为

$$风险 = 觉察到的失败概率 \times 觉察到的影响$$

此定义带来的结果是，即使有些风险尚未出现，它也可以存在(即你能觉察到它)。假设存在一个没有任何缺陷的程序。如果从未运行过该程序，或从未测试过它，你会为它的失败而担忧吗？也就是说，你会觉察到失败的风险吗？当然，会

表 3.1 项目管理风险与工程风险的若干示例。你应该对它们加以区别，因为工程技术几乎很难解决管理风险，反之亦然

项目管理风险	软件工程风险
"首席开发者出了车祸"	"服务器无法扩展到 1000 名用户的规模"
"不理解客户需求"	"响应消息的解析可能存在缺陷"
"高级副总裁讨厌我们的经理"	"虽然系统现在能够工作，不过无论碰到哪里，系统都有可能散架"

有所觉察，不过在对程序进行分析和测试后，你便会从中获得信心，而对风险的感知也会随之减弱。

通过运用技术，就可以减少不确定性，因此也就能降低(觉察到的)风险。当然，你也可能对风险认识不足或者完全没有觉察到，稍后会对此进行讨论。

描述风险 尽管项目常常缺乏必要的质量属性，比如，可修改性或可靠性，但是仍可以直截了当地讲出某个风险。不过这种方式往往过于含糊，以至于无法付诸行动：如果有所行动，能否确定它的确降低了这种无条件的风险？

描述风险最好达到这样的程度，即可以稍后进行测试，从而检查风险是否得以缓解。不要单纯列出如可靠性这样的质量属性，而要将可能导致失败的风险逐个描述为可测试的失败场景，例如，"当负载达到峰值时，客户体验到的用户界面延迟超过 5 秒"。

工程风险与项目管理风险 项目面临各种各样的风险，因此参与同一项目的人员会倾向于关注那些与其专长相关的风险。例如，销售团队会为良好的销售策略而煞费心机，而软件开发者则会为系统的可伸缩性劳心费力。可以笼统地将风险分为工程风险和项目管理风险两大类。工程风险与产品的分析、设计及实现有关，这些风险都属于系统工程的范畴。项目管理风险与进度安排、工作排序、交付、团队规模、地理分布等有关。表 3.1 给出了这两方面的例子。

倘若你是一名软件开发者，要求你去降低工程风险，自然你会运用工程技术。技术类型必须与风险类型相匹配，因此，只有工程技术才能解决工程风险。例如，你不能寄希望于使用 PERT 图表(项目管理技术)去解决缓冲区溢出(工程风险)的问题，而使用 Java 也不会消除利益相关者的意见分歧。

表 3.2 虽然每个项目都有一组独特的风险,但是可以通过领域进行概括。典型风险是指某一领域中常见的风险,它也是引起软件开发实践随领域变化而变化的原因。例如,系统项目的开发者更倾向于使用具有最高性能的语言

项 目 领 域	典 型 风 险
信息技术	复杂、难以理解的问题
	不确定正在解决真正的问题
	可能挑选不当的现成商业软件
	与现有的晦涩难懂的软件集成
	分散在人们中间的领域知识
	可修改性
系统	性能、可靠性、规模、安全
	并发
	模块的组合方式
Web	安全
	应用的可伸缩性
	开发者的生产力/表达能力

识别风险 经验丰富的开发者很容易就能识别风险,然而,倘若开发者缺乏经验,或者对该领域不熟悉,又该怎么办呢?无论采用何种形式,最容易的办法都是从需求开始,去寻找那些似乎难以实现的内容。不完整的或容易引起误解的质量属性需求是最为常见的风险。可以召开质量属性研讨会(quality attribute workshops,参见 15.6.2 节),分发基于分类的调查问卷(taxonomy-based questionnaire,Carr et al., 1993),或者采用其他相似方法,从而捕获风险并提供一份失败场景优先级列表。

即便是竭尽全力,也不可能识别出所有的风险。在孩童时代,父母就教导我过马路时要左右观察,因为他们认定来往的汽车就是风险。不管是被汽车撞到,还是被落下的陨石击倒,都是同样糟糕和倒霉的,不过人们总是将注意力放在能预见到的高优先级的风险上。必须接受现实,那就是尽管已竭尽全力,项目仍会面对一些未识别的风险。

典型风险 在某个领域工作一段时间之后,你会注意到一些典型风险,它们对于该领域中的大多数项目而言都是很常见的。例如,系统项目通常比信息技术项目更关注性能,而 Web 项目总是很重视安全性。典型风险可能已被编制成一些检查表,用于描述确定存在的问题域,或许就产生于架构评审。这些检查表(参见 15.6.2 节)对于缺乏经验的开发者而言,是非常有价值的知识,而对于经验丰富的

开发者也是有益的提醒。

了解领域中的典型风险是一大优势，但却不能照猫画虎，必须认识到自身项目与规范项目之间的差异，从而避免盲点。例如，医疗软件可能与信息技术项目非常相似，因为它也有着各种集成问题，以及复杂的领域类型。然而，系统遇到电源问题后需要重启 10 分钟的问题，对信息技术项目而言通常是次要风险，但对医疗软件这就是主要风险，是人命关天的大事。

决定风险的优先级　由于风险有大有小，因此可以对它们进行优先级排序。多数开发团队都是通过团队内的讨论来确定优先级的。这或许已经足够，不过团队对风险的感知与利益相关者的感知可能并不一致。倘若团队花了足够的时间去考虑软件架构，因为在预算中它是最值得注意的部分，那么最好根据利益相关者的优先级来确定时间与资金上的花费。

可以从两个维度对风险进行分类[1]：一个维度是对利益相关者而言的优先级，另一维度是由开发者察觉到的难度。必须认识到，利益相关者无法轻易评估某些技术风险，例如，平台的选择。

对风险进行分类及优先级排序的正规做法是使用风险矩阵(risk matrices)，其中包括美国军方标准 MIL-STD-882D。正规的风险优先级排序对于某些系统是适合的，例如，处理放射性材料的系统，但大多数计算机系统并没有这么正规。

3.4　技术
Techniques

一旦了解了所面临的风险，就可以运用期望的技术去降低风险。"技术"是一个非常宽泛的术语，因此我们会特别关注那些降低软件工程风险的技术；不过，为了方便起见，我们会继续使用"技术"一词。表 3.3 罗列了软件工程技术及来自其他工程分支的技术。

从分析到解决方案　设想正在建造一幢大教堂，但你担心它可能会坍塌。可以根据不同的设计方案进行建模，并计算它们的压力与张力。或者，可以运用已知的解决方案，例如，使用飞拱(flying buttress)。虽然都能奏效，但前者体现了分析特征，后者则信奉拿来主义，直接照搬知名的优秀解决方案。

若干技术存在于从纯分析（如计算压力）到纯解决方案（如将飞拱应用于大教堂）的范围内。其他一些软件架构与设计方面的书籍已将此范围内解决方案端的相关技术登记造册，并将这些技术称为战术(tactics)(Bass, Clements & Kazman, 2003)或模式(Schmidt et al., 2000；Gamma et al., 1995)，这些技术包括使用进程监控器(process monitor)、转发器-接收器(forwarder-receiver)或模型-视图-控制器(model-view-controller)。

---

[1] 这与在架构权衡分析法(ATAM)中所用的是同一分类技术。在架构权衡分析法中，使用这种分类技术对架构驱动因素及质量属性场景进行优先级排定，如 12.11 节所述。

表 3.3 软件工程及其他领域中工程避险技术的若干示例。在所有的工程领域中，建模可谓司空见惯

软 件 工 程	其 他 工 程
运用设计模式或架构模式	应力计算
领域建模	断点测试
吞吐量建模	热分析
安全性分析	可靠性测试
原型测试	原型测试

风险驱动模型关注的是此范围内以分析为目的的相关技术，它们都是过程性的，而且独立于问题域。这些技术包括：使用模型，比如，层级图、组件装配模型及部署模型；对性能、安全和可靠性进行分析的技术；利用各种架构风格，如客户端-服务器(client-server)和管道-过滤器(pipe-and-filter)，去实现某个紧迫的质量属性需求。

技术降低风险 设计是一个神秘的过程，只有大师才能实现从推理问题到解决方案的跨越(Shaw & Garlan，1996)。要让设计过程变得可以重复，就需要让这门掌握在大师手中的技艺变得明白通晓。这取决于根据风险进行技术选型的表述能力。如今，这些知识大多是非正式的，但我们仍然渴望能够有一本指导手册能够帮助我们作出合理的决策。最好能变得像填空题一般：

如果你面临<某种风险>，可考虑使用<某种技术>降低它。

通过将大师级架构师的知识编码为风险与技术之间的若干映射，这样一本手册将改善软件架构设计的可重复性。

任何特定的技术都擅长降低某些风险，而对于其他风险却未必。在整洁有序的世界里，会有一种能够解决所有已知风险的单一技术。而实际上，有些风险可以通过多种技术去缓解，而另一些风险甚至需要立即发明一些技术才能解决。

这种根据风险选择技术的思路有助于高效地工作。无须在那些低效的技术上浪费时间或其他资源，也不能忽略那些危及项目的风险。需要采用高效的途径构造一个成功的系统。这就意味着只能通过风险主动地推动我们进行技术选型。

最优技术集　要避免浪费时间与金钱，应该选择最佳的技术来规避优先级最高的风险。最好能够一箭双雕，运用一项技术就能降低两个到多个风险。我们可能更愿意将其视为一种优化方案，即挑选一组技术来降低风险。

一眼看去，总是很难判断应该运用哪种技术才算适合。每种技术自有其价值，却未必是项目最需要的。例如，有些技术可以改善用户界面的可用性。假设由于你已成功地将该技术用到了最近的项目中，因而决定在当前项目中再次运用。接着在设计中发现了三个可用性缺陷，并修复了它们。这是否意味着采用这种可用性技术就是一个好主意呢？

不尽然，因为这种推理方式忽略了机会成本(opportunity cost)。公平的做法应该是与那些本来可以用到的其他技术比较。如果最大的风险在于选择的框架不适合，就应该花费更多的时间用在对框架选择的分析或原型测试上，而非针对可用性。时间总是不够充足，因而应该努力让选择的技术能够最大化地降低失败风险，而不是得过且过地满足于目前取得的一丁点儿效果。

无法根除工程风险　或许我们会思考，在寻求根除工程风险的过程中，为何不尽力去创建一套最优的技术集？这无疑极为诱人，因为工程师总是憎恨对风险的视而不见，尤其是在知道如何解决这些风险的情况下。

努力根除工程风险的代价是时间。作为航空先驱，莱特兄弟把时间用在对航空原理的数学模型及实证调查上，并因此降低了他们的工程风险。然而，要是他们继续此类调查直至根除所有风险，那么他们的首次试飞就可能是 1953 年，而不是 1903 年。

之所以无法承担根除工程风险的重任，是因为必须在工程风险与非工程风险之间取得平衡，而非工程风险主要是项目管理风险。因此，软件开发者没有运用所有有用技术的选择自由，因为在规避风险的同时必须顾及时间与成本。

3.5　选择技术的指导原则
Guidance on choosing techniques

至此，已经介绍了风险驱动模型，并主张根据所面对的风险去挑选技术。那么你可能会寻思，如何才能作出合适的决策。在将来，也许开发者挑选技术就像机械工程师挑选材料那样，他们会先查阅各种属性表，进而作出一些定量的决策。可惜这样的参考表至今还不存在。然而，可以向资深的开发者去请教，了解他们是怎样缓解风险的。这意味着，要根据资深开发者的经验及自己的判断去挑选技术。

即使存在这样的参考表，又或者在你身边并不缺乏识途老马的教导，也无法满足你探求新知的好奇心。归根结底，无论是参考表还是资深人士的经验，都必须遵循设计的原则，只有这些原则才能解释为何 X 技术可以降低 Y 风险。

此类原则确然存在，现在就让我们来看看几个重要的原则。这里，仅仅给出一个简要介绍。首先，当面临一个要求解的问题，而在其他情况下又遇到需要证明的问题时，技术决策应该与具体需求相匹配。其次，某些问题可以通过类比模型来解决，而其他问题则需要借助分析模型，此时需要分辨不同模型之间的差异。再次，只有采用特定类型的模型，才能有效地分析问题。最后，某些技术之间总是存在密切的关系，正如钉子要锤，而螺丝钉要拧一样。

要求解的问题与要证明的问题 George Polya 在其著作《怎样解题》(《How to Solve It》)中指出了两种截然不同的数学问题：要求解的问题与要证明的问题(Polya，2004)。"存在平方等于 4 的数吗？"就是一个要求解的问题，而且可以轻而易举地检验自己给出的答案。另一方面，"质数集是无限的吗？"就是一个要证明的问题。与证明一些事物比起来，找到一些事物往往要容易得多，因为为了获得证据，需要论证某事在所有可能的情况下都为真。

在寻找技术去应对风险时，你通常会排除许多有可能入选的技术，原因就是，那些技术答错了 Polya 的问题。某些风险是具体的，因此可以用简单明了的测试用例对其进行测试。对于"数据库能否保存多达一百个字符的名称？"这样的问题，因为它属于要求解的问题，所以为此问题编写测试用例也就很容易想出来。同样，倘若需要设计一个具有可伸缩性的网站，则这一问题仍然属于要求解的问题，因为只需设计(即找到)一个解决方案，而无须证明这个设计是最优的。

相反，如果遇到要证明的问题，就很难想象一小部分测试用例能提供具有说服力的证据。试想，"该系统是否一直符合该框架的应用程序编程接口(API)"？尽管各种测试都获得了成功，仍有可能有某种情况被忽略了，或许是对这个框架的调用意外地传递了一个空引用。要证明的问题的另一个例子是死锁：即便再多的测试可以顺利运行，也不能暴露锁协议(locking protocol)中的一个问题。

分析与类比模型 Michael Jackson 基于 Russell Ackoff 的理论对类比模型与分析模型加以辨析(Jackson, 1995; Jackson, 2000)。在类比模型中，每个模型元素在关注域中拥有一个相似物。比如,雷达屏幕就是某一地区的类比模型,它所显示的一个个光点对应着一架架飞机,此时,光点与飞机就是一组相似物。

类比模型仅支持间接分析,而且通常需要借助领域知识或人类的推理能力。雷达屏幕可以帮助回答问题:"这些飞机是否位于碰撞航向上?"不过为了回答此问题,你正在使用专用脑力,这就好似棒球场上的外场手能辨别出他是否位于能接住腾空球的位置上(参见 15.6.1 节)。

相比之下,分析(Ackoff 称之为符号)模型直接支持计算分析。各种数学方程式就是分析模型的例子,状态机也属于分析模型。设想飞机的一种分析模型,在模型中每个向量代表一架飞机。数学提供了对于相关向量的分析能力,因此,可以定量回答那些有关碰撞航向的问题。

只要对软件进行建模,就会使用各种符号,无论是统一建模语言(UML)的元素,还是其他的表示法。必须谨慎小心,因为有些符号模型支持分析推理,其他一些则支持类比推理。若模型使用了同一种表示法,则更要倍加小心。例如,两个不同的 UML 模型都可以将飞机表示为类,其中一个模型具有飞机的向量属性,另一模型没有此属性。带有此向量的 UML 模型可以用于计算飞机的碰撞航向,因而它是一个分析模型。而没有此向量的 UML 模型则不具备此能力,属于类比模型。因此,简单地使用像 UML 这样定义好的表示法,并不能保证模型就是分析模型。架构描述语言(architecture description languages,ADLS)比 UML 具有更多的约束条件,其目的是使架构模型逐步向分析模型靠拢。

判断给定的模型是分析模型还是类比模型,取决于它能回答的问题。譬如,前面提到的两个 UML 模型都可以用于飞机数量的计算,因此就都可以视为分析模型。

一旦了解到需要降低哪些风险,就可以根据需求合理地挑选分析模型或类比模型。例如,倘若担心工程师们可能无法理解领域中实体之间的关系,就可以用 UML 建立一个类比模型,并由领域专家给予确认。相反,若希望计算响应时间的分布状况,则要用到分析模型。

视图类型匹配 某些"风险-技术"配对的效果取决于所用的模型或视图的类型。在 9.6 节,我们将详细讨论视图类型。至于现在,只需了解三种主要的视图类型即可。模块视图类型包括诸如源代码及类等有形的工件;运行时视图类型包括对象等运行时结构;部署视图类型包括服务器机房及硬件等部署元素。可以轻而易举地运用模块视图类型解释可修改性,用运行时视图类型解释性能,而用部署视图类型与模块视图类型解释安全性。

每张视图都揭示了系统的选定细节。运用视图揭示与风险相关的细节的时刻，是阐释该风险的最佳时机。例如，利用运行时视图，例如状态机，就要比利用源代码更便于解释运行时协议。同样，使用部署视图要比模块视图更便于解释单点故障。

尽管如此，开发者可以随机应变、因地制宜，不仅可以充分利用已有资源，而且可以在心中模拟其他的视图类型。例如，开发者惯于访问源代码，因而擅长推断代码的运行时行为与部署位置。尽管开发者借助源代码能做到这一点，但是，若是风险能与视图类型相匹配，推理过程就会变得更容易，而且视图还揭示出与风险相关的细节。

密切相关的技术　在现实世界中，工具是出于某种目的而被设计出来的：锤子用于敲击钉子，螺丝刀用于拧螺钉，锯子用于切割木材。有时，也会用锤子敲螺钉，或拿螺丝刀当撬杆，但是，只有使用的工具与工作相匹配，效果才更好。

在软件架构中，某些技术只能用于处理特定的风险，因为它们就是为此而生的，且难以另做它途。例如，速率单调分析(rate monotonic analysis)主要用于应对可靠性风险，威胁建模(threat modeling)则用于解决安全风险，而队列理论(queuing theory)则可以降低性能风险(15.6 节将详细讨论这些技术)。

3.6　何时停止
When to stop

本章从一开始，就开门见山地提出了两个问题。到目前为止，本章对第一个问题进行了探索：到底应该运用哪种设计与架构技术？答案就是识别风险，并挑选可以解决这些风险的技术。没有哪一项技术可以"一招鲜，吃遍天"。适用于这一项目的技术，未必适合另一项目。但是，不断调整各种架构技术、设计经验及习得的设计指南的思维模式，会引导我们选用合适的技术。

现在，转向第二个问题：如何把握设计和架构的度？时间成本是此消彼长的，用在设计或分析上的时间多了，就会相应扣除应该花在构建与测试等活动上的时间。因此，需要奉行中庸之道，既不能设计得过多，也不能忽视可能使项目陷入困境的风险。

付出的努力应与风险相称　风险驱动模型力求有效地运用技术以降低风险，这就意味着技术的运用需恰如其分。为追求效率，风险驱动模型遵循这一指导原则：

为架构付出的努力应与失败的风险相称。

还记得我的父亲与信箱的故事吗？他并不太担心信箱会倒下来，因而他并没有耗费太多时间去设计解决方案，或者运用各种机械工程的分析方法。他只做了一点儿设计，或许想了想到底洞应该挖多深，而将大部分时间花在了实施上。

如果安全风险微不足道，就没必要在安全性设计上耗费时间。然而，当性能成为危及项目的风险时，就要致力于解决这一风险，直到确认性能符合要求为止。

不甚完整的架构设计　应用风险驱动模型时，只会针对我们认为存在失败风险的领域进行设计。大部分时间，无论是在纸上还是在白板上，运用设计技术就意味着构建某种形式的模型。因此很可能导致构建的架构模型厚此薄彼，对有些地方详加说明，而对其他地方一笔带过，甚至只字不提。

举例来说，如果识别出了一些性能风险，且无安全隐患，就会建立模型以解决性能风险，而在这些模型里面，并不包括安全细节。不过，并非每一个关于性能的细节都会被建模并对此作出决策。切记，模型仅仅是一个半成品，一旦确认架构已经适合解决这些风险，就可以停止建模。

主观评价　风险驱动模型认为，要先为风险排定优先级，接着运用选定的技术，然后再评估剩余的风险，这意味着必须判定风险是否已得到充分缓解。但是，所谓的"充分缓解"又意味着什么呢？需要对风险排定优先级，但到底应该哪个在先，需要解决，哪个在后，甚至可以忽略？

风险驱动模型提供了一个便于作出决策的框架，但是它并不能代替你作判断。该模型提出了清晰的思路(排定风险优先级，选择相应的技术)，指导我们对设计工作提出正确的问题。通过运用风险驱动模型，你就能抢占先机，因为已经识别出了风险，敲定了相关的技术，并保证付出的努力与所要解决的风险相称。然而，归根结底，终究需要你作出主观评价：所设计的架构能够克服所面临的失败风险吗？

3·7　计划式设计与演进式设计
Planned and evolutionary design

至少在概念层面上，你目前应该已经做好了准备，可以动身出发，在项目中运用软件架构了。然而，对于整个过程究竟该如何开展，或许你还满怀疑问，毕竟，尚未讨论到风险驱动模型如何与已知的其他各类指南结合，包括计划式设计与演进式设计、软件开发过程，尤其是敏捷开发。本章的其余内容会展现以风险为中心的模型如何与这些开发过程相与匹配，以及如何使用这种模型来论证这些建议。

首先讨论三种不同风格的设计：计划式设计、演进式设计及最小计划式设计。计划式设计与演进式设计是两种基本的设计风格，而最小计划式设计则是它们的组合。

演进式设计　演进式设计"意味着系统的设计随着系统实现的增长而增长"(Fowler，2004)。从过往的历史看，演进式设计一直备受争议，因为局部而又不协调的设计决策会导致混乱，从而创造出一个大杂烩系统，既难以维护，又很难进一步演进。

然而，从软件开发过程的最近发展趋势看，演进式设计已经克服了大多数缺点，使它再度焕发生机。敏捷实践中的重构、测试驱动设计及持续集成可以对付各种混乱问题。重构(保持行为不变的代码改进)清除了不协调的局部设计(Fowler，1999)，测试驱动设计确保对系统的更改不会导致系统丢失或破坏现有功能，而持续集成则为整个团队提供了同一代码库。一些人则认为这些实践足够强大，因而完全可以不做计划式设计(Beck & Andres，2004)。

在这三种实践中，重构是克服演进式设计中大杂烩问题的主力。重构用解决当前全局问题的设计去替换那些解决旧有局部问题的设计。然而，重构自有其局限性。当前的重构技术并没有为架构规模的转换提供指导。例如，亚马逊从分层的单一数据库架构到面向服务架构(Hoff，2008a)彻底改变，很难想象这一转变可以通过在单独的类及方法级别上的一系列小步重构去完成。此外，遗留代码通常缺乏足够的测试用例，从而让我们无法信心满满地进行重构，而大多数系统都存在一些遗留代码。

确实，一些项目贸然地采用了演进式设计，而其倡导者则认为，演进式设计必须与相关的支撑实践一起使用，比如，重构、测试驱动设计及持续集成。

计划式设计　演进式设计的对立面则是计划式设计。计划式设计背后的总体思路是，在项目构建开始前，就非常详细地制订出各种计划。一个常被提及的类比是桥梁的设计与构造，因为桥梁的施工很少在设计完成前开始。

很少有人主张为整个软件系统开展计划式设计[1]，有时，它被称为预先大量设计(big design up front，BDUF)。然而，一些作者建议仅对架构做完整的计划(Lattanze 2008；Bass, Clements & Kazman，2003)，因为面对一个大型或复杂项

---

[1] 模型驱动工程(MDE)是一个例外，因为它需要一个详细的模型去生成代码。

目时，人们往往很难知道哪个系统会满足需求。在不确定该建立哪些系统时，最好能尽早弄清楚此问题。

当多个团队进行并行开发并需要共享架构时，计划式架构设计也很实用，因而很有必要在子团队开始工作之前了解架构设计。此时，定义了顶级组件及连接器的计划式架构，就可以与局部设计相结合。这些局部设计即子团队设计组件与连接器的内部模型。此种架构通常会强调一些整体的不变量(invariants)与设计决策，例如，建立某种并发策略、一组标准的连接器，分配高层职责，或定义一些局部的质量属性场景。注意，诸如组件与连接器之类的架构建模元素将在本书的第 2 部分给出详尽描述。

即使遵循计划式设计，架构或设计也极少在进行原型设计或编码之前百分百地完成。利用目前的设计技术，倘若没有运行代码的反馈，几乎不可能完善整个设计。

最小计划式设计　介于演进式设计与计划式设计之间的是最小计划式设计，或称为预先小量设计(little design up front, Martin, 2009)。最小计划式设计的倡导者担心，倘若全部采用演进式设计，可能会使设计走向死胡同；而倘若全部采用计划式设计，又担心这种方式太难，可能会将事情弄错。Martin Fowler 对此作了估算，他说自己大概会做 20％的计划式设计和 80％的演进式设计(Venners, 2002)。

在计划式设计与演进式设计之间取得平衡是可能的。一种方法是先做一些初始的计划式设计，确保架构可以处理一些最大的风险。在初始的计划式设计完成后，未来的需求变化往往通过局部设计去处理，或者采用演进式设计，前提是重构、测试驱动设计及持续集成等实践已在项目中顺利开展起来。

如果你主要关心架构对整体质量或至为关键的质量的支持程度，就可以采用计划式设计以确保这些质量，而把其余的设计工作留作演进式设计或局部设计。例如，若已经确定吞吐量为最大的风险，就可以进行计划式设计去建立吞吐量预算(举例来说，消息传递在90％的时间里要保证在 25 ms 内发生)。其余的设计工作可以采用演进式设计或局部设计，保证各个组件和连接器能满足那些性能预算。整体思路就是，运用专注架构的设计(参见 2.7 节)去建立起一个已知能处理所面临的最大风险的架构，从而使得在做其他设计决策时拥有更大的自由度。

哪种设计风格最好　无论你倾心于哪一种设计风格，都必须在编写代码之前(无论是 10 分钟前，还是 10 个月前)设计软件。两种设计风格都有其信徒，而他们的争论主要还是停留在一些奇闻轶事上，却给不出具有说服力的可靠数据，所以，至今各种观点仍不相同。倘若对自己运用演进式设计的能力信心十足，那么就会少做一些计划式设计。

要意识到不同系统都有适合自身的设计风格。请仔细想一想，Apache Web 服务器在过去 10 年里发生的缓慢变化。由于它的设计就像是在对一组稳定需求(例如，高可靠性、可扩展性及性能)进行优化，因此适用于计划式设计。另一方面，许多项目的需求变化迅速，因而更适用于演进式设计。

计划式设计与演进式设计之间存在的必要的张力 (essential tension)[1]是：若一开始进行长时间的架构设计，就有机会确保全局属性，避免设计步入死胡同，便于协调子团队——然而，这么做的代价就是有可能犯错，因为要是有些决策能晚些时候作出，一些错误本来是可以避免的。那些擅长重构、测试驱动开发及持续集成等开发实践的团队，会比其他团队更有能力开展演进式设计。

风险驱动模型能够兼容并蓄，配合演进式设计、计划式设计与最小计划式设计。所有这些设计风格皆认为，设计应该发生在某一时间点，而且它们都为设计分配了时间。对于计划式设计，时间被安排在前期，因而运用风险驱动模型就意味着要进行预先设计，直到架构风险得到缓解为止。演进式设计则意味着需要在开发过程中展开架构设计，一旦风险迫在眉睫，就应进行架构设计。至于在最小计划式设计中运用风险驱动模型，则是以上两种设计风格的一种组合。

3.8　软件开发过程
Software development process

几乎没有开发者仅使用某种设计风格(例如，演进式设计)及编译器去构建系统。相反，他们会使用某种软件开发过程去精心组织开发活动，旨在增加成功交付优秀软件的概率。良好的软件开发过程不仅要让工程风险最小化，而且它还必须考虑其他业务需求及风险，例如，产品上市时间的压力。

一旦将注意力从单纯的工程风险扩大到整个项目的风险，就会发现要为更多的风险去操心。客户是否会接受你的系统？交付软件时，市场是否已经发生变化？能否按时交付？需求文档是否真实地反映了客户的诉求？是否有得力的人手，是否人尽其才，彼此之间能否有效沟通？是否会导致法律诉讼？

---

[1] 译者注：必要的张力(essential tension)，此概念由美国科学史家 Thomas Samuel Kuhn 在同名著作《Essential Tension》一书中提出的，它描述了聚敛思维与发散思维之间的矛盾。这里意即计划式设计与演进式设计在设计理念上的矛盾。

软件开发过程 软件开发过程需要协调团队活动,平衡工程与项目管理风险的目标。要想将工程过程从项目管理过程中完整割裂出来,这看似诱人,实则不可能。软件开发过程有助于你在工程风险与项目管理风险并存时为风险排定优先级,甚至可能会认定,尽管存在工程风险,但是其他风险的优先级却要超过它们。

将"风险"作为共享词汇 风险是工程师与项目经理之间的共享词汇。项目经理的工作就是要在项目所面临的各种风险之间进行权衡,并作出决策。项目经理或许并不具备足够的技术去理解为何模块不能按需工作,不过他要明白这种失败的风险,而工程师可以帮助他评估风险发生的概率和严重性。

风险的概念位于工程领域与项目管理领域之间的公共地带。工程师们可以选择忽略各种办公室政治及市场营销会议,项目经理们并不需要知道数据库样式和性能估算,不过在风险思想下,他们会找到共同点,以便对系统作出决策。

内嵌的风险 如果之前对软件开发过程一无所知,那么可以把它想象为程序中的控制循环,在每次迭代期间,都会为风险排定优先级,并制订相应的下一步计划,如此循环往复,直到系统交付为止。在实践中,某些降低风险的步骤被有意内嵌到软件开发过程之中。

对于担心团队协作的大公司而言,其开发过程可能强调在达到项目里程碑时提交各种形式的文档。而敏捷过程则嵌入了对产品上市时间及客户会拒收产品的顾虑,因此敏捷过程才坚决主张,要以若干次短期迭代的方式去构建并交付软件。专门的信息技术过程经常要面临的风险是一些未知的、复杂的领域,因此其过程会内嵌对领域模型的构建。只要一出门,就会拍拍口袋,确保带上了钱包和钥匙,因为这种风险已经融入我的生活习惯中。

将降低风险的技术内嵌到软件开发过程中,的确是一件幸事。在过程中内嵌的风险正是无论如何都要优先考虑的风险,真应该额手称庆,因为它可以为你节省每天作决定的时间,例如,你可以坚持2周一次的迭代,而不是设定一个松垮垮的时间表。它之所以行之有效,在于它传递了开发老手的专业技能,只要遵循这一过程,就能走向成功的彼岸,而不用试图去阐释暗含在软件开发中的哲学。例如,对于 XP 敏捷方法,只要遵循这个过程,团队就能成功,哪怕团队成员根本不理解为何 XP 要选择这么一套特定的技术。

但是在开发过程中内嵌降低风险的技术不宜太过死板,否则就会矫枉过正。多年前,我参加了一家微型创业公司的面试。公司项目经理之前曾就职于大型公司,他问我对软件开发过程作何感想?我告诉他,软件开发过程需要适合于项目、领域和团队。最重要的是，我接着说，如果只知道一成不变地照搬书本，是不可能成功的，就如邯郸学步，反而适得其反。就像是一部喜剧片中的场景，他坐在转椅中转过去，然后拿起一本描述大型公司开发过程的书，说道："这就是我们遵循的过程。"不用说，我最终没有留在那里工作，不过，但愿我能有幸目睹 5 名工程师聚在一起编写详细设计文档，以及其他针对大型分布式团队的已融入流程之中的官僚制度。

倘若我们决定对软件开发过程进行调整，以便将一些风险内嵌其中，则需要考虑一些重要特征，包括：项目复杂度(大、小)、团队规模(大、小)、地理位置(分布式的、同处一地的)、领域(信息技术、金融、系统、嵌入式、安全攸关的等)，还有客户的类型(内部、外部、商业零售)。

3.9　理解过程变化
Understanding process variations

在你能够理解如何将风险驱动模型运用于软件开发过程之前，需要了解若干软件过程的类别及其细节。本节简要地介绍了每种软件过程，虽不叙及细节，但提供了足够的背景知识，以便可以思考如何运用风险驱动模型。

本概述将每种过程总结为由两部分组成的简单模板：前一部分为可选的预先设计，后一部分包含一到多个迭代。并非每个开发过程都有预先设计，但是它们至少需要一次迭代。该模板存在四点变化：

(1) 是否存在预先设计？

(2) 设计的特性是什么(计划式/演进式；允许重新设计)？

(3) 如何在多次迭代之间排定工作的优先级？

(4) 一次迭代需要多长时间？

表 3.4 总结了这些过程，并重点强调了它们之间的分歧。

在论及开发过程时，还有两个重要的变化点：设计模型应该详细到何种程度？应该在设计模型上投入多长时间？上述过程都没有给出这些问题的答案，唯有 XP 允许建模，却不鼓励保留前一迭代中的那些模型。遵循这一简单的模板，可以将软件开发过程描述为：

表 3.4 软件开发过程及其如何处理设计问题的示例。为了便于比较，瀑布过程被视为仅有一次的长期迭代

过 程	预 先 设 计	设计的性质	工作的优先级	迭 代 时 长
瀑布过程	在分析和设计阶段进行	计划式设计；不能重新设计	开放式	开放式
迭代过程	可选	计划式或演进式；允许重新设计	开放式，常以功能为中心	开放式，通常为1~8周
螺旋过程	无	计划式或演进式	风险最高者优先	开放式
统一过程 (UP/RUP)	可选，设计活动可提前	计划式或演进式	风险最高者优先，最高价值者次之	通常为2~6周
极限编程 (XP)	无，但可以在第 0 次迭代做部分工作	演进式	最高客户价值者优先	通常为2~6周

瀑布过程　瀑布过程贯穿始终，被作为交付整个项目的一个工作块(Royce, 1970)。瀑布过程假定，在分析和设计阶段便可完成计划式设计的相关工作。这些都发生在构造阶段之前，因而可以把整个过程视为一次单独的迭代。由于只有一次迭代，因此无法在多次迭代之间为工作排定优先级，但可以在构造阶段进行增量构建。如果运用风险驱动模型，则意味着架构工作主要是在分析和设计阶段完成的。

迭代过程　迭代开发过程通过多个工作块去完成系统的构建，这些工作块称为迭代(Larman & Basili, 2003)。每一次迭代都允许开发者对系统的已有部分进行返工，因而它不仅仅是增量构建。迭代开发可以有选择性地进行预先设计工作，但它不会跨迭代进行优先级排定，也不会对设计工作的性质给出指导。如果运用风险驱动模型，就意味着需要在每次迭代及可选的预先设计阶段中开展架构工作。

螺旋过程　螺旋过程是一种迭代开发，它包含多次迭代，但通常认为它并不开展预先设计工作(Boehm, 1988)。它会根据风险去划分迭代的优先级，并利用首次迭代去处理项目中风险最高的部分。螺旋模型既处理管理风险，又处理工程风险。

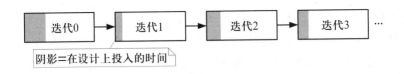

图 3.1 如图所示，根据对风险的认知，用于设计的工作量会在不同迭代之间有所变化。根据花费的时间，可以推断出，设计者认为的多数风险发生在迭代 0 和迭代 2

例如，它可以将"人员短缺"作为一个风险。螺旋过程并未就架构/设计工作的度，或运用何种架构及设计技术给出指导原则。

Rational 统一过程(Rational Unified Process, RUP) 统一过程及其特定过程即 Rational 统一过程，都是迭代的螺旋过程(Jacobson, Booch & Rumbaugh, 1999; Kruchten, 2003)。它们强调及早应对风险的重要性，并利用架构处理风险。(R)UP 主张在早期迭代中，应优先处理与架构相关的需求。它可以适应计划式设计或演进式设计。

极限编程(XP) 极限编程是一种迭代过程与敏捷过程的专门化，因此它包含多次迭代(Beck & Andres，2004)。它建议不做预先的设计工作，但一些项目会增加一个零迭代阶段(Schuh，2004)，在这个阶段中并不会交付客户可见的功能。它指导开发者完全采用演进式设计，不过某些项目对此进行了调整，以便包含少量的预先设计。每次迭代的优先级排序的依据是客户对功能的价值评估，而非风险。

3.10 风险驱动模型与软件开发过程
The risk-driven model and software processes

无论何种软件开发过程，都可以在运用风险驱动模型的同时，保持每种过程的精髓。尽管瀑布过程规定了在分析和设计阶段进行计划式设计，但没有说明该开展怎样的架构与设计工作，以及该做多少架构及设计工作。完全可以在分析与设计阶段，通过运用风险驱动模型来回答这些问题。

迭代过程并没有为设计工作指定时间点，但它可以在每次迭代之初完成。在设计上投入的时间会根据风险的不同而变化。图 3.1 给出了一个概念性的例子，展示了根据对风险的认知，用于设计的工作量如何随着迭代而发生变化。

螺旋过程与风险驱动模型可谓异曲同工，它们都将风险视为首要依据。区别在于螺旋开发过程是完整的软件开发过程，会将管理风险及工程风险放在一起排定优先级，并给出迭代期间的指导原则。而风险驱动模型只对设计工作给予指导，以便降低工程风险，并且只能用于某次迭代之中。将风险驱动模型应用于螺旋模型或(R)UP，所起到的作用等同于它在迭代过程中的作用。

你或许已经注意到，在表3.4列出来的开发过程中，XP(一种敏捷过程)拥有最为具体的建议。因此，最为棘手的就是将风险驱动模型应用于 XP(或其他以特征为中心的敏捷过程)，所以要更深入地了解这一过程。

3.11 应用于敏捷过程
Application to an agile processes

下面将介绍如何将风险驱动模型运用到敏捷项目中，主要强调了一些核心问题，诸如何时开展设计，如何将风险混合到特征驱动开发过程(feature-driven development process)中。由于敏捷项目的开发过程风格各异，因而这里的介绍假设项目采用为期 2 周的迭代，每次迭代执行一次计划游戏(planning game)，以便管理特征待办项(feature backlog)。从工程角度看，应该把一些软件架构风险融入这个过程中。此过程包括识别风险、对风险排定优先级、缓解和评估这些风险。最大的挑战在于：其一，如何解决最初的工程风险；其二，如何把之后发现的工程风险合并到待办工作列表中。

风险　在项目开始时，已经可以确定一些风险，如最初对架构风格的选择、对框架的选择及对其他现成商业(commercial off-the-shelf，COTS)组件的选择。某些敏捷项目使用第 0 次迭代去建立开发环境，包括源代码控制工具及自动构建工具。在这个阶段，可以设法降低一些识别出来的风险。开发者可以召开一个简单的白板会议，确保每个人就架构风格达成一致，抑或给出一份简短的架构风格列表以供调查研究。倘若无人知晓现成商业组件的性能表现，而它又至为关键，那么就可以做一些原型测试，从而得出速度或吞吐量的近似值。

风险待办项　在迭代结束时，需要评估相关活动是否有效降低了风险。大多数情况下，我们会努力降低某一风险，然后将它从雷达图中去掉；然而，有时并非如此。设想在迭代结束时，原型测试显示首选的数据库运行缓慢。这一风险可以记录在案，作为该系统可测试的一项功能。这就是一份风险待办项(risk backlog)的开始。只要有可能，就应该把各种风险整理成为一条条可测试的项目。

某些风险足够小，以致在迭代中便可以将其"扼杀于摇篮之中"，从来不会出现在待办项中。然而，对于更大的风险，就要像对待功能一般，必须做好规划。

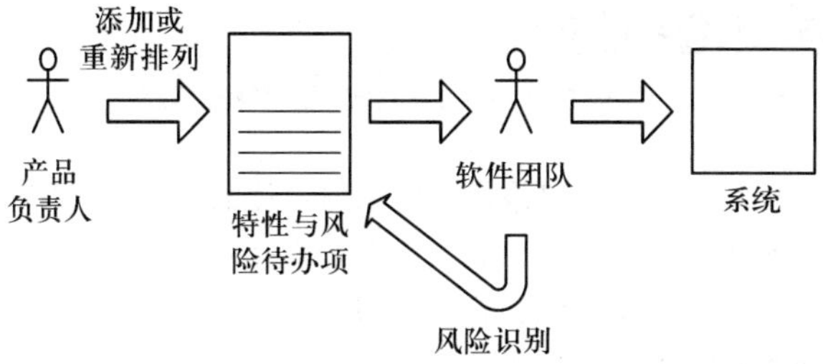

图 3.2 将风险纳入敏捷过程中的一种方法，就是将功能待办项转换为特征与风险并存的待办项。产品负责人(product owner)负责添加功能特征，软件开发团队则添加技术风险。软件团队必须帮助产品负责人了解技术风险，并为待办项恰当地划分优先级

注意，这并非借口，以便把名义上的第 0 次迭代变为事实上的预先大量设计(big design up front)；也不是要延长第 0 次迭代的时间，而是要把各种风险放入风险待办项中。这就引出了一个问题：我们如何同时处理待办项中的特征与风险？

风险与特征的优先级排序　很多敏捷项目将软件世界划分为两种角色：产品负责人与开发者。前者创建一个排定了优先级的特征功能列表，称为待办项(backlog)，后者则从待办项中选择优先级最高的特征，完成对它们的构建。

将特征与风险放入同一个待办项中，极具诱惑。然而，一旦引入风险，对待办项的管理就会变得更为复杂，因为这意味着需要同时为特征与风险排定优先级。谁有资格对这两者划定优先级？

如果要求产品负责人承担额外的责任，即在为特征划分优先级的同时，还为架构风险划分优先级，那么就可以简单地将特征待办项转变为特征与风险并存的待办项，如图 3.2 所示。软件开发者可能会发现某个对安全性有要求的特征处于待办项中优先级较低的位置。他们要做的工作就是，使产品负责人理解，如果他想获得一个安全的应用程序，就需要及早解决风险，因为越在后期，解决的难度就越大，甚至无从入手。作为每次迭代结束时反思的一部分，应该进行架构风险评估，并将评估结果记录到待办项中对应的风险上。

总结　敏捷过程可以通过做三件事情来处理架构风险。事先知道的架构风险可以(至少部分)在有时间限制的第 0 次迭代中去处理，且此次迭代并不交付任何计划的功能。在迭代期间，那些小的架构风险一旦出现，就应及时解决。至于大的架构风险，则应该将它们提升至与功能特征同等重要的位置，并将它们添加到特征与风险并存的待办项中。

3.12 风险与架构重构
Risk and architecture refactoring

随着时间的推移，开发者对系统应该如何设计的理解也日臻完善。事实正是如此，不管他们遵循了哪一种开发过程(如瀑布过程或迭代过程)。一开始，他们对系统知之甚少。在开展某些工作(设计、原型设计、迭代等)之后，就能够在恰当的设计上给出更好的有理有据的意见。

一旦开发者意识到他们的代码并没有表现出最佳的设计(例如，通过检测"代码异味")，他们就面临两个选择。一个选择是对这种差别视而不见，由此便滋生出技术债。要是技术债日积月累，该系统就会成为一个大泥球(参见 14.7 节)。另一选择就是对代码进行重构，使得系统更容易维护。这一方案在 Brian Foote 和 William Opdyke 的软件生命周期模式中已作了适当的描述(Coplien & Schmidt，1995)。

根据定义，重构意味着重新设计，且重新设计的规模可有所不同。有时，重构只涉及少数对象，或某些局部范围的代码，但有时则会涉及影响更为深远的架构变化，而被称为架构重构。由于极少有关于大规模重构的指导原则发表，故架构重构通常需要特别对待。

在第 1 章"概述"中，描述了 Rackspace 公司通过三种不同的方式实现其查询系统(参见 1.2 节)，这个例子是对架构重构的最佳诠释。其中，每次架构重构都由某个迫在眉睫的失败风险促成。由于对象级的重构所消耗的时间可以忽略不计，因此无须什么理由，只管放手去做就好了，例如，重命名某个变量，以便更好地表达其意图。而架构重构则代价高昂，只有重大的风险出现，才可证明它的势在必行。

两个重要的教训显而易见。首先，设计并不只在前期发生。在前期，花费时间去作出最佳选择，通常是合理的，但就此认为你已十分清楚地作出了正确的设计决策，未免过于乐观。在项目初启之后，仍要花费时间在设计上。

其次，失败的风险可以指导架构重构。随着系统不断与时俱进，与系统开发者脑海中的最佳设计理念相比，几乎可以说每个系统都是过时的。换言之，每个系统多少都存在一些技术债。或许，事后你希望选用不同的架构。而风险有助于你判定，若继续保持现有架构的后果会有多糟。

3.13 风险驱动模型的替代方案
Alternatives to the risk-driven model

风险驱动模型做了两件事：帮助我们决定何时可以停止架构设计，以及引导我们开展各种适当的架构活动。然而，它并不擅长预测在设计上到底该花多长的时间，但它可以帮助我们认识到何时设计业已足够。对于风险驱动模型，有几个替代方案，它们各有优缺点。

不做设计　不做设计的说法有点儿词不达意，尤其是若你深信每个系统皆有架构，因为开发者必然会在某一时刻思考系统的设计。或许就在开发者输入代码的前一刻，他们正思考着设计(即该编写什么代码)；是的，他们的确思考了设计。此类项目可能大量借鉴了推定架构(参见 2.4 节)，开发者会有意无意地模仿类似的成功系统。

文档包　有人建议或至少暗示，应该建立完整的文档包，用于描述架构。若遵循这一指导思想，就要建立一整套模型及图表，并以别人可以阅读并理解架构的方式编写出来，此举相当可取。若你需要进行编档工作，《软件架构编档》(《Documenting Software Architectures》)一书(Clements et al.，2010)会为你提供一套有效的模型及图表，以便记录架构。

然而，很少有项目需要建立完整的文档包，而且，那些从车库中起家的初创公司可能根本无暇编写任何文档。

衡量标准　经验数据有助于决定在架构与设计上该投入多少时间。Barry Boehm 根据他提出的 COCOMO 模型，计算出了在小型、中型及大型项目的架构上所投入的最佳时间(Boehm & Turner，2003)。对于不同的项目规模，他绘制了架构工作量与项目总工期的关系曲线图。他的数据显示：对于大多数项目，应该将总时间的 33%~37%用于架构工作；对于小项目，只需投入 5%的时间；而对于超大型项目，则需投入 40%的时间。

类似"在架构上投入 33%的时间"的衡量标准，可以被项目经理用于规划项目活动及人员配备，从而得到一份时间预算，以便用于设计。

然而，一旦架构工作开始，这种衡量标准对开发者而言就没有用处了。在风险得到规避以后，任何理智的开发者都不应该推延时间继续开展设计活动，即使衡量标准提供了预算，也应该停止设计活动。当主要的失败风险尚未得到解决时，理智的开发者也不应该转向编码。

最好将此类衡量标准视为从对抗风险的经验中得来的一些启发，因为那些具有一定规模的项目历来都需要许多时间去缓解其面临的各种风险。对于架构工作，是多一天还是少一天，衡量标准并不能帮你作出决定。此外，衡量标准仅建议了一些宽泛的活动，而不能将你引向特定的技术。

随机应变 在确定到底做多少架构工作时，大多数开发者可能都不会遵循以上的任何一种替代方案。相反，他们会根据自己的经验及对项目需求最合适的理解，在当时做出设计决策。

这可能的确是最为行之有效的做法，但它依赖于开发者的技能和经验。这种做法是无法传授的，因为这种经验教训并不明确，对于创建项目的规划估算也无法提供特别的帮助。在实践中，这种随机应变的方式是一种非正式的风险驱动模型，开发者会悄然地完成对风险的权衡，并选择合适的技术。

3.14 小结
Conclusion

本章着手研究了两个问题。首先，开发者应该使用何种设计及架构技术？其次，开发者应该完成多少设计和架构工作？我们先回顾了现有的答案，包括：不做设计、使用衡量标准、建立文档包，以及随机应变地进行设计。然后介绍了风险驱动模型，它鼓励开发者：按优先顺序去排列所面临的风险；挑选适当的架构技术去缓解那些风险；重新评估剩余风险。它通过将开发者引导到一个按优先级排序的架构活动的子集，从而促使他们获得恰如其分的设计和架构。设计可以预先作出，不过也可以在项目开发过程中去做。

风险驱动模型的灵感来自我父亲安装信箱时的行为。他没有进行复杂的计算——他只是把立柱放进刨好的坑里，再以水泥填缝即可。在没做任何有计划的架构工作的情况下，低风险项目可以取得成功，而许多高风险项目往往会遭遇失败。

风险驱动模型遵循中庸之道，避免走极端，无论是编撰完整的架构文档，还是彻底放弃架构工作，都是不可取的。它遵循为架构付出的努力应与失败风险相称的原则。避免失败是所有工程之核心，可以运用架构技术去缓解风险。风险驱动模型的关键要素在于将风险提升到显著的位置上。由于每个项目会面临一组不同的风险，因此可能会用到一组不同的技术。为了避免时间和金钱的浪费，应该选择能降低优先级列表中各项风险的最佳技术。

如何衡量软件架构活动的度，长久以来都是一个棘手的问题。风险驱动模型缩小了这个问题的范围："您所选择的技术能够充分降低失败的风险吗？"尽管对于缓解风险的评价仍是主观的，但开发者可以借此开展有针对性的对话。

尽管工程技术可以解决工程风险，但项目却会面临各种各样的风险。软件开发过程必须同时为管理风险与工程风险划分优先级。由于还要考虑项目管理风险，诸如产品上市时间的压力等，故我们尚不能做到将工程风险降低到零。通过运用风险驱动模型，可以确保无论何时专注于软件架构，都可以降低优先级最高的工程风险，并运用相关的技术。

与计划式设计相比，敏捷软件开发方法往往更重视演进式设计。走中间路线的最小计划式设计，则可以避免步向极端。必要的张力，即若一开始进行长时间的架构设计，就有机会确保全局属性，避免设计步入死胡同，以及协调子团队——然而，这么做的代价就是有可能犯错，因为要是有些决策能晚些时候作出，一些错误本来是可以避免的。可以对专注于功能特征的敏捷过程稍加改造，将风险添加到特征待办项中，而开发者要教给产品负责人如何给特征与风险并存的待办项划分优先级。

一些读者可能会感到失望，因为本章没有给出可用的技术清单，以及可遵循的单一过程。之所以不这么做，是因为适用于一个项目的技术并不一定适用于另一个项目。同时，也没有足够的数据可以证明推荐的过程一定就是最好的。实际上，可能无法选择所遵循的开发过程，不过在此过程中，可能拥有运用风险驱动模型的能力。本章试图提供如何作出自主选择的相关信息，以便能够为项目设计出恰如其分的架构。

3.15　延伸阅读
Further reading

风险作为一个概念被提出已有悠久的历史，甚至可以追溯至古希腊；不过，更现代的、更普遍的观念则诞生于 17 世纪晚期，彼时，风险逐渐取代了时运的概念，成为导致各种生活结果的驱动力(Luhmann，1996)。至此不久，风险被项目经理引入项目中，通过风险推动项目的进展。这个项目管理领域中的悠久传统已经延伸到软件过程设计之中，同时，众多作者都在强调风险在软件开发领域中所起的作用，其中包括 Philippe Kruchten (Kruchten, 2003)，以及 IvarJacobson、Grady Booch 和 James Rumbaugh (Jacobson, Booch & Rumbaugh,1999)，并且明确注意到了架构与风险之间的关联。

Barry Boehm 写过一篇关于软件开发螺旋模型的论文，其中谈及了软件开发背景下的风险(Boehm，1988)。这篇论文很有价值，即使你已经了解这一模型，仍然值得一读。乍一看，风险驱动模型似乎与软件开发螺旋模型十分相似；然而，螺旋模型会被用于整个开发过程，而不仅仅限于设计活动。螺旋模型的一个循环包括了整个团队对软件的分析、设计、开发及测试的全过程。整个螺旋模型涵盖了从项目开始到最后的部署。而风险驱动模型则仅仅应用于设计阶段，并可以纳入几乎所有软件开发过程之中。此外，尽管螺旋模型会指导团队首先构建风险最高的部分，但是却无法指引他们开展明确的设计活动。对于将风险提升到显著位置上这一观点，二者非常一致。

Barry Boehm 和 Richard Turner 延续了这一话题，他们合写了一本关于风险和敏捷过程的书(Boehm & Turner，2003)。他们的观点总结起来就是，"运用风险去平衡敏捷与纪律的本质就是将下面这个简单的问题运用到项目过程中的方方面面：(更多地)应用还是限制这个过程，究竟哪种情况会让我面临更大的风险？"

Mark Denne 和 Jane Cleland-Huang 在软件项目管理的背景下讨论了架构和风险(Denne & Cleland-Huang, 2003)。他们主张通过将开发内容重组为最小可市场化特征(minimum marketable features)的方式去管理项目，这样就可以增量构建软件架构。

风险驱动模型类似于全局分析(global analysis)，如 Christine Hofmeister、Robert Nord 与 DilipSoni 所述(Hofmeister，Nord & SONI，2000)。全局分析包括两个步骤：其一，分析组织因素、技术因素及产品因素；其二，开发相应的策略。在全局分析中，因素及策略分别对应风险驱动模型中的风险及活动。因素比风险驱动模型中的技术风险更宽泛，例如，可能包括人员编制问题。全局分析与风险驱动模型的相似之处在于，它们都将结构化思维过程外化为以下形式：我正在从事X，因为Y可能引发问题。根据已出版的描述可知，全局分析的目的并不是去优化在架构上所投入的精力，而是要确保所有因素都得到了深入分析和研究。

两份来自 SEI(软件工程研究所)的出版物有助于风险识别及阐释两方面变得更加一致和全面。为了识别风险，Carr 等人(1993)在其合写的论文中描述了一种基于分类学的方法，而为了描述风险，Gluch(1994)在其论文中引入了条件-转换-结果(condition-transition-consequence)的格式。

风险驱动模型主张，只针对觉察到的风险建立有限的架构模型。无独有偶，一些作者多年来一直提倡构建最小充分模型(minimally sufficient model)，其中包括 Desmond D'Souza、Alan Wills 与 Scott Ambler(D'Souza & Wills，1998；Ambler，2002)。Fairbanks、Bierhoff 与 D'Souza(2006)则讨论了如何根据项目性质(新建、改建、协调、增强)去裁剪模型来构建项目。

Bass、Clements 和 Kazman(2003)在属性驱动设计的背景下描述了为技术或策略建立分类的思想。属性驱动设计(attribute driven design，ADD)依赖于从质量属性到策略的映射(在第 11.3.4 小节中讨论)，这很像全局分析。从本质上讲，这与本书讲解的映射到开发技术的概念很像。属性驱动设计指导开发者采用适当的设计(模式)，而风险驱动模型则指导开发者开展相应的活动，例如，性能建模或领域分析。可以将风险驱动模型看成是从螺旋模型中借鉴了风险提升，并将属性驱动设计的映射表格调整为从风险映射到相关技术。

知晓运用哪些策略或技术是很有价值的知识。这类知识应该被收录于软件架构手册之中，并能加快开发新手的学习速度。如 Mary Shaw 和 David Garlan (Shaw & Garlan，1996)所述，此类知识已经存在于大师的头脑之中。只要我们的领域能更好地整理这方面的知识，它就会变得更简洁，而下一代开发者不仅可以更快地吸收它，还会更有远见。

虽然在本章中将策略及技术描述为若干张表格，不过，也可以把它们表示成模式语言，正如最初由 Christopher Alexander 为建筑领域所提出的模式语言一样 (Alexander，1979；Alexander，1977)，而之后由 Eric Gamma 等四人合著的《设计模式》适应了软件领域的需要(Gamma et al.，1995)。

Martin Fowler 的文章《设计已死？》(Fowler，2004)颇具可读性，此文介绍了演进式设计，以及能够让演进式设计奏效的敏捷实践。

将基于风险的软件开发与敏捷过程结合起来，是一个开放的研究领域。Jaana Nyfjord 的论文(Nyfjord，2008)提议建立风险管理论坛，以便优先处理组织中跨产品及项目的风险。因为这里的目标是处理架构风险，它仅仅是所有项目风险的一个子集，此过程中任何一处细小的变化都可能起作用。

本书使用风险来帮助你决定使用哪些技术及应用其中的多少种技术，前提是假设需求是没有商量余地的。使用它的另一种方式是帮助确定项目的范围，前提是假设需求是可改变的。Feather 和 Hicks 描述了这种定量技术(Feather & Hicks，2006)，其结果是得到一整套需求，这些需求能够为你要规避的风险提供帮助。

随着许多开发者开始寻求更为轻量级的开发过程，敏捷过程开始流行。Ambler (2009)概要地介绍了如何将架构融入敏捷过程之中，Fowler(2004)则讨论了演进式设计如何弥补计划式设计的不足。Boehm 和 Turner(2003)讨论了快速开发与实现正确功能之间存在的某种张力。Eeles 与 Cripps(2009)讨论了对于软件架构在实践过程中的全面处理。

第 4 章

实例：家庭媒体播放器

Example：Home Media Player

本书提倡运用风险驱动的方法进行软件架构，开发者可以利用该方法识别工程风险，并选择一套架构和设计技术来降低这些风险。乍听起来，这种方法最为简单，且显而易见，因为无论开发者是谁，都不会选择与风险无关的技术；然而，却有为数众多的开发者并未采用这种风险驱动的方法。本章旨在展现风险应该如何驱动设计，而非开发者想当然认为的另一种面貌。

这里，我们会用一种夸张的手法来凸显风险驱动方法的与众不同。那些遵循了风险驱动方法的开发者总会觉得脑海中似有声音在回响："我的风险有哪些？降低这些风险的最好技术有哪些？这些风险真的降低了吗？我可以开始(或继续)编码了吗？"通过降低风险以规避失败，有力地驱动着开发者的行动。正如每种递归算法自有其终止条件，通过风险驱动的方式，开发者就能摆脱设计周期的束缚，从而尽快开始编码。

第3章描述了软件架构的风险驱动模型。本章则给出了运用风险驱动模型的实例，使得你能清楚地感知它的工作方式。本章的其他目标则包括：如何使架构建模最小化，以便它能够与敏捷过程或螺旋过程相结合；如何运用软件架构技术；何时停止设计，开始原型设计或编码。整个章节都围绕着家庭影院媒体播放器的案例进行介绍，它的描述如下所示。

家庭媒体播放器是一台能够在电视和立体声音响中播放媒体(如音乐、视频和图像)的计算机。它是一台普通的计算机，就好似连接了视频和音频输出的笔记本一般，可以连接电视机或立体声扬声器。该播放器能够播放来自本地硬盘或互联网的多种格式的媒体。它还可以同时播放音乐和显示图片的幻灯片，或者播放视频，以及浏览与该视频相关的信息。第三方用户还可以进行扩展，使系统能够播放流媒体，或从互联网站点收集元数据(例如，歌曲的歌词或演员传记)。

该案例来源于对一个真实系统的代码级检验。作为一个范例，这个系统之所以值得关注，是因为它一方面与原型系统面临的性能与可靠性问题相似，另一方面又像是一个信息技术系统(IT)问题，为音乐和视频处理复杂的元数据。因此，在这个范例中，可以看到不同类型的风险与处理技术。

本章按时间顺序进行编排。假定我们都是一个团队的成员，并且已经为家庭媒体播放器建立了一个原型。随着本章内容的推进，我们需要解决随之浮现的三个问题：

团队沟通　由于系统已经取得了成功，远在异地的开发者新加入了这个成长中的项目。我们担心这些项目新人可能无法理解系统的设计和架构，从而影响团队的工作效率，甚至可能意外地破坏系统的架构。

与现成商业(COTS)组件的集成　原型系统只能在单个平台上运行。现在，要求将第三方的现成商业组件集成到系统中，使得系统能够支持不同的平台。我们担心这些新组件无法被成功集成。

元数据一致性　有许多方式可以表示音乐和视频的元数据。我们担心这些内部的元数据表示会与来自互联网的元数据不兼容，这意味着第三方库将无法扩展。

由于本章的实例着力展现风险驱动的方法，因而并未涵盖软件开发的诸多方面。假定需求已被正确了解，因而可以跳过理解需要与表述需求的环节。在开发团队内，不同角色的安排并无特别之处。过程虽然未知，但假定团队和项目发起人之间就质量属性之优先级业已达成一致。忽略了各种想法与意见，并非它们不够重要，而是只有如此才能专注于设计。

本章运用了架构概念，并使用了本书第 2 部分描述的架构模型；不过，这并不会给你造成阻碍，因为你或许已有类似经验，并且这些内容会随着介绍的逐渐深入逐一被阐释清楚。

4.1 团队沟通
Team communication

我们是团队的一分子，已经成功建立了家庭媒体播放器系统的原型。虽然该系统并非诞生自车库，然而，毫无疑问它具有初创产品的气质，是程序员们齐心协力、夜以继日敲打键盘完成的作品。所有开发者都参与了设计决策，对架构与详细设计了如指掌；只是目前这一切还只存在于我们的脑海中。根据我们开发的原型，公司计划今年晚些时候推出这一产品。他们决定增加人手以充实这个项目。新加入的开发者与我们的团队不在同一个地方，对我们的系统及系统的领域知识一无所知。

我们担心，在快速推动将原型转化为可运行的产品期间，新增的开发者会不经意地编写出违背我们设计的代码。这称为架构侵蚀(architectural erosion)或架构偏移(architectural drift)(Perry & Wolf, 1992)。即使我们能够发现他们引入的错误，也要谨记 Fred Brooks 关于增加项目开发人员的建议(Brooks, 1995)。我们担心，要让这些新手融入高效的团队，并能做出独立贡献，帮助我们在产品发布的最后期限前推出产品，这个过程会相当漫长！

我们决定通过与团队新人交流设计来处理这一风险。为此，需要牢记三个主要模型，即领域模型(domain model)、设计模型(design model)与代码模型(code model)；以及三个主要的架构视图类型，即模块视图(module view)、运行时视图(runtime view)与部署视图(allocation view)。由于我们会运用技术来解决这些风险，故需要考量这些新增开发者了解系统的程度。我们可以先从代价小的技术开始，然后再选择成本较高的技术，直到认为风险已然消除为止。

4.1.1 阅读源代码
Reading source code

我们的原型系统并不大，所以倾向于让团队新人去阅读源代码。这种方式很有效，也不会消耗当前团队任何的时间或精力，因为代码已经存在；如果需要另外的图示或文档，就需要耗费精力专门去创建。我们喃喃自语，念着咒文："让源代码成为你的原力吧，Luke！"[1]又或者祷告"代码即为真理"，然后宣称学习系统的不二法门就是阅读源代码。

代码在文件系统中被组织为目录，如图 4.1 所示，这可以为研究它的人提供线索。从中可以获知它使用了外部库，而代码则被组织为一些粗略的块，包括应用

---

[1] 译者注：原文为"Use the source, Luke."这里借用了《星球大战》中的句子"Use the Force，Luke！"。

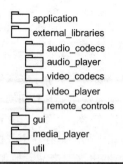

图 4.1 家庭媒体播放器源代码的目录结构。目录的组织提供了设计线索，不过，如果假定每个目录对应于源代码的一个模块，那就大错特错了

程序、图形用户界面(GUI)和媒体播放器。但是，这些粗块是否就是模块，就目前而言还不得而知，目录结构也不能表达模块之间的依赖关系。

将代码作为唯一的沟通工具是有限制的。以特定系统作为原型，会关注伴随而来的代码质量；并且，我们都很明确模型与代码之间存在差距(参见 10.1 节的讨论)。这意味着设计意图总是在设计与代码之间顾此失彼，即使该设计仅存在于我们的脑海之中。作为一个团队，我们讨论设计决策，寻求平衡，审慎地考虑设计约束，但这些内容却无法在代码中呈现。

除此之外，要求所有新加入的开发者去阅读日积月累的代码，可谓费时费力。即使有这样的准备时间，仍然不如与团队成员直接沟通有效；或者，编写一些设计文档也要比让这么多人去清理源代码更有效率。

在模块视图类型与代码模型中，源代码可以起到很好的交流作用；但在其他视图类型(运行时视图与部署视图)及其他主要的模型(领域模型与设计模型)中，就显得力不从心了。或许可以跳过部署视图，因为这是显而易见的：系统会部署在一台机器上。我们决定寻求更多的办法来降低沟通风险。我们对风险是否缓解的决定并不客观，但优势在于目标清晰(通过交流设计来降低风险)，度量明确(视图类型与主要模型的覆盖率)。

4.1.2 模块模型
Module model

既然已经决定了与新手们交流我们的设计，就应该开始着手建立一个易于构建的视图：模块模型。我们本该选择诸如层次图这样的变体，但是，系统并没有使用分层架构风格。对照在前面看到的磁盘目录，一个模块模型明确识别了各个

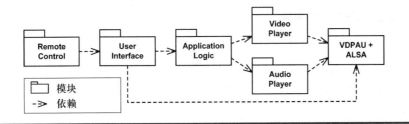

图 4.2　家庭媒体播放器系统的模块结构。注意这些模块与图 4.1 所示的目录并不对应，也不能由此推断模块之间的依赖

模块以及它们之间的依赖。它可能包含了附加的约束，例如，不依赖于供应商定义的 API，或者不允许循环依赖。 如果我们足够细心，可以让模块与目录结构之间的对应变得更加紧密(10.3 节会介绍为何这是一个好主意)。

图 4.2 显示了系统中各模块及其相互之间的依赖。阅读模型的新手们可以根据模块名称推断出主要的功能，而模块间的依赖则可以帮助他们推断某些标准场景究竟是如何运作的。例如，一个播放指令从 Remote Control 模块传递到 User Interface 模块，要求 Application Logic 模块播放当前的歌曲，从而让 Audio Player 模块加载歌曲文件，并选择适合的解码器进行解码，再将文件流传递给 ALSA API 进行回放。要弄清楚这个场景，需要作出一些猜测，但只要选对了模块的名称，这种猜测就能八九不离十。

我们意识到模块模型包括了一些隐含的领域术语(例如，编解码器 codecs)和技术细节(例如，VDPAU 和 ALSA API)，需要新手们学习。幸运的是，我们并非是在一个专有领域工作，因而可以向新手们提供现有的参考资料。我们收集了一系列网页链接，描述了音频/视频的领域知识及相关技术。

通过重新评估风险，我们看到代码模型与模块视图类型为刚加入的开发者传达了清晰的概念，目前的领域知识也足够清楚。然而，视图模型的运行环境仍不清晰，新手们将不得不根据模块，在心里面揣摩代码的运行来进行猜测。而且，他们对于许多设计问题仍然一无所知，尤其不知该如何区别我们的家庭媒体播放器与其他媒体播放器。我们决定讨论质量属性的优先级、权衡、场景与架构驱动(architecture drivers)。这些或能为设计问题提供背景，包括我们为何会作出这样的设计决策。

4.1.3 质量属性与设计决策
Quality attributes and design decisions

团队没有给出太多排定质量属性优先级的指导原则，但是，我们已经看到其他媒体播放器的工作方式，且它们未能满足需求。我们识别了几个相关的质量属性，并采用如下方式考虑它们的优先级：

用户界面响应(延迟)→音频/视频播放平滑度(一致性、时间帧播放)→可靠性→可修改性→播放效率(帧速率)→可移植性

我们认为，大多数媒体播放器会执行基本的工作，包括播放音频和视频，然而，多数播放器却未能提供解决用户界面迟滞问题的满意方案。我们还发现，对于提供平稳可靠的播放质量，各种媒体播放器的表现各有千秋，而这对于理解一个优秀系统却至为重要。由于我们设想该系统与硬件捆绑在一起，因而并不需要过多关注可移植性。

我们识别出两种迫使我们作出决策的权衡因素。

权衡 可移植性和播放流畅度。要实现可移植性，通常需添加一个额外的软件层，为不同的硬件或软件平台提供一个统一的接口。遗憾的是，这个新的层会增加延迟，有时甚至会损坏音频的保真度。既然我们需要优先考虑播放的平滑度，就应该直接针对特定平台的 API 编码，即使知道这样会使得可移植性变得更难。

权衡 播放效率和可修改性。通常，可以通过对程序进行微调以改善视频播放的质量，尤其是帧率，它取决于视频源或解码器。但是，由于大多数视频播放在我们挑选的硬件上运行良好，我们决定构建一个系统，提供添加新的编码解码器和视频源插件的能力。

虽然我们从未写出一个质量属性场景，却经常谈论这两个场景，并将它们作为设计与测试的架构驱动。我们之所以视其为驱动，在于它们处理了两个最高优先级的质量属性，要实现它们，面临着技术上的挑战。

架构驱动 一旦用户发出指令，如按下遥控器的暂停键，系统应在 50 ms 范围内执行这一指令。当超过 50 ms 的范围限制时，例如，从互联网开始播放视频流时，系统应提供反馈，如显示预期等待时间的进度条。

架构驱动 我们从本地磁盘上找到的参考视频 H.264/MPEG-4 AVC，在参考硬件上应该能流畅地播放。

我们作出的设计决策应与质量属性的优先级保持一致。为新手考虑，我们在描述中包含了这些内容，因为我们的团队确实花费了大量的时间来讨论替换方案，而且这些信息也很难从源代码中获知。

设计决策 为了提高可靠性，每个高层组件都会运行在自己的进程中，以隔离错误，就像操作系统的服务那样。

设计决策 考虑到数据传输的高效率，媒体渲染/播放组件之间的通信采用媒体缓冲组件(media buffer component)的共享内存，以尽量减少延迟。

设计决策 为了确保播放的平滑度，磁盘和网络数据源都在RAM中缓冲，因为它们的数据流可能会不可靠。

设计决策 所有媒体的元数据都存储在元数据资源库(metadata repository)中，即使源文件嵌入的元数据是冗余的(例如，ID3标签)。

设计决策 只有媒体播放器的核心组件允许写入元数据资源库。

此时，在分类信息中唯一缺失的是对系统运行时行为的描述，包括组件、连接器和场景。我们已经给出了运行时元素的线索，例如，我们提到的通信路径、组件名称(元数据资源库、渲染/播放、媒体缓冲器)及连接器(共享内存、信息传输、数据库写)。我们决定为新加入的开发者清晰地描述这些内容。

4.1.4 运行时模型
Runtime models

若要描述运行时组件和连接器，事半功倍的做法是简单地罗列出它们及其职责，如图4.3所示。职责的分配阐释了每个元素的功能，降低了架构出现偏差的概率，因为新手不会随意使用这些元素。注意，表4.1所示的事实上属于系统设计视图，尽管它只是一个易于创建的列表。并非每个视图都必须是图形形式。

该表并没有解答这些元素该如何运行的问题，但是，新加入的开发者却可以通过它获知运行时存在的各种组件和连接器。他们对这些组件如何协作的猜测也可以更加有理有据。我们甚至可以进一步通过绘制一个组件装配图使其变得更为明确。图4.3显示了在家庭媒体播放器系统中组件和连接器实例的一种固定配置。如果系统具有值得注意的启动或关闭的配置，我们还应该为它们绘制组件图，不过我们的系统并无此功能，因而只需保持此图即可。

表 4.1 组件与连接器的职责列表

组件或连接器	职　责
媒体渲染(Media Rendering)/播放(Playback)	用音频或视频输出设备播放媒体文件。渲染用户界面元素，如菜单
媒体播放器内核(Media Player Core)	媒体播放器应用程序的基本逻辑，包括用户界面与协调活动的逻辑
输入指令(Command Input)	收集来自遥控器、键盘等的用户动作(包括按下按钮、移动鼠标)，并把它们转换为事件的常用词汇
媒体缓冲区(Media Buffer)	将媒体文件缓存到内存中，以减少数据流里的不稳定性，使数据在共享内存中可用
元数据资源库(Metadata Repository)	数据库包含了所有媒体文件的元数据，例如，歌曲名称和电影导演
媒体文件(Media Files)	媒体文件存储在常规的文件系统中，可以是本地存储，或加载于远程驱动器
消息传递连接器(Messaging Connector)	异步连接器，支持双向消息传递
共享内存连接器(Shared Memory Connector)	通过共享内存实现的同步连接器，可以最大限度减少延迟，并通过锁定避免系统崩溃。使用此连接器的两个组件必须部署在同一台机器上
管道连接器(Pipe Connector)	异步连接器，要求按序单向地传递信息
数据库连接器(DB Connector)	同步连接器，使用 SQL 从数据库里获取数据
互联网连接器(Internet Connector)	同步连接器，使用互联网协议，如 HTTP，从互联网上获取数据
文件系统连接器(Filesystem Connector)	同步连接器，从文件系统中读取数据。使用内存对 I/O 建立映射，以提高性能

　　请注意，用户、电视和立体声扬声器并非软件组件。这个图稍微放宽了规则，允许将这些元素作为组件放到图中；而一个严格的组件装配图通常会忽略它们。将它们放入图中的好处在于可以清楚地知道哪个组件产生音频和视频流，哪

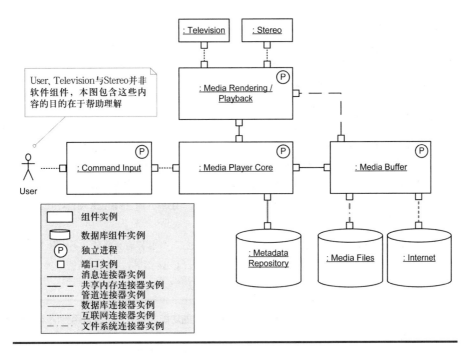

图 4.3 一个家庭媒体播放器系统的组件装配。请注意该图例显示了多少设计细节

个组件接收来自用户的指令，否则就可能需要交叉对照职责表，又或者让读者感到困惑。还需注意，两个组件之间有连接器意味着它们会在运行时通信。这与之前的模块图中存在的依赖关系不同，之前的依赖关系是一个模块的变化会影响到其他模块。在这个系统里，每种组件类型只有一个实例，但是可以设想键盘和遥控器会作为 Command Input 组件的两个实例。

该组件装配视图之所以行之有效，部分原因在于它只关注重要的问题。我们当然可以标记连接器，说明属性类型究竟是大端(big endian)还是小端(little endian)[1]，但这些内容可能会分散注意力，因为它们并非我们需要关注的风险。不过，模型包含了我们关注并希望解决的问题的细节。对于展现细节的偏重，可以很好地向新手们传达我们的关注点。

---

[1] 译者注：endian 一词来源于斯威夫特的《格列佛游记》，以嘲弄的口吻描述小人国的内战源自吃鸡蛋时，究竟是从大头(big endian)敲开，还是从小头(little endian)敲开。引入计算机中，endian 一般被翻译为字节序，big endian 和 little endian 分别表示数据在内存中的字节存储顺序，前者存储在高位字节，后者则存储在低位字节。

名称：暂停播放视频

初始状态：视频正在播放

参与者：用户(User)、指令输入(Command Input)、媒体播放器内核(Media Player Core)、媒体渲染/播放(Media Rendering/Playback)

步骤：

1. 用户按下遥控器上的暂停键。

2. Command Input 组件接收按钮按下的行为，并将其解释为暂停键。通过事件总线，它发送了一个 PAUSE BUTTON PRESSED 消息给 Media Player Core 组件。

3. Media Player Core 组件知道当前的播放状态为 PLAYING，它将该消息解释为希望暂停当前正在播放的视频。它会发送一个 PAUSE VIDEO PLAYBACK 消息给 Media Rendering/Playback 组件。

4. Media Rendering/Playback 组件冻结当前的视频帧，并暂停音频播放，不再从 Media Buffer 中拉取数据。它将消息发送给 Media Player Core 组件，指明视频暂停播放。

5. Media Player Core 组件将当前状态从 Playback 切换到 PAUSED。

图 4.4 描述各个组件如何协作，解释指令和播放视频的功能场景。它可以运用到图 4.3 的组件装配中

如同模块视图，我们可以让新手去猜测组件的行为方式；然而，这一次我们决定提供一个功能场景，以展现多个组件之间典型行为的执行轨迹。图 4.4 显示了指令如何从用户流经各个组件。即使这样的单个场景并不能显示所有的行为，但它胜在能够快速生成，且易于理解。我们也可以创建一系列系统支持的行为来补充这个特定的场景，由于新手们能够亲手运行系统的原型，因此我们并不担心他们会对此模型产生误解。

4.1.5 反思

Reflection

很难保证一个开发团队既能理解设计，又能避免架构出现偏差。我们面临着与那些未曾谋面，也未曾合作过的新人沟通项目设计的问题。一种选择是让他们通过阅读代码来了解系统，当然也可能给出一定数量的原型。然而，我们意识到模型与代码之间的差距，知道通过深思熟虑获得的设计意图无法在代码中体现。因此，对于团队而言，将与系统有关的文档组织在一起将更为有效，也能降低风险。

创建文档时，我们认识到需要覆盖三种主要模型，即领域模型、设计模型和代码模型；以及三个主要的架构视图类型，即模块视图、运行时视图及部署视图。我们可以先从创建最为简单的文档开始，然后逐渐添加那些更有价值的内容。每

增加一部分内容，就需要叩问我们自己，风险是否已经得到充分的缓解，并根据视图类型与模型的覆盖率，随时调整评估。若有可能，我们会建立具有表现力及文本形式的模型，而非全为通用的图形模型。我们决定创建一个模块和组件装配的图形模型，因为它们相对更容易生成，且比文本模型能传递更多的信息。一旦我们覆盖了主要的模型和视图类型，就可以暂告一个段落。相信这些团队新成员能够使用我们提供的信息，作为理解的脉络结构，并由此获得更为详尽的知识。

4.2　COTS 组件的集成
Integration of COTS components

目前，我们已经有了一个可以工作在单个平台上的原型，团队对系统有所了解，并得到了扩充。现在，要求家庭媒体播放器能够工作在多个平台上。这就需要使用一个新的组件，名为跨平台音视频(Cross Platform AV)，它支持所有主要的平台。我们还要求使用新的名为 NextGenVideo 的视频渲染组件，由合作公司提供。这些组件通常被称为现成商业(Commercial Off-The-Shelf，COTS)组件，其中也包括开源组件或由非营利性团队开发的组件。其优势在于，NextGenVideo 组件在性能上胜过我们目前使用的视频组件，并能播放更多种类的视频文件。其劣势在于，当源视频文件存在缺陷时，它却有着容易崩溃的坏名声。

根据这些要求，我们创建了一个失败风险的清单。在这些风险中，有的涉及质量属性，有的则牵涉到功能。

集成　我们可否将这些新组件融入我们的架构？我们会面临架构不匹配的问题吗(参见 15.7 节)？我们对 NextGenVideo 组件和 Cross Platform AV 组件知之甚少，甚至不确定二者是否兼容。

可靠性　考虑到 NextGenVideo 组件极容易崩溃的糟糕名声，我们需要隔离整个家庭多媒体播放器系统，避免受到 NextGenVideo 组件带来的影响。我们自然不希望系统崩溃，倘若拥有源代码，还可以考虑修复它。就现在而言，只能暂且如此，围绕它的缺点开展工作。

屏幕显示　旧的视频组件既要处理屏幕的显示(on-screen-display，OSD)，又要处理视频播放，而 NextGenVideo 组件却只支持播放。新的组件可能会占用显示资源，从而阻止我们绘制屏幕显示。

延迟性　我们的两个架构驱动均关注用户界面的延迟性及播放的平滑度。考虑到二者都会随着新组件的引入而改变，因此我们担心会降低速度。

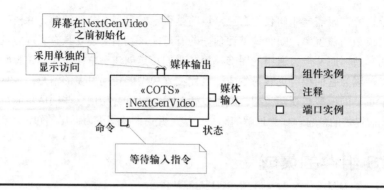

图 4.5 NextGenVideo 组件的边界模型及它的端口(ports)。可能存在的架构不匹配区域使用 UML 的标记重点突出

这些风险互相关联，例如，解决集成问题的方式会影响可靠性和延迟性。我们决定首先分析集成问题，因为如果不能集成新组件，又何谈对延迟性或可靠性的分析呢？

4.2.1 集成新组件

Integrating the new components

由于我们对新组件知之甚少，因而在一开始，需要对它们进行一番研究。值得欣慰的是，NextGenVideo 组件工作在 Cross Platform AV 组件之外。我们将继续对 NextGenVideo 组件展开研究，理解其边界模型的意图，尽快揭示任何可能显露架构不相匹配的事实。

一开始，我们会在 NextGenVideo 组件上做一些标记。文档描述了四个接口，我们将其建模为端口(port)[1]，即 Media In、Media Out，Commands 和 Status。我们需要将每个端口连接到系统的组件上。我们同时也收集一些可能会对我们造成困扰的事实。这些事实可能造成架构的不相匹配：NextGenVideo 组件不会初始化显示(它假定显示已经初始化)，它会假定自身是唯一使用显示的组件，并等待指令的输入。

我们还了解到，它的 Media In 接口提供了多个实现，包括文件和流输入，这可以打消我们的疑虑。我们完全可以使用共享的内存连接器将它连接到已有的 Media Buffer 组件。虽非完全必要，但我们仍然决定为 NextGenVideo 组件勾画一

---

[1] 在架构模型中，组件使用端口与外部的元素进行交互。组件中的端口与操作系统中的端口，例如，为 Web 提供服务的 80 端口，其含义并非相同。

个边界模型图，使用 UML 标记突出可能会产生架构不匹配的元素，如图 4.5 所示。模块图也可采用相似方式做好标记。

一旦拥有了 COTS 组件的相关知识，就可以开始设计一个可能的解决方案，将它们集成到系统中。我们尤其倾向于让其工作在之前图 4.3 展示的整体架构中。Cross Platform AV 组件和 NextGenVideo 组件都将成为图中 Media Rendering/Playback 组件的子组件。

虽然轻而易举就能将 NextGenVideo 组件连接到 Cross Platform AV 组件上，但还有三个额外的端口需要连接，而我们的设计也必须能够检测到它们：一旦 NextGenVideo 组件崩溃，就需要能够及时恢复。我们决定为每个现有端口建立适配器组件，包括：读取消息队列连接器的 Command Adapter 组件、写到消息队列连接器的 Status Adpater 组件，以及能够连接到 Media Buffer 组件的 Media Buffer Adapter 组件。绘制的组件装配图如图 4.6 所示。

这仅仅是一个初步设计，我们还需要验证它。显示必须在 NextGenVideo 组件之前建立：当创建了 Media Rendering/Playback 组件时，可以设计为通过初始化显示来处理。它可以把初始化的显示传递给 NextGenVideo 组件。NextGenVideo 组件会等待指令的输入：倘若输入 Command Adapter 组件，它就可以针对消息依次询问事件队列。NextGenVideo 组件拥有专门的显示存取：这仍然是一个潜在问题，但现在还无法解决它，因为设计还没有覆盖对用户界面的处理。因而，至少在这个高层次上，我们的设计似乎容许了潜在的架构不匹配问题存在。

注意，值得关注的是 Event Queue 端口的绑定。通常一个绑定只存在于两个端口之间，但是这里却有三个。源代码为此提供了一个 Event Queue 连接器，它通过 Status Adapter 组件写入，并通过 Command Adapter 组件读取。如此所示，架构的抽象有时并不完全能够与源代码级别的抽象相对应，如 16.1 节所述。

检测崩溃及进行重启的问题仍然存在。我们决定观察来自 NextGenVideo 组件的状态更新，若无法接收消息，则视为崩溃或中止。这是一种判断组件是否还在运行的心跳通知(heartbeat notification)机制。在开始新实例之前，毫无疑问，需要终止旧的进程。

这里引入了许多新组件，因此，我们决定编写一个功能场景，用于描述它们如何共同工作。图 4.7 所示的场景跟踪了一条来自 Media Rendering/Playback 组件的指令，最终还将检测 NextGenVideo 组件是否崩溃。该场景有助于理解设计如何运作，并帮助捕获错误，不过，现在想要开始庆祝还为时尚早。我们的设计貌似

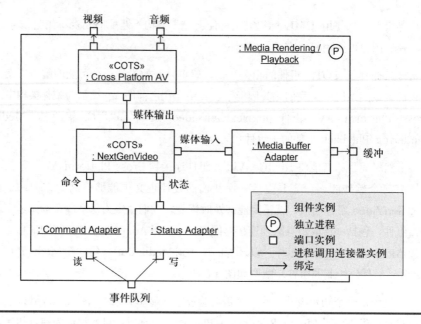

图 4.6　图中显示的 Media Rendering/Playback 组件与图 4.3 显示的组件相同，但对其进行了细化。同时，要注意该图中的 NextGenVideo 组件实例在图 4.5 中也曾出现过

合理，但仍有诸多问题会在实现时浮出水面，从而使系统偏离正轨。因此，接下来需要对设计提供原型，以降低风险。

　　我们的原型显示，事实上在播放时可以检测到 NextGenVideo 组件何时崩溃（对原型而言，通过终止其进程来模拟崩溃行为），可以及时清理并重新启动该组件，并不会影响整个家庭媒体播放器系统。更妙的是，我们发现一旦检测到它崩溃，就可以在 1 s 之内迅速重启，并从同一个地方重新播放。

　　我们可以轻而易举地隔离崩溃，并重启视频播放器，因为我们的设计决策是在它自身的进程中运行每一个顶层组件。这对于强调可靠性的系统而言，是一种司空见惯的架构模式。这是专注架构设计的一个例子。我们的架构选择可以让事情更容易完成。

　　回顾我们的风险，通过建模与原型设计，我们判断集成与可靠性的风险问题得到了有效的解决。随着这部分设计与原型展现出的 NextGenVideo 组件与 Cross Platform AV 组件的集成，我们算是解决了四个风险中的两个。剩下的两个风险分别为支持屏幕显示，以及保证整个系统的延迟满足需求。

<u>名称</u>：检测 NextGenVideo 组件是否崩溃。

<u>初始状态</u>：NextGenVideo 组件处于闲置状态。Media Buffer 已被初始化。

<u>参与者</u>：NextGenVideo、Command Adapter、Media Player Core。

<u>步骤</u>：

1. Media Player Core 组件发送一个 PLAY 指令给 Media Rendering/Playback 组件。

2. NextGenVideo 组件向 Command Adapter 组件请求新指令。

3. Command Adaper 组件从 Event Queue 端口处读取 PLAY 消息。它负责解释 PLAY 消息、提取 INPUT 与 POSITION 参数，进行必要的翻译，并为 NextGenVideo 组件提供新指令。

4. NextGenVideo 组件(a)创建一个新的 Media Buffer Adapter 组件，根据 INPUT 参数连接到 Media In 端口；(b)打开 Media In 端口；(c)从指定位置(POSITION)开始播放特定的 INPUT。

5. NextGenVideo 组件在多种状态之间转换，即读取 Media In 端口中输入数据的帧，输出数据帧写到 Media Out 端口，报告 Status 端口的状态，以及检查 Command 端口的新指令。

6. 稍后，NextGenVideo 组件崩溃，因而停止读取指令和写入状态。

7. Media Player Core 组件未能接收到状态更新，因而认为 Media Rendering/Playback 组件已经崩溃。

图 4.7　视频播放的一个功能性场景，它被用于图 4.6 所示的组件装配图。该场景是为团队的利益而编写的，因为一个本地协作的团队可能恰好讨论了该场景，并在白板上以组件装配草图的形式被绘制出来

4.2.2　屏幕显示和延迟

On-screen display and latency

对视频播放而言，将 NextGenVideo 组件排除在显示之外不是问题，相反，要是希望将其显示在屏幕上，反而是件麻烦事儿。回头再来研究 Cross Platform AV 组件，发现它支持虚拟层和透明功能。我们决定，或许可以在视频层上建立一个部分透明的层，并在这一层上绘制屏幕显示。这需要我们修改设计，增加一个覆盖渲染器(Overlay Renderer)组件，如图 4.8 所示。新组件从 Command Adapter 组件获取指令，并绘制屏幕显示。

针对视频播放，我们编写了一个功能性场景，对设计进行初步验证。对于修订的设计，我们只简要讨论新的行为。由于 NextGenVideo 组件拥有主控制回路(main control loop)，所以它会间或轮询 Command Adapter 组件，查询是否有新的指令。我们必须修改 Command Adapter 组件，使其能够理解来自 NextGenVideo 组件及新

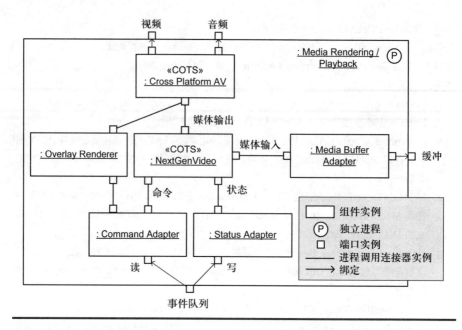

图 4.8　修订后的组件装配图（相比于图 4.3），展现了一个细化的 Media Rendering/
Playback 组件。注意新增的 Overlay Renderer 组件实例

增的 Overlay Renderer 组件的指令，并能适当地转向对应的指令。我们感觉这与
意想中的架构稍有出入，因为 NextGenVideo 组件是在请求属于自己的指令，而非
请求 Command Adapter 组件去寻找屏幕显示的指令。我们需要小心地调整架构，
因为这种做法常常会滋生技术债。与前面一样，验证模型会帮助我们发现设计错
误，但不会使我们确信风险已经消失，因此建立一个原型来确保它的运作。

　　剩下的一个风险是延迟性。我们的架构驱动(即那些优先级既高又难以实现的
需求)需要低延迟。通过为每个组件和连接器分配延迟，然后分析系统的不同路
径，可以建立延迟模型。由于我们对一些事实尚不清楚，例如，Event Queue 连接
器分发消息的速度究竟有多快，以及 NextGenVideo 组件需要多久才能完成对视频
帧的解码，因而，对延迟时间采用猜测的方式来标注模型，继而对它们展开分
析。然而，由于已经有了一个相当完整的原型，因此相较于通过在模型中估算延
迟，这种方式可以作为计时的工具来测量延迟。我们应该运用与风险相配的技
术，此时，利用原型来测量延迟就远比利用建模更为有效，付出的成本也更小。

4.2.3 反思
Reflection

需要在系统中集成两个新组件，即 NextGenVideo 组件和 Cross Platform AV 组件，并且识别出四种风险，即集成、可靠性、屏幕显示和延迟性风险。在设计解决方案时，通过分析模型或者原型设计来选择降低风险及检验风险是否降低的技术。我们要做的就是恰如其分的架构与设计工作。

为了处理集成和可靠性风险，我们搜寻了架构不匹配的可能性，为 NextGenVideo 组件创建了边界模型，重点突出其端口与可能的集成问题，并将它和 Cross Platform AV 组件放到组件装配图中。我们使用了一个功能场景，接着通过原型对设计进行验证。

我们又对屏幕显示展开了研究，引入一个合理的设计来修订组件装配图，随后，运用功能性场景和原型设计对其进行验证。然而，对于延迟的风险，我们省略了所有模型，而是直接进行设计原型，因为对于降低这一风险，此技术似乎更有效。

在本章，模型使用了整洁的图表，以颇为正式的方式编写。若是真实项目，则可以在纸上或白板上简单地勾出草图。甚至不用写出场景，而是一边指着组件装配图的草图，一边进行讨论。

若是技能熟练的开发者，无须绘制任何模型图，就能完成所有的工作。他们似乎直接从问题跳到了对策。这带来一个问题，就是开发者该以何为根据编写源代码。开发者要解决问题，就必须在创建模型前，在脑海中思考解决方案，尽管他们也许并未意识到是如何获得解决方案的。就好像那些经验丰富的数学家，在换算方程式时跳过了简单的代数步骤——他们已经将操纵模型的过程内在化了。

4.3 元数据一致性
Metadata consistency

我们希望第三方能够编写插件来扩展家庭媒体播放器的特性，例如，显示正在播放的歌曲的歌词，浏览艺术家的传记，寻找相关的音乐等。插件为家庭媒体播放器中的歌曲与具有额外信息的网站建立联系。在准备发布产品时，要求团队检查第三方是否真的能够创建插件。目前，我们已经为插件作者设计了一个 API，但是我们担心歌曲的内部模型太过原始。

在我们的系统中，每首歌都有所谓的元数据，即描述其他数据的数据。因此，如果一个歌曲文件是数据，元数据则包括歌曲名称和艺术家。我们知道，在

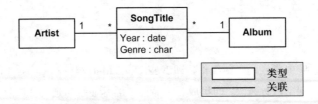

图4.9　根据现在使用的ID3标签搭建的信息模型。它识别了三种类型(艺术家、歌曲名称和专辑)及它们之间的关系，以及歌曲名称的两个属性(年份和流派)

设计原型期间，我们创建了能运作的最简单的模型。但是，我们也知道，插件作家将会在网站里连接更为丰富、更有表现力的模型。我们观察到的风险在于，虽然已经为插件作家提供了歌曲模型的API，但是他们可能无法关联那些在互联网上找到的复杂模型。

4.3.1　原型设计和领域建模
Prototyping and domain modeling

要降低这一风险，一个简单直接的办法是为这个设想的例子建立插件的原型。当然，要确保所有插件都起作用，未免异想天开，因为插件的作者总会做一些我们不期望的事。原型设计带来的另一个问题是编写网络信息收集器需要付出许多烦琐的努力。从概念上讲，插件只需要读取歌曲模型及相应的网页。在实践中，查阅相关网页、提取数据及除去网页标记的工作是很乏味的。为了第一个产品的发布，我们只希望了解插件是否可行，而不是构建多个插件。

在这种情形下，取代原型设计的简便做法是领域建模。对信息收集器进行原型设计需要耗费几天的时间，而领域建模只需要几个小时即可。领域建模使我们能够很快看到基本的概念，与在互联网上找到的歌曲模型进行比较。另一方面，领域建模既不会帮助我们调试API，也不会提供任何插件的示例来吸引第三方的开发者。领域建模包括对领域概念和行为进行建模，并且省略了对特定技术和数据展现的引用。

就其本质而言，我们正面临领域风险，因为我们无法确切地指出一个特定的问题。相反，我们忧虑的是可能存在的问题。我们担心领域建模会变得信马由缰、没有约束，从而导致分析瘫痪。为避免这种情况，我们选择了开发者想要构建的三种具有代表性的插件进行分析：

(1) 一个显示当前歌曲歌词的插件；

(2) 一个显示当前歌手或歌曲作者传记的插件；

(3) 一个显示与当前歌曲相关的音乐的插件。

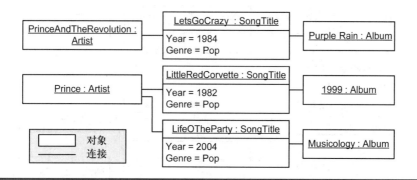

图4.10 一个符合图4.9所示的信息模型的快照。图4.9显示了歌曲的类型(如唱片集),图4.10则显示了具体的实例(如 Purple Rain,1999,Musicology)

我们将收集来自这一领域的歌词、艺术家等一些合理的例子,并将它们呈现到当前的领域模型中。然后,再针对从互联网上发现的领域模型开展同样的工作,以寻求二者的区别及存在的问题。

4.3.2 我们的模型和互联网模型
Our model and internet models

在建立家庭媒体播放器时,我们使用了一个简单模型来表现歌曲。这个模型基于嵌入歌曲本身的元数据的 ID3 标签,包括艺术家、歌曲名称、年份、流派和专辑。图 4.9 显示了该信息模型的图形版本。

这个模型并无明显错误。艺术家创作歌曲,并将其收录到专辑。由于很难通过通用模型去发现问题,因而从领域中选择了一个具体的例子来检测它。我们选择了一位知名的艺术家 Prince[1],他的音乐可以考验我们的模型,揭示领域的复杂性。我们绘制一个快照,展现我们喜欢的 Prince 的一些歌曲,如图 4.10 所示。这一快照符合创建的领域模型,给出由 Prince and the Revolution 制作的专辑《Purple Rain》,以及 Prince 自己的专辑《1999》与《Musicology》。

分析这一快照,很容易发现它存在一个潜在的问题:艺术家 Prince 是 Prince and the Revolution 乐队的一员,而模型却未能体现这一事实。阅读这一模型的人或许能够猜到这二者的关系,但是解释此模型的计算机却不会关注这一事实。

回顾这三种我们希望支持的插件,似乎模型支持其中一种插件,即检索 Prince 的歌曲《Little Red Corvette》的歌词,因为模型可以对歌曲名称和艺术家

[1] 译者注: 即 Prince Rogers Nelson,美国著名音乐人,是自从20世纪80年代后,在世界流行音乐界涌现出的极少有着多才多艺的流行音乐家中最耀眼的一位,被称为"明尼阿波利斯之声"。

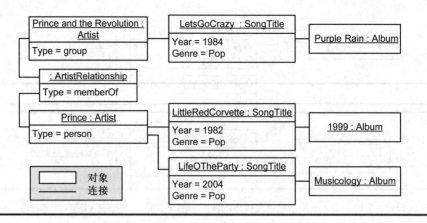

图 4.11 一个使用 MusicBrainz 信息模型的快照，与原来的快照相比，它给 Artist 增加了一种新类型(ArtistRelationship)和一个属性(名称为 Type)

编码。然而，插件在检索艺术家传记时，会遇到麻烦，除非 Prince 的传记与 Prince and the Revolution 是相关的。第三方的插件在寻找相关音乐时也会遇到麻烦。在互联网上，它发现 Prince 与 Prince and the Revolution 乐队是相关的，但我们的家庭媒体播放器却没有办法记录这一信息，因此无法在这个简单的模型中展现。

4.3.3 对其他模型的研究
Researching other models

对于正在研究的插件，我们发现这个音乐模型缺乏足够的表现力，因而决定了解其他的音乐模型。通过研究很快发现存在两种模型：一种专注于歌曲本身，另一种则专注于歌曲集。基于歌曲的模型实例包括 ID3 标签的版本 1 和 2、OGG 标签和 FLAC 标签，它们都被嵌入歌曲文件中。基于数据库的模型实例包括 FreeDB、MusicBrainz 和 Amazon。基于数据库的模型表现力更丰富，包含了艺术家之间的关系。

我们需要获知 MusicBrainz 如何展现快照。通过阅读现有资料，包括它们的数据库样式和网站，可以了解到更多知识。它们的数据库样式显示，除了已经拥有的类型(概念)外，还有另外的类型，称之为 ArtistRelationship，处于 Artist 类型和其他类型之间。而且，每个 Artist 类型可以是一个组，也可以是一个人。因此，MusicBrainz 以不同的方式展现了相同的类型，如图 4.11 所示。

在浏览 MusicBrainz 网站时，我们得知 Prince 使用了许多艺名。在一段时间，他使用一种不能发音的符号作为他的名字，他还使用了许多别名。这对于当前的领域模型而言，又是另一个挑战，因为模型无法表现艺名或别名的概念。

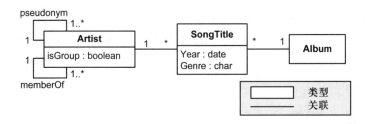

图 4.12 修订后的音乐领域信息模型。与图 4.9 的模型相比，这个模型更具有表现力，因为它为 Artist 添加了 isGroup 属性，以及两个新的关系 pseudonym 和 memberOf

4·3·4 设计一个新模型
Design a new model

通过使用领域建模，识别出了一些会阻碍插件开发的表现力限制，但是，对于如何解决此问题，我们还未做决定。可以保留当前模型，但这是有限制的。一个更好的选择是采用完整的 MusicBrainz 模型，或一个类似的模型，但是它的复杂性可能会成为第三方编写插件的障碍。我们决定在自己的模型中采纳 MusicBrainz 模型的部分特征，尤其是表现艺术家之间的关系，如艺名和组成员，且能表现组与个体艺术家之间的区别。修订后的领域模型如图 4.12 所示。

我们知道，该模型不可能纤毫毕现地表现领域的每个细节，事实上没有任何模型可以做到这一点。该模型可以展现我们想要的快照，支持插件的开发以检索歌词、艺术家传记和相关音乐。由于仅仅研究了三个插件，并且没有建立任何插件，因此不敢妄谈风险已得到消除，但是通过付出相对较少的努力，却提高了成功的概率。可以继续建立插件范本，以进一步降低风险。

4·3·5 反思
Reflection

集成 IT 系统时，一个常见风险在于不同的系统对于领域世界的认知各不相同。这就导致它们很难彼此通信。为了消除这一风险，可以建立领域模型，以此展现每个系统看待领域世界的角度；分析具体的范本，以此展现系统的快照。要辨别模型间的差异，例如，一个模型存在的类型并未在另一个模型中表现出来。

对于家庭媒体播放器，我们识别出了风险，认为第三方可能无法建立插件。我们尤其担心音乐元数据模型还不够丰富，不足以表现在互联网网站发现的插件所存在的复杂关系。对插件进行原型设计是一种选择，但是我们选择了更为轻量级的领域模型，以降低成本，这是由于实际构建一个可工作的 Web 副本更为费时。而且，我们也希望避免分析瘫痪，为整个音乐领域建立模型。因此，我们确定了三个插件作为表现样本，并最低限度地开展领域建模，以展现它们的可行性，从而降低风险。

4·4　小结
Conclusion

本章的主要目的是展现如何在软件架构中运用风险驱动方法。这种方法包含识别风险、确定最佳技术以降低风险，然后评估剩余的风险。本章强调"恰如其分"地降低风险(并非追求风险的彻底消除)，以及采用成本、效益相匹配的技术。

理解风险驱动方法是很容易的，同时它常被看做老调重弹——因为开发者总是会解决高风险区域，自然，他们也会运用适当的技术。本章展现的风险驱动方法不仅是将注意力放在风险上，还要将风险提升为选择架构技术的一种驱动力。

使用风险驱动方法，使得选择运用何种技术来应对风险变得更为明确。随着内容的展开，我们先后研究了新增开发人员、组件集成与插件兼容性的风险。我们识别出失败的风险，并选择了合理的应对技术。本章精心设计了这种情形，是为了重点突出架构技术。对于不同风险的其他情形，我们可能会直接开始编码。

对于本章选择的技术，你可能并不赞同，但它却间接地指出了风险驱动方法的好处：它使得推理变得更为明确。例如，你可能认同插件不兼容带来的风险，却并不赞成选择的技术能够有效地降低风险；又或者你更倾向于建立原型而非领域建模。理性的工程师会不同意这样的决定，但是，现在这种分歧更像是一场工程讨论，而非方法的论战。你甚至可以尝试这两种方法，并随着时间的推移收集数据，由此创建一种启发式设计。

不要寄希望于运用架构技术能够彻底消除风险，也不要在文档编撰完毕或项目取消之前，仍在运用架构技术。我们应定期对风险进行重新评估，一旦风险降低，就应该停止架构活动。建模能力再强，也不可能构建出最为完整的模型。注意，多数架构工作并不依赖于整体设计模板的指导，或者取决于项目总时间的百分比。相反，终止的判断标准就是：是否充分消除了风险？

除了主要目标是为架构展现风险驱动方法外，这一实例还有其他好处。通过4.1 节的内容，你了解到了如何在一般情况下对架构进行编档，包括其他希望知道的内容。架构模型及组件与连接器背后的抽象，对于理解复杂的大型系统至关重要。我们介绍了如何更好地理解一个系统，分析了来自主要模型与视图类型中的视图。你还看到了在隐藏其他的同时，架构模型也显示了一些细节。这种方式可以将注意力集中到你认为重要的部分，因而是行之有效的。

可以看到的另一个好处是，架构模型能够与小步迭代的过程，如与敏捷过程相匹配。没有任何一个例子要求通过数周或数天的建模工作来消除风险。架构建模本身是不完善的——你必须交付系统，而非模型——但是，在开始编码之前，可以使用架构建模来降低风险。架构的风险驱动方法本身并非一个过程，却能与高度规范或敏捷的过程相匹配。

第 5 章

建模建议
Modeling Advice

这是本书第1部分的最后一章。这部分内容旨在说明架构的过程、价值及我们对它的期望。在第 2 部分，我们将转而讨论标准的建模和抽象，包括如何组织模型，以及解决问题的技术。本章提供的建议可以加深你对软件架构和风险驱动方法的理解。它鼓励你专注风险，理解架构，并与所有开发者分享这些架构知识。在预先设计及自顶而下的设计过程中，这些知识能够识别制定不合理架构决策的危险。

软件架构对于项目大有裨益，但需要事先说明可能遭遇的挑战。使用风险驱动架构的决策，无疑是一桩好主意，然而，要对风险进行估算却至乎困难。评估架构方案之难超出了我们的想象，并且可能无法重用我们建立的模型。此外，还需留意横跨工程与管理之间的问题。

5.1 专注于风险
Focus on risks

很少有软件架构方面的书籍明确主张使用大量的预先设计过程，即所谓的预先大量设计(big design up front，BDUF)。这部分书籍既艰涩难懂，又无法让读者推断其传递的信息。从广义上讲，它们展现了大量的建模和分析技术，大多数都代价昂贵，这暗示着一旦这些技术未曾奏效，就可能影响到项目的成功。

本书提出通过风险驱动方法设计软件架构，它与软件开发过程的螺旋模型息息相关。它强调要在架构风险之间权衡时间的花费，例如，上市时间及消费者的认可时间。运作的关键在于风险和技术之间的映射：如果能识别一系列风险，就可以选择一系列技术来降低这些风险。这比以往的方法更为行之有效，因为你不会将技术运用到项目没有风险的地方。这样你就能实现恰如其分的架构。

这种方法的一个好处在于它解释了为何理智的开发高手们总能做到审时度势。例如，敏捷开发起源于 IT 项目，这些项目总是因为上市延迟或构建了客户不想要的系统而失败。在敏捷开发中，运用的技术需要与风险相对应。设备驱动程序员用 C 编程，因为他们重视性能，且领域也相对简单；IT 系统的程序员则用 Java 或 C#编程，因为领域复杂，性能相对而言没有可修改性重要。

软件架构的风险驱动模型无既定流程，因而它适用于 BDUF 和敏捷开发。大型的复杂项目牵涉到诸多利益相关者，需要做更多的预先架构工作，既要求团队对风险达成一致，又要协调大量的开发者。敏捷项目的多数活动几乎不变，但现在需要将架构风险放到工作清单中。

经历的项目越多，软件架构的风险驱动模型的优点就越发明显；而研究人员的其中一项工作就是挖掘专家们的常识之矿，再将其提炼为真金。要在风险与技术之间建立良好的映射，还有大量的工作要做，目前已知的映射不过是构建该主题完整知识体系的第一步罢了。

5.2 理解你的架构
Understand your architecture

初初一瞥，体育比赛不过是一群球员们来回跑动的运动，然而，教练的所见所思要远远超过新手的。他们对各种进攻战略[1]和防御战略进行归类。他们不仅看到了一个回合的成功，还能理解这一成功究竟是因为一次熟练的进攻，还是对方防守的失误。他们能预测某个特定球员错过这场比赛带来的影响，比较和对比不同球队的比赛风格。教练就像专家那样，面对相同的原生现象，他们总能找到相关性，对其进行分类，因为他们对比赛具有充分的理解和认识。

---

[1] 注意，进攻战略是一个抽象概念，它的定义比软件架构的内容更为模糊，然而，这个抽象概念对教练却是持续有益的。

软件架构的专家们同样对软件系统具有充分的理解与认识。他们明白架构选择对系统的影响，例如，将延迟性的优先级置于可修改性之上。他们能够评估这些选择，并确定是否合理。他们使用抽象来分解系统，从而使得他们的大脑能够处理系统的复杂性。他们研究架构风格，知道一种系统风格是否有助于实现它的质量属性。只要寻觅到解决问题的正确方法，对架构的理解并不会阻止他们对源代码的深入了解，还有对正确算法的选择。

要对架构明了于心，关键在于如何切中问题的源头。理解架构并不意味着必须遵循一个确定的过程，或者运用一种确定的语言进行编程，抑或将分析图形画在纸上。理解软件架构意味着你已经将建立的知识和抽象内在化了(诚然，这些知识与抽象并不完整，也不完美)，并且在构建一个全新系统或分析现有系统时，都可以运用这一理解。

5.3 传播架构技能
Distribute architecture skills

本书特意使用术语"**开发者(developer)**"来代替架构师，就是为了强调在超过两个人的团队中，软件架构的知识尤其显得重要。软件架构是对工程的关注，它与团队遵循的过程及团队成员的职位头衔无关。只要开发者充分地理解了软件架构，多数组织结构都能运转良好。

假设你是一名架构师，或首席架构师，你是否愿意成为团队中理解系统架构重要性的唯一一人？每天都在获取系统信息的过程中挣扎，喋喋不休地与那些不理解你所思所言，甚至怨恨你的存在的开发者争辩；还是希望每个成员都理解整个架构，以及你做的工作？

当所有的开发者都具备架构技能时，会发生什么？你与开发者的沟通更为高效。他们能够回答你的问题，并将问题与架构模型联系起来。他们能够根据目标把握方向，并作出值得信赖的适宜的决策，因为他们理解所需的质量属性及对这些质量属性的权衡。由于他们每天都在编码，因而能够为你提供建立精确模型所需的基本信息。甚至代码中的细枝末节对于架构而言也具有重要意义。总会面临局部的压力，促使你采取权宜之计，因此，开发者需要了解何时该专注于架构，何时又该竖起作出改变的旗帜。

技巧高超的架构师总能发挥巨大的影响力，即使如此，当面对那些技巧生疏、对架构一无所知的开发者时，他(她)们仍然束手无策。这些生手会将糟糕的数据填入架构师设计的模型，在不知不觉中违背架构原则。那些卓越的工程界领袖，胸中藏有丘壑，对于架构总能做到巨细靡遗；那种没有扎实根植于设计与代码之中的架构师，从一开始就走错了路。

倘若没有架构师，或许你会心生忧虑，担心系统陷入混沌之中，没有一个统一的声音来号召，系统的成长就会变得不一致。决策及时，行动一致，这些要求无疑都是正确的，但却与架构师的工作头衔无关。工作头衔与架构无关，无论是总工程师，还是技术带头人，工作都能做好。换言之，系统使用合适的算法自然紧要，却不需要所谓的首席算法家来避免系统陷入混沌。

这就是说，拥有架构师这个工作角色相当有效。尤其针对较大型的系统，由于细节太多，以至于一个人无法完全掌握，因此，某种程度的专业化就势在必行。团队的某些成员重视架构，却几乎不了解日复一日的编程细节；其余一部分人则恰好相反。切记，集中或囤积架构知识并非目的，往往还会适得其反。最为理想的还是要求开发者能够拥有架构意识。

一种预测是，在未来 10 年里，开发者仍然会像今日忽视数据结构那样，不分青红皂白地忽视架构。一些合理主张建议，在"数据结构"与"编译器"或"操作系统"课程之间，应向大学生传授软件架构的知识，因为只有这样他们才能理解在编译器或操作系统中看到的架构模式，理解为何需要作出不同的设计决策，权衡质量属性。很少有大学生在毕业后继续构建编译器或操作系统，但几乎所有人都会使用软件架构来构建系统。

5·4　作出合理的架构决策
Make rational architecture choices

设计关乎权衡，你不可能在质量属性方面做到面面俱到。架构决策必须是合理的，这意味着你做出的权衡需与质量属性的优先级对应。性能总是锦上添花的因素，但是如果你更看重可修改性，就应该拒绝以可修改性为代价来提升性能。

那么，一个合理的架构决策是怎样的呢？关于如何设计系统的决策，可遵循如下模式：

<x>需优先考虑，因此选择设计<y>，并承担不利的<z>。

范例如：由于避免供应商锁定[1]的优先级高，因而选择多个供应商均实行的标准行业框架，即使特定供应商的扩展可以提升性能，也不能选择。

---

[1] 译者注：vendor lock-in，即供应商锁定，是一种常见的反模式，指软件系统是根据特定供应商或特定产品线构建的。可以参考 William J.Brown 等的著作《AntiPatterns-Refactoring Software, Architecture, and Projects in Crisis》。

描述如此清晰，很难想象还会有人作出不合理的决策。然而，开发者是人而非机器，总有表现不够完美之处。系统庞大而复杂，决策的不一致并不会立即呈现。实际上，对质量属性优先级的考量无法做到面面俱到，合理的设计也不可能不言自明，这些都会掩盖决策的不合理性。

下面举一个事与愿违的例子。假设一个开发者理解了该系统的需求，要求可维护性的优先级高于性能的。然而，开发者具有开发高性能系统的背景，因此在设计数据库样式时，为了让查询更迅速，没有让某些数据表保持规范，从而使得可维护性变得更为困难。在这种情况下，设计决策总是直觉战胜理智；设计者从来不会在某时某刻，自觉地意识到设计与系统的优先级自相矛盾。这是不合理的架构决策的反面教材，局部的优化是以牺牲整体优先级作为代价的。

同一项目的开发者常常会对设计方案产生分歧。通过让决策过程透明化，这种分歧总能得到解决，至少能做到大事化小，小事化了。如果这种分歧在于一个开发者认为方案 A 更好，另一开发者认为方案 B 更好，这就很难抉择了。如果把每个人的理由用模板表达出来，方案 A 侧重于可用性，方案 B 侧重于可测试性，事实就能一目了然。虽不会药到病除，毕竟可用性与可测试性二者皆可取，但是现在的问题就变成了对项目而言，哪一个质量属性具有更高的优先级。这种方式将问题转换为工程上或需求上的决策，而非争执谁才是更好的设计师，这能够帮助我们跳出争端。

设计软件就是优化问题。对已知工作模式的限制和需求、设计师的偏见，还有所谓的"舒适区域(comfort areas)"混杂在一起。不确定性让真相变得迷雾重重。开发者试图以最好的设计解决这种混乱。既然设计的优化是混乱的，不同的开发者不可能产生相同的设计。然而，尽管是主观的评价，任何可接受的设计都应该遵循合理的架构决策[1]，坦然面对你不可能万事俱备的事实，坚持设计的决策要遵循优先级的要求。

5.5 避免预先大量设计
Avoid big design up front

在预先大量设计(BDUF)中，项目最初的几周或几个月主要关注于设计，而非原型或系统的构建。这是一个人们创造的贬义词，就好似敏捷过程主张者担心的分析瘫痪(analysis paralysis)，会使得项目组将大量时间投入设计，导致没有充足

---

[1] David Garlan 的软件架构理论强调开发者应对需要的质量属性排定优先级，以制定一致的架构决策。我将其称为合理的架构决策(rational architecture choice)，但这一思想应归功于他。

的时间来进行构建。BDUF 与瀑布过程的关系比与螺旋过程的更密切(均在 3.9 节中讨论)。

瀑布模型由一系列线性步骤组成,逐步去完成系统的交付(Royce, 1970)。通常,这些步骤包括需求、设计、实现和测试。团队在继续下一步骤之前,必须完成当前步骤。要返回前一步骤,只能是为了修正错误,其余情形下则不允许。虽然瀑布过程在实践中极为常见,但几乎没有专家推荐它。

与之相反,软件开发的螺旋模型指导工程师逐步建立系统,从风险最高的内容开始(Boehm, 1988)。螺旋的每一圈需要团队经历软件开发的所有步骤,如需求、设计、实现和测试。螺旋模型是现代软件开发过程,包括敏捷过程和 Rational 统一过程(Rational Unified Process,RUP)的基础。

那么,事先做完所有设计究竟会出现什么问题呢? BDUF 的危险包括:好钢没有用在刀刃上——工作的内容并非问题所在;纸上谈兵——在纸上设计远不如编写代码有效;瞎子点灯——做了大量设计工作都是无用功,最后连项目也被取消,白费时间。你对当前的判断可能是错误的,并为此作出复杂的设计,以确信它们彼此相关,你以为付出的努力必然适得其所,但当你回顾过去的设计时,才发现若能让设计与原型交错进行,将更加有效。

BDUF 包括一些变体,包括设计臻于完美(design until perfect)。尽管在有关瀑布过程的最早描述中,允许开发过程回溯到上一个阶段,但事实上,团队成员总是拒绝走回头路,而是尽量在前行之前,让当前阶段臻于完美。在每个瀑布阶段之后,组织过程会要求对当前内容进行验收,因而并不鼓励在将来返工。

另一种变体是为建模而建模。团队会创建大量模型,非常详尽,因为他们知道如何建立模型,但并非因为建立的这些模型有益。这看起来是一种进步,因为通过模型可以看到这种改进,但他们真正需要的是系统的改进。

尽管 BDUF 存在危险,有时它却是最佳选择,尤其对于较大型的项目,或是那些对质量需求有苛刻要求的项目。例如,太空系统具有高的技术风险,辐射装置具有高的安全需要,为了追求精心的设计而耗费时间也是值得的。但是,最好还是警惕 BDUF,一旦关键风险得到解决,就赶紧转移到原型或实现。

5.6 避免自顶向下设计
Avoid top-down design

自顶向下的设计是将一个高层规范的元素(组件、模块等),通过将元素分解为小块,并按照职责分配指定这些小块,从而精炼为一个详细设计的过程。与自顶向下设计相关的方法包括自底向上的设计及二者兼而有之的混合法。11.3节讨论了如何将小的功能块关联到更高层的元素,并提出了额外的设计策略,例如,遵循一种架构风格。

从一个高层设计开始,进而精炼它的做法极具诱惑,但避免这种做法的理由也足够充分。低层的设计可以拥有更为牢固的模式,以验证无知犯下的错误。如果坚持自顶向下的设计,小问题就会不断发生,因为你的设计并不适合低层的模式。同样,为了重用而去挖掘现有的 COTS 组件和模块会非常困难,只有到了最后才能发现它们。

自顶向下的设计可以通过Conway法则来固定组织结构。由于团队结构很难改变,一开始的分解就可能成为最终的分解。

系统的自顶向下方法否定了开发者的能力,认为他们不具备非凡的洞察力来设计优雅的解决方案。这种洞察力并不限于顶层的实体,相反,从极细节到极抽象都需要具备。开发者或许会察觉到使用低层框架特性的时机,例如,使用命令队列(command queue)满足顶层的质量属性。很难为这种洞察力制订计划,重要的是要准备好利用这种能力。

5.7 余下的挑战
Remaining challenges

到目前为止,本书一直在为软件架构鼓吹与呐喊。然而,任何一位诚实的支持者都有责任在宣传好的一面同时,还要揭示其局限与问题。

与软件架构有关的事物并非都是简单直接的,提前发现问题更有助于细致地观察这些问题。下面几节将描述一些你在运用本书的技术与建议时可能会遇到的困难。除了与标准架构抽象有关的内容,一个类似的挑战清单会在本书第2部分的16.1节中描述。

估算风险 风险可以被用来引导你进行适当的架构活动,帮助你决定何时停止建模并开始编码。虽然这种做法要好于靠猜测来判断架构工作是否足够,但解决方案并非一成不变,因为你将面临两项艰难的工作:

- **识别风险** 识别风险极为困难,当未曾预料到的风险出现时,你还懵然不知。检查清单可以帮助你分享及保存之前识别出来的风险。

- **排定风险的优先级** 识别了风险,还必须评估它的重要性。如果预估过高,就会陷入长长的风险清单中,难以判断应该首要解决哪一项。如果预估过低,又可能过早地跳到实现阶段,使得架构并不适合处理那些被忽略了的风险。

工程师对风险及其优先级持不同的意见。你可能会发现一个工程师的估算会高于另一个的,从而形成一种主观决策。即使你对风险的识别及优先级的排定是精确的,也不能保证你能成功地降低这些风险。不管困难与否,都应该将风险驱动模型看做是对其他方法的改进。

评估架构的候选方案 系统的架构对它满足质量属性要求的能力有着深远的影响,因而可能需要考虑架构的几种候选方案。从长远来看,对候选架构的评估和构建,与评估几个模型一样简单。为每个候选方案构建模型,然后对每个模型进行评估,判断该模型究竟是有助于还是有碍于所识别出来的架构驱动与质量属性实现。

但实际上,评估候选架构更为困难,因为魔鬼总是隐身于细节之中,而模型却可能无法包含这些细节。当然,你也可以为每个设计建立详细的架构模型,但这样做的代价太高,这(真的)会让你犹疑不定。

这就是内在的矛盾:一方面,你对于花费大量时间将细节添加到未曾承诺的模型中而犹豫不决;另一方面,如果不去研究细节,就很难发现设计的问题。或许,来自外部的特定 API 与你的假设产生冲突;或许,一个原型会揭露出性能模型需要得到更多关注。

比起你熟悉的架构而言,评估候选架构需要更多"魔法水晶球"。你必须根据粗略的数据与不完全的模型来作出决定。毫无疑问,你已经知道这个教训,即使如此,在掌握了架构建模的标记与技术后,也不要幻想在候选设计之间进行挑选,就是一件轻而易举的事儿。

重用模型 自 20 世纪 50 年代发明子程序以来,软件开发者一直在重用代码。如今的面向对象框架让代码重用达到了登峰造极的地步;然而,开发者的一个永恒梦想则是重用思想,而非代码,例如,对设计和其他模型的重用。这种重用已渐露端倪,例如,设计模式和架构风格。

模型不易于重用有其固有的原因，因为模型忽略了细节。为解决一个问题而建立的模型可以安全地忽略许多细节。通常，这些细节又是在解决不同问题时所必不可少的。在很多情形下，这是显而易见的：一个列车的调度模型不可能作为与财务有关的折旧模型而被重用，因为调度模型会省略诸如火车采购价格之类的细节。

我最喜欢给孩子们讲一个笑话：

告诉孩子，"你现在是一名公交车司机"，然后，不断描述在不同的车站有多少人上、下车，最后，"……到了终点站，所有人都下车了。问公交车司机叫什么名字？"

这个笑话奏效了，因为孩子们一开始建立的是公交车乘客的模型，而忘记了公交车司机究竟是谁。他们建立了一个模型来解决乘客计数的问题，而当我问到一个他们始料不及的问题时，他们就陷入了困境。

如果你建立了一个组件模型，之后决定在不同的环境使用该组件，例如，在一个并发的环境中，该模型可能无法解决你现在想要提出的问题，譬如，代码是否线程安全。通常而言，只为一个目的建立的模型无法在另一个目的下正常工作。

跨越工程和管理的问题　组织管理不可能将太多注意力放在低层的设计决策上，例如，代码的缩进风格，而可能对系统的功能和质量感兴趣。有时，在对系统架构进行决策时，需要面临选择，究竟是通过工程方式，还是管理方式来解决。例如，倘若每个站点都支持本地运行的软件，则选择构建分布式系统代价会更小；也可以花更大的成本为管理中心展开设计。系统管理员的决策可能基于管理角度，而非工程角度作出，其他类似的情形也会发生于架构层面的设计中。

5.8　特性和风险：一个故事
Features and risk：a story

在本书第1部分即将结束时，有必要评估架构的风险驱动模型，并与纯粹的特性驱动开发进行比较。本书所要表达的，并不是说风险是你应该唯一关注的，而是说风险很重要，它可以帮助你决定究竟该做多少设计工作。

下面的故事将介绍我如何作出(真正的)努力，在保证架构变化相对较小的情况下设计一个应用程序，而该应用程序最初是根据特性优先的方式构建的。在阅读这个故事时，请注意架构如何影响我对应用程序的重新设计。

手机的远程控制应用程序　我有一个智能手机。我希望找到一个应用程序，能够通过手机控制家庭媒体播放器(如第 4 章介绍的家庭媒体播放器)。在互联网上，我发现了一款提供了许多特性的开源应用。早期版本的应用程序显示，支持添加新特性的优先级较高。在运行该应用程序时，我发现了两个问题。

诊断　首先，应用程序无法与我的媒体中心通信，而我却很难诊断其原因。通过对代码的剖析，发现代码库与服务器通信，它无法报告各种连接问题，而是将它们一视同仁地处理为一个单独的错误码。

缓慢的用户界面　应用程序的屏幕导航缓慢低效。即使是备份一个页面也会造成明显的延迟。我发现，无论是应用程序，还是通信库都没有对服务器的响应进行缓存，而这些响应值的变化很少发生，甚至根本不变(例如，静止的专辑封面或歌曲列表)。

在查看了代码后，我意识到这两个问题都可以通过修正或更换通信库得以解决。至少就我要求的质量属性优先级而言，应用程序的架构并不合理。

设计方案　像我这样的应用程序用户，会面临连接问题，并希望更加容易诊断这些问题。这需要通信库能够检测和报告不同的错误状态。然而，由于这一功能与现有接口相关，故需要更改现有的 API。

缓慢低效的用户界面可以通过减少服务器的请求数量得到改善，因为每个请求都要会花费几十毫秒的时间。当前的应用程序没有提供缓存，无论何时需要数据，都会去查询服务器。一种极端的设计方案是将所有数据都缓存起来。然而，手机的存储空间是有限的，需要对存储空间与降低延迟进行权衡。与诊断问题相似，要想不修改 API，很难为系统添加缓存功能。

即使开发者已经有意识地决定推迟缓存和错误处理，然而，若是建立的 API 能够适应这种变化，那就更好了。在理想情况下，可以直接修改通信库，然后将它们交回给最初的开发者，放在正确的位置来解决这些问题。

原来的应用程序使用了传统的客户端-服务器架构，其中，手机是客户端，媒体中心是服务器。然而，仍值得深思其他架构风格及其带来的影响。在我的房间，不同的计算机通常保存了不同的音乐文件。一个端对端的架构(peer-to-peer architecture)可能更加适合，因为在任何一端都可以播放其他机器的音乐。事实上，我们设想音乐从"云"流向任何一种设备，包括传输回手机。

方法 回头来看，怎样才能站在架构的角度处理问题?首先，我明确地考虑了失败——尤其是与质量属性相关的失败，如调试能力、可用性(延迟)与可修改性。其次，我针对失败的情况给出了设计方案，并对它们进行了评估。对于可用性的失败，我们从解空间及通用的权衡策略开始分析。最后，我分析了整体的架构风格(客户端-服务器架构)，并考虑它是否匹配现在面临的问题。

这些活动的执行顺序本身并不重要，重要的是伴随它们的思想。要注意对风险、质量属性、失败、设计方案和架构风格的关注，并与单纯的关注特性的方法进行比较。

结论 很多人会建议你将注意力完全放在特性上。立足于这样的建议，我们已经看到有许多项目将时间浪费在特性与基础设施的实现上，到了最后，这些工作都是不必要的。假如亚里士多德依然健在，他一定会提醒我们美德并非绝对，而在于过与不及之间。良好的事物总不会嫌其多，然而，若只是将注意力放在特性上，就未免太过了。

一个系统的架构能缓解工程风险，主要是针对质量属性的风险。软件架构的研究者并不是第一个建议关注质量属性(或质量属性需求，或所谓的"-ities"[1])的，但他们强调了这一观点，并将质量属性与架构决策联系起来。在思考系统的架构与设计时，应该考虑系统要面临的失败风险。

风险驱动模型有助于设计恰如其分的架构。你的主要关注点仍然可以放在功能特性上，但可以适当地关注风险、质量属性及架构。架构不应等同于预先大量设计(BDUF)，正如透过这个故事可以看到的，花费一些时间思考架构，有助于选择缓解失败风险的设计。

---

[1] 译者注：因为与质量属性有关的词语大多数是以 ity 结尾，例如，scalability、usability、security 等，因而以此指代质量属性。

第 2 部分
架 构 建 模

Architecture Modeling

第 6 章

工程师使用模型

Engineers Use Models

本书的第 1 部分介绍了软件架构和风险，并建议通过建立架构模型，恰到好处地降低风险；但是，它并没有说明该如何建立模型，以及模型究竟是什么。因此，本书的这部分内容将描述所需的软件架构概念与标记。你不用担心会在这部分内容中看到太过详细的架构模型。本书的目的不是要将你培养成一名象牙塔内的架构师，更不是教你华而不实的技巧。从本章开始，我们将介绍在工程学中是如何使用模型的。

我在就读高中时，曾经向父亲请教微积分作业。让我吃惊不已的是，尽管父亲从大学开始就在从事工程师的工作，可他的微积分知识却很少被使用，早已生疏了。他还告诉我，他的公司雇用掌握了微积分知识的工程师，并不是因为工作需要运用微积分，而是因为他们接受的工程训练，其中包括微积分练习，锻炼了他们运用抽象与模型解决问题的能力。

简单的问题可以直接解决，无须抽象。一旦面临复杂问题，工程师就需要将问题映射到一个抽象模型上(如微积分方程)，在模型内解决问题，再将解决方案转换为现实世界的方案。对工程师而言，使用抽象模型解决问题的能力是必不可少的。

倘若一名工程师使用模型解决了问题，不管模型的类型如何，整个过程都是相同的。如图 6.1 所示，工程师的目标是将现实世界的问题转换为现实世界的解决方案。若是简单问题，则无须抽象即可直接解决，工程师可以通过灰色箭头抵达目标。然而，对于那些让工程师头痛不已的问题，越难就越需要通过抽象来迂回解决。现实世界的问题在抽象模型中体现，在建模领域中解决，再将该解决方案

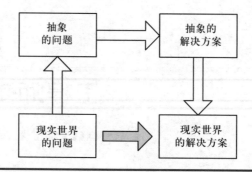

图 6.1 Mary Shaw 提出的在软件工程中广泛使用的交互图(commuting diagram)。简单问题可以直接解决(灰色箭头)。复杂问题通过抽象解决,在图中体现为更长的路线

映射到现实世界的解决方案。无论是微积分方程,还是会计账务,又或是架构模型,整个过程莫不如是。

6.1 规模与复杂度需要抽象
Scale and complexity require abstraction

作为一名工程师,软件开发者在面对大型或复杂的问题时,会本能地通过抽象来解决。当开发者要分析的程序只包含少量类时,他们可以直接检查和分析这些类。倘若数量上升,则可以通过运用设计模式阐释这些大量协作的类,因而面对不断增长的混乱状况,仍能淡然处之。然而,一旦类的数量增加到足够多,开发者就需要利用更高的抽象,才能让程序变得更容易理解。这并非是强迫运用抽象的问题,而是关于如何运用合适的抽象解决规模或复杂度的问题。

要了解系统,抽象会比直接查看源代码更为有效。设想一个开发者要向另一个开发者解释他已经理解的系统。如果时间充裕,他们当然可以阅读和讨论成千上万行的源代码。倘若只有区区几个小时,则勾画出一个系统的模型会更为有效。

开发者在白板上绘制模型是一回事,能够准确描述他们应该绘制什么内容又是另一回事。这些图形看起来是什么样的?他们代表的抽象又是什么?本书第 2 部分将介绍一组适合软件系统架构建模的抽象。

6.2 抽象提供洞察力和解决手段
Abstractions provide insight and leverage

你一定能回忆起数学课上这样一个像故事一般的问题：

两列火车相距 3000 米，在同一轨道上相向而行。一列火车的速度为每秒 10 米，另一列的为每秒 20 米。试问它们什么时候相遇？

一旦老师提出这一问题，由于你已经掌握了一定的代数知识，表示为 10x+20x=3000，就可以解决这个问题。老师将其描述为故事的目的是，教会你如何将故事映射为代数模型，然后再映射回来，就像图 6.1 所示的那样。为了解决这一问题，你必须学会建立一个包含问题相关细节的模型。模型为解决基本问题提供了洞察力，代数又提供了解决问题的手段。列车的领域逻辑不会为你提供特别的洞察力或解决手段，但代数模型可以。

理想情况下，可以像代数学那样解决软件架构的问题，且具有普遍性。架构建模并不会像列车问题那么简单，但是，架构模型可以提供洞察力和解决手段。一旦拥有一个合适的模型，就能发现潜在冲突，识别瓶颈，估算延迟。这一点至关重要，因为开发者不仅要分析系统的特性，还需要分析系统的质量。

6.3 分析系统质量
Reasoning about system qualities

最近，我参加了一个关于建立可伸缩网站的演讲。演讲者论述了 X 技术，由于无法让 X 技术运行得更快，所以他成功地切换到了 Y 技术。他介绍了用在 Y 技术中的新语言的紧凑性、对界面的改进、它的可伸缩性，并在最后展现了网站的吞吐量得到了极大的改善。

然而，深入所有细节，就会发现洞察力的可贵之处。X 技术采用层次结构存储数据，Y 技术的存储方式则是扁平的。虽然二者均使用了关系型数据库，但在 X 技术中，一个 Web 页面请求需要执行 20 次数据库查询才能获取层次数据；Y 技术却只需执行一次。实质上，X 技术和 Y 技术在吞吐量方面的所有差异，都可以追溯到这个唯一的差异。在评估吞吐量时，除了对数据展现作出决策外，完全可以忽略 Y 技术的质量。但是，如何才能得出这一结论？

为了推导出系统属性，在脑海中必须浮现出一个模型，帮助你组织和理解细节，就像图 6.2 所示的草图那样。该模型很简单，适用于 X 技术和 Y 技术，但对于

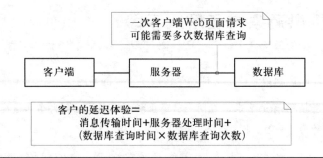

图 6.2　Web 系统的一个非正式草图。有时，可以在脑海中捕获模型，有时，也可以在纸上或白板上画出它们的草图。本书第 2 部分介绍了软件架构的标准模型和标记

分析已知的细节却已足够了。每个收到的 Web 请求都需要一定的消息传输时间、服务器处理时间及数据库查询时间。如果为这些变量赋予一些较为合理的数字，例如，10 ms 的消息传输时间，10 ms 的服务器处理时间，25 ms 的单次数据库查询时间，那么显然，经过 20 次数据库查询的系统将变得缓慢。该模型忽略了缓存与队列等因素，但即便是一个简单模型，也需要将一系列事实转换为可以分析的问题。

　　建立架构模型是一种理解和解决棘手问题的好方法，因为它们可以去除无关的细节，使得你能够将注意力放在主要部分及其相互关系上，作出预测，评估候选方案。如果你正在使用 X 技术运行一个网站，调整代码并不会解决吞吐量的问题。成功与否，将取决于如何透过杂乱的细节，发现 X 技术的数据表现形式阻碍了系统的吞吐量。

6.4　模型忽略细节
Models elide details

　　在分析两列火车何时相遇时，可以忽略火车的颜色和诸多其他细节。在考虑网站的性能时，可以忽略诸如编程语言之类的细节。本质上讲，模型应忽略细节。"实质上，所有模型皆有谬误，然而部分模型却是有用的。"(Box & Draper, 1987)

　　要创建一个有用的模型，包含的细节必须是正确的，同时将那些无关的细节扫到故纸堆里藏起来。引入无关的细节会增加混乱，让人更难对模型进行分析。本书的序言部分讨论了驱车从纽约经由高速公路行驶至洛杉矶的路线建模。应该在模型中引入哪些细节才能解决问题？一些公路设置的路标用木材做成，有的用

图 6.3　工作在模型上的所有人都必须能够理解它们。一些人能够编写模型，但是，设计者的目标应该是使用模型来增强他们的推理能力

混凝土做成，还有的用金属做成。在寻找最短路径时，这些选择完全可以从模型中删掉。不过，在获得的最短路径中，可能包含一条比高速公路要窄的道路，因此，模型就应该包含这些狭窄的道路，否则，建立的模型就可能导致一个错误的答案。

我们应该认识到完整模型与可用模型之间并不相容。有时候，很难分析出问题的完整模型，但简化模型又可能让你得到错误(或者非最优)的答案。例如，若是模型只包含了高速公路，就可能无法发现最短路线。另一方面，如果模型含糊不明地包含了每个平整可驾驶的平面(停车场、前院和消防通道)，模型就会变得太大，难以解决。要建立一个有用的模型，通常需要进行这样的权衡。

6.5　模型能够增强推理
Models can amplify reasoning

相同的模型可以被不同的人用于不同的目的。建模技能可以分为三个基本层次：理解模型 (reading models)、编写模型 (writing models) 和增强推理 (amplifying reasoning)。如图 6.3 所示，准确理解模型的能力最为常见，它也是具备其他能力的先决条件。例如，购房者若要对房子进行定制设计，就需要能够理解房子的设计蓝图，只有如此才能在设计不满足需求时，表达出自己的意见。类似情形出现在定制软件开发中利益相关人与软件开发者之间的关系中。

很少有人需要具备编写模型的能力，以确保模型的文档组织或语法是正确的。房屋设计在设计师脑海中产生创意，再绘制为蓝图，以便在房的利益相关者之间分享(不同的人需要就设计达成一致)。请注意，模型设计师和模型编写者的角色是有区别的。例如，绘图员是编写模型的专家，但他们通常不是设计师。

在设计房屋时，房屋设计者使用模型来作为增强推理的工具，使他能够设计出比想象与记忆中的设计更为复杂的房屋。他必须协调诸多细节，也很容易犯错。设计期间，他提出的问题必须得到回答，例如，"打开的门会挡住储藏柜吗"，"卧室需要多少石膏板"。靠大脑来记住所有这些细节，就可能会出错。若是创建一个模型，就可以减轻记忆负担，通过标准的表现形式使错误更易于检测，并能预测房子该怎样才能完成。运用模型来增强推理能力，不同于只是理解一个业已呈现出来的模型，使用模型是为了帮助更好地设计。在软件设计中，经验丰富的设计师知道该如何建立支持分析的模型，使得错误能够浮出水面，并发掘那些不能立即呈现出来的事实。

6.6 提问在前，建模在后
Question first and model second

模型各有所长。一个有助于预测响应时间的模型，可能无法帮助你发现安全漏洞。因而，最好遵循这个简单的规则：提问在前，建模在后，即在建立模型之前，要明确自己需要模型解决哪些问题。如此才能更容易选择它的抽象层次，以及要包含的细节。

在所有规则中，本条规则看似简单明了，却很容易违背。倘若你曾经装修过自己的住房，可能听说过类似的规则：再三测量，然后一次切分[1]。我多次违背这一规则，因而每次我都会屏住呼吸，念叨着这条规则。我深为赞同该规则，这是我的一位老友告诉我的，"不管你切分多少次，都不可能再让它变长了！"

或许你够幸运，刚刚切分出正确的长度，但为何不在切分前再测量一次呢？同理，你可能很幸运地建立了一个想要的模型，但为何不首先确定它该回答什么问题？若能这样，模型一定能帮助你。

6.7 小结
Conclusion

工程师使用模型解决大型或复杂的问题。要做到这一点，就需要选择交互图(commuting diagram)中更长的一条路径，创建问题的抽象模型，并用模型解决问题，然后再将其映射到真实世界。抽象模型提供洞察问题本质及解决问题的能力，以便于更好地工作。此外，模型能够为问题的解决提供一种杠杆效应，就像你看到的代数之于火车问题的解决。

---

[1] 译者注：measure twice and cut once，类似于中国的谚语，三思而后行。在翻译时，本可以意译为此谚语，但它却无法和后面该规则的推论相呼应，故而保留直译的内容。

一个模型能够帮助你组织系统的事实与细节。正如你看到的网站示例，构建网站的两种不同技术包含了完全不同的细节。一个简要的模型使得你能够组织这些细节，以数据存储的细节为例，究竟是层次化的数据存储，还是扁平的数据存储，取决于这两种技术的性能差异。

建模的一个主要要素就是对细节进行取舍。模型的细节太多，就可能掩盖基本问题，阻碍你对问题的分析。但是，必须意识到，从一个较小的模型开始进行并不完善的推理是必要的，因为一个更为完整的模型往往太大或者太复杂，很难进行分析。

诸如利益相关者的一类人只需要理解模型。例如，购房者要能够理解设计蓝图，方能作出明智的购买决策。绘图员能够编写出语法正确的模型。但是，作为软件开发者，你的目标是使用模型来增强推理能力。倘若你从来没有正规地学过数学，虽然可以分析简单的问题，但只有通过教育灌输对数学模型的理解，你才能解决更为复杂的问题。

无论何时建立模型，实际上都是在对模型的创建作出取舍，例如，拥有更多性能细节的模型，或者忽略安全性的模型。选择一个恰当模型的唯一方式是，事先明确需要模型来解决什么问题。否则，建立的模型就可能不足，也可能过于臃肿。一个推论是无论何时建立模型，都应该慎重地选择其抽象层次。

6.8　延伸阅读
Further reading

使用模型来解决问题的想法是所有工程学的核心。本书使用交互图来强调模型的想法源自 Mary Shaw (Shaw & Garlan, 1996)。正如一些人对于艺术或数学具有特别的天赋，建立架构模型的难易程度也会因人而异。根据在传授架构技能时获得的经验，我发现软件开发者拥有各自擅长的天赋(Fairbanks，2003)。若你发现技能培训或技能传递的内容涉及模型，那么在选择课程时，请牢记这三个层次：理解模型、编写模型与增强推理。

第 7 章

软件架构的概念模型

Conceptual Model of Software Architecture

在本书的序言部分，我们介绍了一则关于教练与新手观看同一场比赛的故事。他们观察到球场上发生的一切完全相同，且新手更为年轻而敏锐，但教练却能更好地理解和评价这场比赛。作为一名软件开发者，自然希望能像教练理解比赛那样高效地理解与评估软件。本章及后续章节将帮助你从思想上建立起软件架构的工作方式，只有如此，才能让你更好地理解并设计软件。

然而，使用模型的想法常常被错误地与对软件过程(例如，瀑布过程)的选择混为一谈，并且还被烙上了分析瘫痪的印迹。本书并不主张在项目前期编写大量模型(即文档)，因而有必要厘清一些似是而非的主张或误解。

每个项目都应当对架构进行编档: 错误 要进行自助游，自然需要在之前制订计划，可是，你会为每日早晚的上下班制订计划吗? 模型确乎能够助你解决问题，降低风险; 然而，针对不同的问题，各有取舍之道，有的适用于模型，有的则可直接解决。

架构文档应该综合全面: 错误 你或许会决定编写一个大而全的架构文档，不过，这仅限于某些场景——或许仅为了与人交流设计。大多数情况下，只需对与风险有关的部分进行建模，例如，对于具有可伸缩性风险的项目，就应该针对可伸缩性建立专门的模型。

设计总是先于编码：错误 从某种意义上讲，这是对的，倘若你没有想清楚到底该创建什么，代码并不会从你指间自然流出。但坚信设计(就软件过程而言)一定先于编码，则大谬不然。事实上，早期编码能够帮助你发现最难的问题。

因此，我们应该将这些似是而非的想法抛诸脑后。使用软件架构模型的真正原因是它们可以帮助我们像教练而非新手那样行事。若还未达至教练的水平，就应尽快提高。标准的架构模型代表了浓缩的知识主体，使我们能够有效地了解软件架构与设计。之后，你会发现你所拥有的标准模型能够将你的思想从对问题的关注中解放出来，不用为每个问题创造一个新模型。

概念模型加速学习 若想达到教练那样的高效，或许要等到老了，你才能积累足够的经验。所有软件开发者最终都能从架构中有所收获，即使这种知识的撷取是靠着一种间接的方式，这无非就是在构建系统时实践，实践，再实践。然而，这种方式问题多多。首先，并非只有年长的软件开发者才最有效率。其次，这种方法需要耗费数十年光阴。最后，每个人通过这种方式对架构的理解都是独一无二的，很难与其他人交流，反之亦然。

考虑另一种方式，这种方式可以让你站在别人的肩膀上看得更远。或许我们仍在期待软件工程学中的艾萨克·牛顿(Isaac Newton)，然而，在我们之前已有诸多构建了软件的人值得学习。他们不仅为我们提供了具体可见的编译器和数据库，还提供了一整套抽象的编程思想理论。一部分抽象概念已经植根于编程语言中——函数、类、模块等。其余内容则包括组件、端口和连接器[1]。

一些人天生惊才绝艳，但对于我们常人而言却非如此，怎样站在前人肩膀上才更为有效？设想一下，除开 17 世纪最顶尖的几位大师，你或许就是一位很棒的数学家。不错，数学大师需要天赋与苦练，但今日的你却可以从数个世纪精炼的知识中获益。在读完高中时，你就能解决几百年前需要大师才能解决的数学难题。由此上溯，17 世纪的数学大师同样从之前发明的按位计数系统与零的概念中获益。因此，在考虑这两种方式时，需要明白二者其实是并行不悖的：学习前人精炼的架构知识，然后实践，实践，再实践。

---

[1] 像 ArchJava 这样的研究语言已经将这些概念添加到了 Java 之中。

概念模型能解放思维 一种精炼的理解方式可以采用概念模型的形式。教练的概念模型包括攻防战略、位置和战术。当观察到球员在球场上运动时，他会根据他的概念模型对观察到的内容进行分类。他看到的球员动作不仅仅是比赛的组成元素，还是战略的一部分。由于概念模型有限，新手观察到的内容则少之又少。

概念模型加速了诸多领域的进程。如果你曾经学习过物理，即使学过的大部分方程已经忘却，仍然能理解物体的作用力。物理课程旨在灌输概念模型。同样，倘若你曾经研究过设计模式，就会不由自主地在程序中辨别遇到的模式。

概念模型因其能快速识别，并保持一致，从而节省时间，增强分析能力。Alfred Whitehead 说道："要大脑脱离所有不必要的工作，则一个好的概念就能免其役，专注于更为高深的问题，从而有效提升思维能力。"(Whitehead, 1911) 这同样适用于概念模型。正如序言所述，Alan Kay 看到"一个视图价值 80 点智商"，他认为我们之所以优于罗马时代的工程师，皆因我们有更佳的问题表现方式 (Kay，1989)。

架构模型的基本要素与技术是共通的，即使不同的作者强调不同的方面。例如，软件工程研究所(SEI)强调质量属性建模技术(Bass，Clements & Kazman，2003; Clements et al.，2010)。统一建模语言(UML)阵营强调功能建模的技术 (D'Souza & Wills，1998；Cheesman & Daniels，2000)。本书的概念模型则二者兼而有之。

章节目标和组织形式 本书这部分内容的目标是为你提供软件架构的概念模型，它使你能够快速地理解软件，分析软件的设计。概念模型包括一个抽象集、一套组织模型的标准方式及专门的技能。没有天赋与实践，你不可能无所不精，然而，如果建立一个思维上的概念模型，则能够事半功倍。

本章展现了如何将架构划分为三个主要模型：领域模型、设计模型与代码模型。本章将使用指定(designation)与细化(refinement)关系来描述这些模型。对于每个模型，都使用视图来展现细节。后续的三章将更为详细地讨论领域模型、设计模型和代码模型。由始至终，我们给出了一个名为 Yinzer 的示例网站。Yinzer 是一个俚语，用于形容来自匹兹堡，家住卡内基·梅隆大学的人。它的词根是匹兹堡方言中的 yinz，相当于 y'all(你们大家)的含义。

Yinzer 为会员提供匹兹堡地区的在线业务社交网络及招聘广告服务。由于业务往来，会员们可以相互联系、发布招聘广告、推荐工作，并能接收关于匹配工作的邮件通知。

接下来的章节，将全面介绍其他的建模细节，并给出如何有效运用模型的建议。

7.1 规范化模型结构
Canonical model structure

一旦开始建立模型，就事无巨细都需要跟踪。查看 Yinzer 系统的 UML 类图，它显示招聘广告(job advertisement)与公司(company)之间相互关联，你需要了解它究竟意味着什么：这些对象是来自真实世界，还是来自你的设计，抑或来自数据库结构？你需要一种组织形式对这些内容进行归类，并放到正确的位置，使得整体结构更为清晰，言之有物。

这里展现的规范化模型结构(canonical model structure)提供了一种标准组织形式，将发现的事实情况与建立的模型关联起来。或许不能一以贯之地构建模型，使其覆盖整个规范化模型结构，但随着时间的推移，大多数项目建立的模型内容将遵循规范化结构。

7.1.1 概述
Overview

规范化模型结构的本质很简单：它的模型范围从抽象到具体，使用的视图会深入每个模型的细节中。

存在三个主要模型：领域模型、设计模型和代码模型，如图 7.1 所示。规范化模型结构的顶部是抽象层次最高的模型(领域)，底部的模型则最为具体(代码)。指定(designation)关系与细化(refinement)关系能够确保模型的一致性，又使得它们能够区分不同的抽象层次。

这三个主要模型的每种模型(领域模型、设计模型和代码模型)都像数据库那样，综合全面，却过于庞大，且细节烦琐，以至于无法直接处理它们(更多介绍参见 7.4 节)。视图允许我们仅选择模型细节中的一个子集。例如，可以选择仅包含单个组件或者模块依赖关系的细节内容。事实上，在此之前，你业已使用了视图而不自知，例如，数据字典或系统上下文图(system context diagram)。视图允许我们将这些列表和图表与规范化模型结构联系起来。在规范化的结构中，模型的组织有助于分类与简化。

规范化模型结构将各种不同的事实分配到不同的模型中。关于领域、设计和代码的事实会放到各自对应的模型中。在面对领域事实，如"计费周期为 30 天"，设计事实，如"字体资源必须始终采用明确分配"，或实现事实，如"顾客地址存储为 varchar(80)字段"时，轻而易举就能够将这些细节排定顺序，放到已有的思维模型中。

规范化模型结构缩小了每个问题的规模。当你想要分析一个领域问题时，不会被代码细节分散注意力，反之亦然，这使得分析变得更加容易。

在将注意力转向模型之间的关系前，首先看看何为领域模型、设计模型和代码模型。

7.2 领域模型、设计模型和代码模型
Domain, design, and code models

领域模型描述了领域中不变的事实；设计模型描述了所要构建的系统；而代码模型则描述了系统的源代码。如果某些内容为"确然正确(just true)"，就可能将其放入领域模型中；倘若事关设计决策或设计机制，就可能将其划到设计模型中；若事关编程语言的编写，又或者是处于相同抽象层次的模型，则应将其归属于代码模型。图 7.1 通过图形方式展现了这三种模型，并总结了每个模型的内容。

领域模型 领域模型表达了与系统相关的现实世界的不变事实。就 Yinzer 系统而言，这些相关事实包括如广告(Ads)和联系方式(Contacts)等重要类型的定义、类型之间的关系，以及描述类型与关系如何因时而变的行为。通常，无法控制领域模型，例如，无法决定一周只能拥有 6 天，或者要求每周都举行生日宴会。

设计模型 相反，设计模型主要是在设计者控制下。需要构建的系统不仅会显示在领域模型中，还会在设计模型中出现。设计模型是设计承诺的一部分。这就是说，可以推迟实现那些未曾决策而又事关设计的某些细节(通常处于更低层次)，直到获得代码模型。

设计模型由递归嵌套的边界模型和内部模型组成。边界模型与内部模型描述了相同的内容(就像组件或模块)，但边界模型只涉及公共的可见接口，而内部模型还介绍了内部设计。

代码模型 代码模型既是系统的源代码实现，又相当于一个模型。它可以是实际的Java代码，或通过运行工具将代码转换为UML的结果，关键还在于它包含

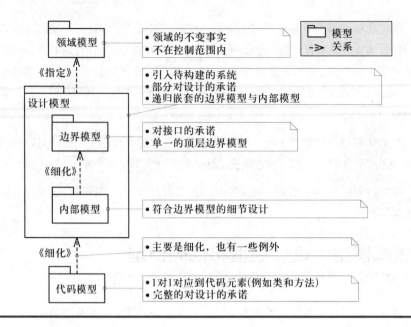

图 7.1 规范化模型结构包含了领域模型、设计模型与代码模型。设计模型包含一个顶层的边界模型及递归嵌套的内部模型

了完整的对设计的承诺。

设计模型往往会忽略对低风险部分的描述,只要开发者理解了整个设计和架构,设计就是充分的。然而,设计模型对设计的承诺是不完整的,代码模型则不然,至少它对设计的承诺完整到足以在机器上运行。

7.3 指定与细化关系
Designation and refinement relationships

直觉上,你会思考领域模型与设计模型之间、设计模型与代码模型之间的关系。由于本章试图分解模型,然后再将它们关联起来,因而,仔细分析它们之间的关系,可以帮助你彻底地理解这些模型。

指定 指定关系使得我们了解到,在不同模型中,相似元素互为对应关系。以 Yinzer 为例,领域模型讲述领域的事实,如人们创建一个社交网络、公司发布广告。使用指定关系,这些事实就会延续到设计模型中,如图 7.2 所示。

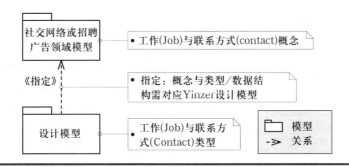

图 7.2 指定关系，确保从领域中选择的类型与设计的数据结构相对应

设计模型总会出现一些偏差，却不应该违背领域的事实。指定关系表明领域中选择的类型必须与设计模型中的类型及数据结构相对应。未经指定的元素是没有约束的。

然而，在实践中，指定关系却很少被明确记录，它会是一个映射，该映射定义了领域元素（例如，**Advertisement** 和 **Job** 类型）与设计元素（例如，**Advertisement** 和 **Job** 类型与数据结构）之间的对应关系。

令人惊讶的是，设计很少能做到百分百地与领域达成一致，因为系统通常会使用一个简化或受限版本的领域类型。例如，系统无法识别一个人在两个不同的邮件地址中阅读邮件的情况，它会认为他们其实是不同的两个人。又或者，系统可能会对领域类型施加限制，如限制一个人在系统中可以拥有的联系人数量。一旦这种与领域的一致性被破坏，错误往往会接踵而来。关于指定关系的详细内容会在 13.6 节中介绍。

细化 细化是相同事物的模型在低层细节与高层细节之间的关系。它可以将内部模型和边界模型关联起来，因为这两种模型表现了相同的内容，但在公开的细节方面存在变化。细化的用处在于它可以将你的设计分解为更小的块。或许，Yinzer 系统就由客户端和服务端组成，而服务端又由多个更小的部分组成。细化可用于将部分组成整体，反之亦然。细化的机制将在 13.7 节进行深入讨论。

细化还可以关联设计模型与代码模型，不过，这种关联并不明确。设计模型中的结构元素可以整齐地映射到代码模型的结构元素。例如，设计模型中的模块映射到代码中的包，组件映射到代码中的类。

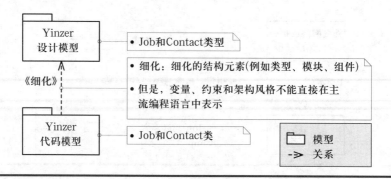

图 7.3 细化关系，确保领域中选择的类型与设计模型中的类型或数据结构相对应。需要明确，设计模型中的一些元素(变量、约束、风格)无法直接展现在编程语言中

然而，正如图 7.3 所示，设计模型的其他部分在代码模型中是没有的：变量、约束和架构风格。基本上，没有主流编程语言可以直接表达设计模型中的约束。代码需要遵守这些约束，如"所有的网络请求必须在一秒内完成"或"坚持管道-过滤器风格"，但却无法直接体现。设计模型和代码模型之间的差距将在第 10.1 节展开更深入的讨论。

7·4　主模型的视图
Views of a master model

你在脑海中可以理解许多系统工作的方式，并记住描述这些系统的模型，例如，你的左邻右舍，又或者如何操持家务。有时，你会勾画出这些模型的轮廓，例如，给朋友绘制一幅如何到达那家美味餐厅的路线图，或者写下要购买的杂货清单。这些轮廓与脑海中记忆的整体模型是一致的。例如，你完全可以为你的朋友画出一幅完整的地图，但是，其实只要画出的地图能够指引他到达目的地，就可以认为它是准确的。你的杂货清单则展现出饮食计划和冰箱中食品之间的差异。

领域模型、设计模型和代码模型就是像这样的综合模型。它们充塞了大量细节，至少从理论上讲，它们包含了你所了解的关于这些主题的所有内容。要写下所有这些细节很困难，也不可能，甚至想要在脑海中清晰地记住它们也很困难。因此，如果你要使用一个模型来分析安全性、可伸缩性或其他任何原因，都需要对细节进行筛选，让你可以清楚地看到相关的因素。这正是视图可以做到的。

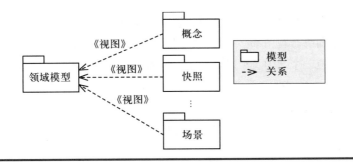

图 7.4 领域模型作为主模型，包含所有细节。视图显示从主模型挑选出来的细节。因为它们是相同主模型的所有视图，所有的这些视图彼此一致

定义　一个视图，也被称为投影(projection)，显示了定义的模型细节子集，同时还可能包含细节的转换。领域模型、设计模型和代码模型都有诸多标准视图。领域模型的视图包括类型列表、类型关系列表，以及展现类型与关系随时间发生变化的场景(见图 7.4)。设计视图包括系统上下文图和部署图。只要适用，你也可以发明新的视图。

Philippe Kruchten 关于架构 4 +1 视图的论文表明，使用一个单一图表来展现架构与设计的所有内容，是不切实际的(Kruchten, 1995)。他解释说，你需要不同的架构视图，因为每个视图都有它自己的抽象、标记、关注点、利益相关者和模式。每个视图都可以使用适合的标记，专注于单独的关注点，使其更容易理解。这些视图汇聚在一起，就能组成一个完整的架构模型，且每个视图都显示了完整模型的细节子集。

视图一致性　你创建的领域、设计和代码模型中的每个视图(或者图表)显示了该模型的唯一视角，并对细节进行公开与隐藏。这些图表并非像橱柜中的抽屉那样，是从模型中分离出去的部分。相反，它们是模型的准确投影，且这些视图相互之间应保持一致。因而，倘若模型发生变化，视图也会随之改变。住房的设计蓝图就是住房(或住房的设计)的视图，你自然期望它们彼此保持一致。

例如，假设你拥有领域模型的两个视图：社交网络和招聘广告领域的一个类型列表(如广告、工作、联系方式)，以及描述它们的一个场景(故事)。我们在后面会介绍场景的细节，现在可以将其看做是一个故事，讲述了领域类型如何在时序上进行交互。倘若要修改该场景，使其引用一个新的领域类型，如拒绝加入联系人网络邀请，那么，你会希望在定义的类型中看到该类型。如果不存在，领域模型就有错误。

主模型 在概念上，领域模型、设计模型和代码模型都是一个单独的主模型。你绘制的每个视图都必须与主模型保持一致。思考这样一种情况：当修改场景使它适应一个新的类型时，对主模型的理解也需要随之作出改变。由于所有视图皆来自主模型，因而，视图应该要反映最新的认识。如果不考虑实用性，建立的所有图表在任何时间都应保持一致，因为在你心中，这是了解领域模型工作的方式。但实际上，建立的模型仍然会出现不一致的情形，需要努力消除这些错误。

若要加强对一致而统一模型的认识，则假想一个编程环境或许会有所助益。该编程环境中的所有元素都被组合在一起，并且还对类型进行了检查。在这种编程环境中，一个场景想要满足一个类型，但该类型却在主模型中未曾定义，此时，就会产生类型检查错误。

如此正式地讨论视图，听起来似乎很难，但在现实中，人们却可以轻而易举地使用它们。例如，可以想象你的书柜，想象它只放了红色封面的书，或者想象这些书正面朝上放着，可以看到红色的封面，却看不到书脊。每一种设想都是书柜主模型的一种视图。注意，尽管你从未写下书柜的模型，但在脑海中却可以巧妙地处理这个模型。软件开发的一项挑战就是确保开发者、领域专家及其他成员在其脑海中都存在一个相同的主模型。

主模型的范例 主模型是一个有用的概念，因为它们能阐释视图究竟适用于什么，但关于主模型究竟该代表什么，却没有一致意见。主模型的最简单例子是一个已经存在的系统。你能为已有系统创建多个视图。考虑将邻里关系当做已有系统的一个范例。你并不具备一个绘制出来的完整的邻里关系模型，但却拥有邻里关系。可以通过了解邻里关系，来检测邻里关系视图是否与主模型保持一致。

主模型的另一个范例是一个将要构建的系统。与邻里关系不同，这个系统还不存在，因而要构建它的视图并确保视图的一致性，颇有些棘手。但不论怎样，事情正在被解决就好。你可能着手对房子进行翻新，却没有绘制任何明确的模型，但主模型必须以某种形式存在于你的脑海中。该模型包括动作何时发生(例如，拆迁发生在粉刷之前)及成本估算的细节。这个存在于脑海中的模型可能并不完整，因而它的视图必然也是不完整的。

这里有一些软件系统主模型的具体案例。主模型可能是之前构建的系统，或是计划要构建的系统，抑或二者兼而有之，如计划对已有系统增加功能。或者更复杂，例如，期望的系统模型会随着时间的推移，每隔一段时间发生变化。

尺寸限制和集中注意力　在建模中使用视图可以限制图表的尺寸，并集中注意力。试想，倘若要在同一图表中显示所有的类型、定义和行为，则一个中等规模的领域模型都可能变得难以理解。你可能会看到一幅巨大的企业数据库样式图被打印出来，贴在墙上；人们在使用它时，会将手指放在某个位置，再沿着线条指向图表的另外部分。视图可以避免这种情况。

7.5　组织模型的其他方式
Other ways to organize models

本章的规范化模型结构包括领域模型、设计模型和代码模型。模型的这个基本组织方式具有悠久的历史，在 Syntropy 软件开发过程中就可以见到(Cook & Daniels，1994)，实则它的历史还可以追溯到更远。

其他作者也提出了类似的模型结构，虽然在组织和命名上存在一些差异，但核心却是相似的。只需稍作分析，就可以识别出领域模型、设计模型(边界模型和内部模型)和代码模型。表 7.1 总结了本书的模型名称与其他方法给出的模型之间的对应关系。

不同作者给出的内容大同小异。这其中，需求的概念是不相一致的，因为它对于不同的人，意味着不同的含义。需求模型可以与业务模型、领域模型、边界模型或内部模型重叠。

7.6　业务建模
Business modeling

本书的规范化模型结构没有包含业务模型。业务模型描述了一个企业或组织要做什么，以及为何要这样做。相同领域的不同企业存在不同的策略、能力、组织、流程和目标，从而具有不同的业务模型。

领域建模与业务建模相关，它不仅包含了描述的事实，还包括组织必须作出的决定和目标，在某些情况下，还包括是谁决定组织要做什么，以及应遵循的流程。某些流程可部分或完全由软件自动完成。软件究竟该构建还是该购买，会影响到组织的决策与目标。

为何本书仅包括领域模型，而没有业务模型？之所以包括领域模型，是因为对领域模型的误解是 IT 项目失败的常见原因。对业务流程的误解也可能导致失败，但很少出现工程方面的失败。

表 7.1 总结不同作者提出的模型，以及如何与本书提到的业务模型、领域模型、设计模型(边界模型和内部模型)和代码模型对应

	业务模型	领域模型	设 计 模 型		代码模型
			边界模型	内部模型	
Bosch			系统环境	组件设计	代码
Cheesman & Daniels		业务概念	类型规格	组件架构	代码
D'Souza (MAp)	业务架构	领域	黑盒	白盒	代码
SEI			需求	架构	代码
Jackson		领域	领域+机器	机器	
RUP	业务建模	业务建模	需求	分析&设计	代码
Syntropy		要素	规格	实现	代码

7.7 UML 的用法
Use of UML

本书使用了统一建模语言(UML)提供的标记，因为它极为常见，且在 UML 2.0 中增加了架构标记，使它更像是一门可视化的具有特殊目的的架构语言。本书在某些方面并未严格遵循 UML 的标准。这些偏离 UML 的内容都是无意的。

在 UML 中，连接器可以是实线或球窝形(ball-and-socket)的样式。二者的区别在于表现类型的构造型(stereotypes)不同。本书的连接器使用了多种线条格式来表示，这是一种更紧凑的表达类型的方式，使其显得不那么凌乱。

在 UML 中，端口的类型用附近的文本标签来显示。本书采用了这种风格，但有时它会使图变得混乱，在这种情况下，端口用阴影来表现，并定义在图示(legend)中。并非所有的 UML 工具都支持带有阴影或颜色的端口。

7.8　小结
Conclusion

一旦开始构建系统模型，就会认识到理解和追踪大量细小的模型是非常困难的，然而，构建一个单独的巨大模型却又不切实际。本章提出的策略是构建一个符合规范化模型结构的细小模型。如果理解了规范化结构，就能理解每个模型适合的位置。

第一个重要观念是使用指定和细化来建立不同抽象的模型。主模型为领域模型、设计模型和代码模型，它们覆盖了从抽象到具体的范围。第二个重要观念是使用视图来放大模型的细节。由于视图是一个单独主模型的所有投影，因而它们的细节都是一致的(或将是一致的)。为了分层地嵌套设计模型，需要使用细化来关联边界模型与内部模型。

教练的所见所得要多于新手，并不是因为他们的眼睛更犀利，而是因为他们掌握了概念模型，这个模型能帮助他们对观察到的内容进行分类。本章详细介绍了整个规范化模型结构，但并没有给予警示。在实践中，很少会创建每一个可能的模型与视图。一旦深入理解了这些观念，就能了解给定的细节、图表与模型究竟适用何处。如第4章的案例分析与第3章的风险驱动模型所示，遵循风险驱动的方法进行架构将促使你构建模型的子集，从而降低业已识别出来的风险。本章及后续章节提供了详细的说明，帮助你深入理解模型，从而更好地构建软件，而不是引导你步入分析瘫痪。

7.9　延伸阅读
Further reading

本书介绍的架构建模方法融合了众家学说，主要受到三方面的影响。首先是D'Souza 与 Wills(1998)及 Cheesman 与 Daniels (2000)在 UML 中进行组件建模的工作，主要关注于功能的建模。其次则来自软件工程研究所(Bass，Clements & Kazman，2003；Clements et al.，2010)与卡内基·梅隆大学(Shaw & Garlan，1996)提出的以质量属性为中心的方法。再次来自敏捷软件开发社区(Boehm & Turner，2003; Ambler，2002)，他们鼓励高效的软件开发实践。

有几本好书描述了软件架构的通用概念。Bass、Clements 和 Kazman (2003)的著作描述了以质量属性为中心的软件架构视图，并提供了运用此技术的案例研究。Taylor, Medvidović 和 Dashofy (2009)的著作给出了一个更为现代的处理方法，著作在逻辑组织方式上更像是一本教科书。Shaw 和 Garlan (1996)的著作业已过时，但仍然是理解软件架构承诺(the promise of software architecture)最好的一本书。Clements 等人(2010)的著作是了解架构概念和标记(同时还提供一个非常有用的附录，使用 UML 作为一门架构描述语言)的绝佳参考。这些著作很少提及对象与设计，D'Souza 和 Wills (1998)及 Cheesman 和 Daniels (2000)的著作则涉及了这一内容，介绍了如何让架构适用于面向对象设计。

相较于其他著作，Bass、Clements 和 Kazman (2003)的著作开创了软件架构的新天地，将过去对功能的关注转移到对质量属性的关注上。它描述的不仅是理论，还包括分析架构和发现质量属性需求的过程。该书还包含了针对功能与质量属性正交性的讨论。

对于如何理解及使用软件架构的多视图，Rozanski 与 Woods (2005)提供了可能是最完整的处理方式。它还包含了与多个标准问题有关的颇有价值的检查清单。

在 Cheesman 和 Daniels (2000)的著作中，可以读到基于组件开发最简便的实用方法。他们使用 UML 建立模型的组织结构，并通过严格的封装边界将组件当做抽象数据类型。在 D'Souza 和 Wills(1998)的著作中提供了相似的方法，细节却更为丰富。二者皆重视详细的规范说明，例如，前/后置条件，在设计时以此作为捕获错误的手段。本书不再强调前/后置条件，因为在大多数项目中，要做到这一点代价太高，但他们提倡的这种习惯仍然值得借鉴。

明确地表达软件工程应包括软件架构之愿景，或许要属 Shaw 和 Garlan (1996)的著作讲述得最为精到。阅读之时，无时无刻都能体会作者表达出的对架构如何帮助我们这个行业的热情。架构建模中包括缺陷等基本要素，在 Clements 等(2010)的著作中被展现得淋漓尽致。该书的一个目标就是教会读者如何在文档集中对模型进行编档，这一内容在大型项目中至关重要。

至今为止，对软件架构最为全面的介绍是 Taylor、Medvidović 和 Dashofy(2009)的软件架构教科书。它涵盖了软件架构在真实世界的例子，以及对架构形式与分析的研究发展。

在信息技术(IT)领域工作的开发人员将从 Ian Gorton 的软件架构方法中获益，他的著作不仅介绍了软件架构的基础知识，还讲述了 IT 项目的通用技术，如 EJB(Enterprise Java Beans)、面向消息中间件(message-oriented middleware，MOM)和面向服务架构(service oriented architecture，SOA) (Gorton, 2006)。

使用抽象对模型进行组织分类是一项古老技术。它被用于 Syntropy 面向对象的设计方法中(Cook & Daniels, 1994)，同时也是 Cheesman 和 Daniels (2000)、Fowler (2003a)及 D' Souza 和 Wills (1998)的诸多著作的核心内容。

许多作者提出了组织和关联架构模型的方法。Jan Bosch 对系统环境、原型和主要组件进行建模(Bosch, 2000)。John Cheesman 和 John Daniels 提出了构建需求模型(一个业务信息模型和场景模型)及系统规格模型(一个业务类型模型、接口规格说明、组件规格说明和组件架构)(Cheesman & Daniels, 2000)。在 Map 方法[1]中，Desmond D'Souza 建议将业务架构、领域和设计看做是一个黑盒与白盒(D' Souza，2006)。David Garlan 认为架构是需求和实现之间的一座桥梁(Garlan，2003)。Michael Jackson 则建议对领域，包括机器的领域及机器本身进行建模(Jackson，1995)。Jackson 主要关注于系统需求工程，而非设计，但他的规范很好地覆盖了设计内容。Rational 统一软件过程(Rational Unified Process，RUP)并未提出专门的模型，却为业务建模、需求、分析与设计指出了相关活动(Kruchten，2003)。

每一位开发人员都应该对关于 4+1 架构视图的论文了如指掌(Kruchten，1995)，同时还要认识到这只是诸多为架构提出的视图集中的一种，如西门子的四视图(Hofmeister, Nord & Soni, 2000)。

同样，也应该了解软件架构的 IEEE 标准定义，IEEE 1471—2000，Society，2000)。在该定义中，你会发现诸多与本书内容相同的概念。它还提供了一些值得关注的补充和差异。在使用视图时，它会从利益相关者的角度集中在一个特定的要求上将它们看做是需求，而不是作为一个一致主模型的投影，这应被称之为架构描述。它还介绍了系统存在的环境、它的使命、库的视角(library viewpoints)，它是可重用的视角定义。

除了领域建模，许多作者越来越重视业务流程建模。Martin Ould 提供了一个业务流程建模的实践过程(Ould, 1995)。Desmond D'Souza 介绍了通过将业务目标连接到系统目标，如何将业务流程连接到软件架构的方法(D' Souza，2006)。

Ross、Will 与 Robertson(2006)的著作涵盖了软件架构(特别是企业架构)和业务战略之间的关系。作为软件开发者，我们或许会认为最为自然的未来状态应该是所有系统皆可互操作的。该书提出的一个令人吃惊的论点是，集成的层次应与所选择的业务战略相关。

---

[1] 译者注：即 model-driven approach for business-aligned architecture roadMAps，网站为 http://www.kinetium. com/map/demo/demo_index.html。

第 8 章

领域模型

The Domain Model

领域模型表达了关于某一个领域永恒的事实，例如，客户有联系电话。领域模型也称为概念模型、概要模型，或抽象模型，名称不同，想法是一样的，即用领域模型来表达领域的细节，这些细节与软件系统怎么实现没有关系。对 Yinzer 系统所对应的领域来说，永恒的概念包括广告、职位、联系和受雇等。

在领域模型表达的内容里面，最纯粹的一部分，关注的是天然事实而非人为创造。按照这样的标准，广告这个概念似乎也要被排除在外了。不过，领域模型还可以包括这样一些概念，这些概念对项目而言是稳定不变的、持久的。比方说，公司有一些将要发布的职位。如果职位的发布有一种标准的格式，那么这种格式也可以被包括在领域模型中，但是，必须小心谨慎，因为这种做法已经开始在领域模型中引入技术细节，在这种情况下，要判定什么是永恒的事实，什么是人工设计决策，将变得越来越困难。

或许，你对领域建模这件事还有点排斥。因此，本章先从两个真实的故事讲起。这两个故事都说明了模型的价值，并介绍了一些构建领域模型(包括状态和行为)的方法。同时，故事里面也简单提到了领域建模和更广泛的业务建模之间的不同。

领域建模提供了一种洞察领域的方法，这种洞察对软件设计过程是必要的。领域模型尤其能帮助你回答那些与软件设计无关的问题，例如，某人的关系网是怎样的。由于领域模型不关注软件设计的细节，并且可以用一些简单的符号来表达，因此，它是一种和主题专家交流的有效方法，那些主题专家是不会看技术设计的。领域模型可以成为开发人员和主题专家之间建立共同语言的基础。

构建的系统不同，领域模型或多或少都是有用的。在 IT 领域中，系统往往会涉及开发人员还不太熟悉的复杂领域，在这种情况下，领域模型非常有用。Web 开发人员或设备驱动开发人员对于性能或伸缩性方面的要求可能较为复杂，而领域则相对简单，因此，领域模型对他们的帮助通常要小一些。然而，无论构建哪种系统，早晚会碰到一些可以用领域模型解决的问题。

8.1 领域与架构的关系
How the domain relates to architecture

领域建模与软件架构的关系可能并非显而易见，即使两者是相关的，也可能要在这上面花费一些时间。因此，常常会听到一些反对的声音：

(1) 你已经了解领域；

(2) 领域太简单以致对建模有点厌烦；

(3) 领域和架构选择无关；

(4) 整理需求是其他人的事；

(5) 了解领域的最佳方法是渐进式的，如同写代码一样；

(6) 领域建模是一种开放式的、会导致分析瘫痪的活动。

这些关注和担忧是合理的，有时，它们也的确是避免对某些领域进行建模的理由。但是，在翻到下一章之前，不妨先来看看两个真实的故事，看看它们与那些反对意见之间有什么关系。

手机联系人列表　最近，我开始使用一款所谓的智能手机，它不仅仅可以打电话，还可以连接互联网、发送和接收电子邮件，以及运行应用程序。手机中有一个联系人列表，里面包含了我知道的所有联系人的联系方式，包括他们的电话号码和电子邮件地址。而且，这个联系人列表可以与 Web 服务器同步，所以，列表可以持续更新。到目前为止，一切都很好。

我不仅会在这部手机上使用联系人列表，也会在计算机里的电子邮件客户端程序上使用。每次发送一封电子邮件给一位新朋友，这位新朋友就会被加到共享的联系人列表中。猜猜接下来发生了什么？

当我第一次拨打电话的时候，发现自己不得不在 1400 个联系人中去查找朋友的电话号码。列表中的很多联系人都没有电话号码，不过，因为这是一款智能手机，我可以点击他们的姓名并发送一封电子邮件(或者给他们打电话，或者发送短信)。

你可以用很多种方式对这个问题进行归类，可以把它作为一个用户界面的问题，或者作为一个集成方面的问题。但是，让思维再开阔一点，就会发现，其实那些努力解决电话号码丢失问题的开发人员已经对这个领域产生了误解。电子邮件联系人列表真的和手机联系人列表是一样的吗？人们是如何决定要把哪些号码放在手机联系人列表中的呢？

不妨想一想：你会把你认识的每一个人的每一个电话号码都放在手机里吗？你是不是会有一个不同的方案，只把部分联系人的信息放在手机里，比方说，私交不错的联系人，加上少数几个重要的工作上的联系人呢？这是我以前常用的方法。拥有一份完整的工作联系人列表，可能很方便，也可能带来困扰。想象一下我的窘境，如果我的手机已经与一份完整的工作联系人列表进行了同步，然后要给 Ken Creel(我的好朋友)拨打电话，却意外地拨打给了 Ken Smith(不太熟悉的工作上有联系的人)，我说，"你他妈的在干什么？"——没有比这更糟的了。

用户授权　第二个故事比较平淡，不妨先把目光从评价朋友圈的大小和电话礼仪这件事上挪开。我曾经供职于一家金融公司，从事几个应用程序的集成工作，当时的一项任务是到供应商那里去购买处理用户授权的产品。**授权**(entitlement)功能很简单，就是允许某个用户(或者登录用户)执行一个动作，比如，允许该用户建表或者有权进入大楼的第三层楼面。作为计算机的使用者，我们可能觉得自己对这个领域已经理解得很好了，因为当我们每次登录或者访问一个写保护的目录时，都会碰到这种事。

公司内有不同类型的用户，例如办事员，以及针对这些不同类型用户的一系列授权。回头看看自己供职的公司就很清楚，通常有两种授权制度：一种是支持**活动类型**(active profiles)，另一种是支持**模板类型**(template profiles)。对于活动类型来说，如果你想给办事员类型增加一种新的授权，那么，公司内所有的办事员都将会得到那种授权。对于模板类型来说，新的权限可能只提供给新招募的办事员，现有的办事员仍然使用老的模板。

显然，我需要知道，供应商的产品是支持活动类型还是支持模板类型，这样才能设计出合适的架构。即便供应商回答了这个问题，他们的产品也可能无法完全符合我的需求。因为，通常来说，供应商能够回答一些技术细节方面的问题，例如，关于消息格式和服务器硬件要求方面的问题，但要想知道他们对领域的假设却是一个巨大的挑战，比方说，他们对这些授权类型的处理方式是怎样的？授权是否可以分等级地来进行组织？

关注回顾 我们再回到关于领域建模的关注和担忧，不妨通过以上两个故事来再次审读。

你已经了解领域 没错，对"诱人的"的互联网和计算机系统这两个领域，的确如此，因为开发人员喜欢学习这两个领域的知识，而对"枯燥"的业务领域则不是，开发人员常常对它了解得不够。

领域太简单以致对建模有点厌烦 很少有比一个仅仅带有电话号码和电子邮件地址的姓名列表更简单的领域了。但是，至少在我使用手机这件事上，因为软件与领域存在着不一致，给我带来了麻烦。应当承认，电子邮件和手机联系人列表合并带来的麻烦也许并没有什么大不了。

领域和架构选择无关 各个供应商的授权管理产品在领域假设上的差异，可能导致系统之间的不兼容。领域影响着架构，如果认为架构本来就存在于领域之中，只需要发现它就可以，那就错了。

整理需求是其他人的事 也许。但是，需求分析人员可能无法站在你这样的有利角度，他们无法看到领域是如何导致架构问题的，在这种情况下，也许你要用领域模型给予他们一定的支持。

了解领域的最佳方法是渐进式的，如同写代码一样 通过写代码来了解领域，确实是一种好方法，但也常常存在一些不可能或不切实际的案例。在授权产品选择的案例中，来自供应商的开发人员和顾问(付费)团队，花了几周的时间，才完成了一次集成方面的概念验证。如果能在纸上建模，并且能用领域建模期间产生的问题去帮助他们做集成测试，就可以大大地降低集成的成本。

领域建模是一种开放式的、导致分析瘫痪的活动 这是一种危险的想法。你可能从对手机联系人列表这个领域开始建模，最后却建立了一个人们为什么会成为朋友的模型。你应该对这个领域进行恰如其分的建模。

如果分析瘫痪真的很危险，如何才能避免呢？

避免分析瘫痪 为了避免分析瘫痪，你必须限制领域建模的范围。其中一项技术是，在构建模型前先决定想要模型回答什么问题。这样的话，一旦模型可以回答这些问题，就可以停止建模了。那你应该问些什么问题呢？

通常有很多让人感兴趣的领域问题，不过，领域对架构的影响只体现在有限的几个方面，只要关注这些相关的问题，就可以大大缩小范围。如果想要避免发生会导致架构失败的领域误解，那就要关注那些会带来失败风险的问题。其中两个常见的风险是可用性和互操作性。

在手机那个故事中，开发人员把两个原本应该分别考虑的联系人列表合在了一起。他们让电子邮件客户端程序和手机共享联系人列表互相操作，这对拥有大量联系人的用户来说，可用性就大大降低了。互操作性的问题体现在授权那个故事中，因为我们要购买的是能和现有系统集成的授权系统，而不是没有任何限制的系统。

另一项避免分析瘫痪的技术是，决定领域模型应有的深度和广度。考虑一下授权系统那个例子。对于深度，可以选择一个系统，仔细看看它能处理的每一种授权类型。对于广度，我们可以对公司内处理授权的每一个系统都进行充分的调研，或者抽样调研。还是那句话，应该根据对风险的理解来决定领域模型的深度或者广度（或二者兼顾）。

最后，为了避免分析瘫痪，必须认识到，额外的领域建模工作并不能带来额外的价值。事实上，决定要不要用领域模型是一件更加难能可贵的事情，因为，如果你觉得领域建模提供的价值小于其他活动的，例如原型，可能就想要停止领域建模了。

接下来的几节将讨论如何建立领域模型，这样，在合适的时候，可以深入领域并发现问题。领域模型也覆盖了状态和行为，因此，这里也描述了如何使用信息模型、快照、导航、不变量及场景。贯穿本章的例子，仍然是提供社交网络和招聘广告服务的 Yinzer 系统。

8.2 信息模型
Information model

在领域模型中，最简单、最有价值的部分是**类型**(types)列表和定义，如表 8.1 所示。表中描述了招聘广告和业务网络领域中的一些概念类型，如果定义得足够仔细，还会描述这些类型之间的**关系**(relationships)。即使你是领域专家，要像这样来定义这些类型也是不太容易的，例如，职位到底是什么？不过，正因为不容易，才说明你确实在真正地澄清这些概念。如果你不是领域专家，那么，让别人来讲清楚这些定义，是开始了解这个领域的一个好办法。

信息模型(information model)也可以图形化绘制，如图 8.1 所示，与文本化版本相比较，图形化版本可以清晰地表达出类型之间的关系，即**关联**(associations)。正如图中所示，个人(Person)类型和多个联系(Contact)类型关联，联系(Contact)类型的集合称为网络(Network)，一个联系(Contact)类型存在

表 8.1　关于招聘广告和业务网络领域的文本化信息模型。Yinzer 系统的设计和实现必须与这个领域模型保持一致

类　型	定　义
Advertisement (Ad) 广告(Ad)	广告(Ad)是指寻找适合某个职位的人加入公司的一种征求
Company 公司	公司是指为人们提供工作的雇主
Contact 联系	联系是指两个人之间的关系，表明两个人都知道对方
Employment 受雇	受雇是一种关系，表明某人受聘于公司的某个职位
Job 职位	职位是人们所就职的公司内的一个角色
Job Match 职位匹配	职位匹配是职位和人之间的关系，表明某人适合某个职位
Person 个人	可以被雇用的人

于两个人(People)之间。图形化模型使用了统一建模语言(UML)中的类图语法，UML 类代表类型。如果你觉得上下文或者图例提供的信息仍不够清楚，可以为 UML 类加上«type»版型。

　　从信息模型中看不到要构建的系统，事实上，这个要构建的系统在领域模型的任何地方都看不到。信息模型并不意味着设计：广告(Advertisement)类型并不是一种数据结构，个人(Person)类型和联系(Contact)类型之间也不会有一个指针。信息模型的目标只是为了描述一些客观事实，而不是设计。主题专家会对信息模型进行分析，并从中发现错误。

　　UML 使用建议　UML 是一种内容非常丰富的语言，不过，最好还是尽量避免使用过多的 UML 符号，特别是在表达领域模型的时候。因为，领域模型常常用来与非开发人员交流。在领域建模过程中，应该使用 UML 模型元素的一个简化的子集：类(版型化为类型)、对象(类型实例)、关联、连接、多重性关系及角色名称。这个简化的子集可以使你不必纠缠于建模的细枝末节，而且通过它建立的模型更容易让主题专家理解。如果需要表达一些重要的领域细节，最好是用文本注释的方式写下来，而不是假定读者也能了解那些模型符号之间的细微差别。

　　图 8.1 中没有表示出类(类型)的属性，其实，适当的属性描述也是可行的，只要明白这些属性并不代表存储的数据就可以了。例如，受雇(Employment)类型可能有开始和结束时间属性，职位匹配(Job Match)类型可能有一个合适的等级属性。

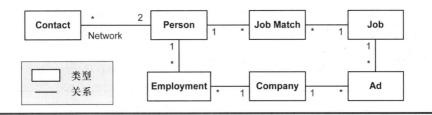

图 8.1 招聘广告和业务网络领域的信息模型，使用了图形化的 UML 类图

要尽量少用 UML 的**泛化(generalization)**关系。泛化代表某个类型是另一个类型的父类型。这会给那些非程序员，例如，主题专家(SME's)，带来不必要的困扰。

8.3 导航和不变量
Navigation and invariants

信息模型提供了一些词汇，这些词汇会应用于领域模型的各个地方。例如，**不变量(invariants)**，或者说约束，表示那些永远为真的断言。有些不变量已经通过图形化模型中的多重性表达出来了。例如，基于多重性，一个联系(Contact)出现在两个人(People)之间。此外，可以确定的是，在这个领域中，某人不能有多个关系圈。可以在信息模型中描述这个不变量，用一段文字(例如，"一个人不能和同一个人建立多次联系关系")，这段文字可以是 UML 注释，或者放在其他文档中。注意，对不变量的描述会使用模型中的类型：个人(Person)、关系网(Network)和联系(Contact)。

在模型中可以通过关联来进行遍历，这种思想称为**导航(navigation)**(D'Souza & Wills, 1998)。如果用手指点在个人(Person)类型上，就可以沿着关联移动到联系(Contact)类型。关联的末端有一个"*"，这意味着这个人(Person)有 0 到多个联系(Contact)关系。这个关联的线条上有一个单词——关系网(Network)，这被称为**角色(role)**，这可以让你很方便地使用一组联系(Contact)。一个联系(Contact)涉及两个人(People)，按照不变量的定义，这两个人(People)永远是两个不同的人。

如果不变量写得足够周全，它甚至可以直接引用类型之间的关联，并且使用导航来检查。对象约束语言(OCL)可以精确地表达导航(Warmer & Kleppe, 2003)。使用 OCL 不变量的表述如下：

```
context Person
inv: network.person->asSet()->size() = network->size() + 1
```

这一段 OCL 表示：关系网中的人数等于关系网中的联系关系数加1(1 代表你自己)。

图 8.2　招聘广告和业务网络领域信息模型的快照(即实例图)。注意，一些实例是有命名的
(Bradley & Widgetron)，另外那些实例是不具名的

　　除非计算机能帮助你读取并检查 OCL，否则，花这么大的力气来写，似乎有
点得不偿失。不管怎样，OCL 的确对精确思考有很大的帮助。当你用自然语言来
写不变量的时候，会希望它能尽量形式化一些；如果感觉到有不精确的地方，就
会对自然语言的表述仔细推敲。这是一个贯穿于架构建模的更大的主题：即使你
并没有采用形式化的机制，也要懂得如何对某些事情进行形式化，从而获得高质
量的模型。

8.4　快照
Snapshots

　　信息模型表达的是通用的类型，而不是具体的实例，例如，信息模型中提到个
人(Person)，而不是 Bradley，提到公司(Company)，而不是 Widgetron 公司。你
可以绘制**快照**(snapshot)，或者**实例图**(instance diagram)，如图 8.2 所示，快照图
展示的是实例，而不是类型。

　　注意快照中的每一个**实例**(instance)都对应着信息模型中的某一个类型，就像
每一个**连接**(link)都对应着某一个关联。图中，不具名的联系(Contact)实例分别连
接着 Bradley 和 Owen 这两个人(Person)的实例，这和信息模型中一个联系
(Contact)类型对应着两个人(People)的关系是一致的。同时也要注意快照中的符
号：带下划线的文字，以及类型名和实例名之间的冒号分隔。实例可以是不具名
的，就像图中的联系(Contact)实例一样。类型和实例之间的关系，即**类别**
(classification)关系，与面向对象编程中的类和对象之间的关系是一样的。

　　通过思考想要的或者不想要的快照，可以避免信息模型发生错误。你绘制了
一个快照，其中，Bradley 连接到一个联系(Contact)实例，同时也做了反向连接。
看到这个快照，你决定不能这样做，于是把这个不变量写下来，不允许这样的情
况出现在你的关系网中。这里的信息模型确实很简单，但是，当信息模型变得很
复杂的时候，也要记得绘制快照的技巧。

名称：Owen 成为 Widgetron 公司的雇员

初始状态：Bradley 是 Widgetron 公司的雇员

参与者：Owen、Bradley

步骤：

1. Owen 和 Bradley 在一次专业的会议上相遇，他们互相交换了名片，各自成为对方联系网络中的一员。

2. Bradley 所在的公司，Widgetron 公司，发布了软件开发人员这个职位的招聘广告。

3. Bradley 把 Owen 和该职位进行了匹配。

4. Owen 成为 Widgetron 公司的软件开发人员。

图 8.3 招聘广告和业务网络领域的功能场景。场景开始于一个初始状态，涉及几个参与者（Owen 和 Bradley），并且描述了四个步骤，分别对应于信息模型中的变化。其他的事情也会发生，但如果它们不会导致模型改变，通常就不必把它们包含在场景中

8.5 功能场景
Functionality scenarios

快照表达了领域模型中的实例在某一个瞬间是如何关联的，而信息模型则表达了所有可能的快照。你还没有表达的是，领域模型是如何从一个快照转换到另一个快照的。**功能场景**(functionality scenarios)，通常简称为**场景**(scenarios)，如图 8.3 所示，表达了导致领域模型状态变换的一系列事件。

功能场景中使用的词汇都定义在信息模型中，例如，广告(Ad)和联系(Contact)。每一个场景都有一个初始状态，通常用文字来描述。初始状态也是领域模型的一次快照。场景中的每一步都会改变领域模型的状态。如果打算绘制模型状态的快照，那么每一步之后的快照可能都不相同。例如，如图 8.3 中的场景，第一步之后，快照将包含一个新的联系(Contact)实例，连接着 Owen 和 Bradley。

关注场景中的每一步给领域模型带来的变化是很重要的。关注要紧贴场景：可能出现这样的场景，在第二步之后，Bradley 打电话给 Owen，告诉他有这样一个工作机会，或者，Owen 把自己的高档西服送到洗衣店去清洗了。由于模型并不关注后者，所以不会在场景中对此进行描述。然而，如果认为这些事情很重要，那就应该把它们添加到信息模型中。仔细考虑场景中每一步前后的快照，以确保类型和行为之间的紧密一致。

由于这是一个领域模型，Owen 和 Bradley 代表着真实的人，而不是计算机中的记录。他们的联系网也是真实存在的，可能是一组名片，也可能是一些记忆。这

也是领域模型和设计模型之间的本质区别：领域模型中的元素代表着真实的东西，而设计模型中的元素代表着计算机中的记录或者计算机硬件。

场景描述某一条可能的路径，而不是概括所有的路径。在实践中，通过写一组场景来描述领域是可行的，但有时你可能想要一个通用的模型。UML 活动图(activity diagrams)和 UML 状态图(state diagrams)可以用来描述泛化的行为，当然，也得付出比描述场景更多的努力。

和快照一样，场景描述也很容易，因为只需要关注具体的实例，而不是通用的类型。这绝对是一个好消息，用场景而不是用更加通用的领域模型来和主题专家进行交流，你一定会觉得沟通起来更加容易。

8.6　小结
Conclusion

将领域模型和设计模型分离是有好处的。如果没有分离，设计时就会碰到很多与设计无关的问题，比方说，公司目前在职的员工是否会收到本公司的招聘广告？这是一个有趣的问题，但是在你对数据库的 schema 进行建模，或者正在设计类层次结构的时候，这个问题就显得有点不合时宜了。要回答这类问题，采用领域模型是比较有效的，因为它不用牵扯设计细节。另一个把领域模型和代码模型分离的理由是，主题专家会教你领域知识，但他们对你使用的编程语言和数据结构没有兴趣。有时，不同的专家会使用不同的术语来表达相同的类型，在这种情况下，领域模型可以帮助整个团队基于统一的词汇开展工作，所以，领域模型有时也被称为无所不在的语言(Evans, 2003)。

通过建立领域模型，你会更好地理解领域。例如，领域模型会促使你思考这样一些问题：如果我在你的联系网络中，那么，你也必须在我的网络中吗？最开始，人们对这类问题很可能会有不同的答案，而整个团队需要建立对领域问题的共同理解，否则，设计和编码过程中出现问题就在所难免了。

现实领域总是包含了无限丰富的内容。领域模型是对现实领域的一种简化，它必须决定哪些内容是包含在内的，哪些内容是排除在外的。也就是说，你必须接受这样一个事实，领域模型对现实领域中的内容是有所取舍的。例如，在现实世界中，招聘广告(Ad)可能会描述多个职位(Job)，但模型可能做了限制，每一个招聘广告只能描述一个职位。当建立领域模型时，你必须决定模型的广度和深度，这也常常决定了类型的数量，以及需要处理的各种领域问题的规模。

　　尽管信息模型是一种简化，但是，它也应该足以回答领域中的问题，例如，Bradley 的关系网(Network)中有多少联系(Contact)，或者 Owen 曾经就职于哪些公司(Company)。当然，你也要事先决定模型必须回答哪些问题，当模型可以回答这些问题时，就可以停止建模了。你想要模型回答的问题，通常是与你关注的风险有关，特别是在交互性和可用性方面的问题。例如，项目中有两个小团队，他们需要对联系网络有一个共同的理解，基于这个共同的理解，开发出来的软件才可以进行交互。如果你只是对领域中的部分内容进行建模，那么就应该停下来问问自己，误解是否会导致失败。

8.7　延伸阅读
Further reading

　　本书中的领域建模思想基于催化法(D'Souza & Wills, 1998)。催化法可以表达的领域模型比这里展示的更加详细和复杂。

　　功能场景有点类似于用例(12.6 节中有更详细的描述)。我喜爱的一本关于用例的书是 Cockburn 的著作(Cockburn, 2000)。这本书写得简捷有效，不仅对如何组织用例提供了指导，还对何时停止编写用例给出了建议。

第 9 章

设计模型

The Design Model

随着对规范模型结构(由领域模型、设计模型和代码模型组成)的了解逐渐深入，你已经开始了从新手向行家的转变。在第 8 章中，你了解了三个基本模型中的第一个，领域模型。领域模型是对软件系统赖以生存的现实世界的表述。本章介绍第二个基本模型，设计模型。设计模型是对软件系统的设计进行建模。领域模型包含了广告、职位、联系网这样的类型，而设计模型则表达了如何设计系统，从而来操作这些类型在计算机中的表现形式。对于领域内的事实，基本上没有什么可供发挥的空间，而系统设计则不同，只要系统能够反映领域内的事实，就可以使用丰富的领域知识和设计技巧来进行设计。本章有助于丰富关于架构的概念模型，并展示了如何使用视图、封装和嵌套来对系统的设计进行组织。

当你思考软件架构时，大多数的时间都将花在设计模型上面，所以，不要对设计模型的表现力和深度感到意外。为了避免使你一下子陷入细枝末节的泥潭，本章提供了浅显易懂的设计模型概述，展示了 Yinzer 系统设计中的一个例子及其相关的模型。在阅读本章时，要关注那些不同的模型是如何相互配合来表达系统的。在后续的章节中，我们还会深入探讨关于模型元素、元素之间的关系，以及如何使用它们的更多细节。本章最后讨论了视图类型、动态架构及架构描述语言。

9.1 设计模型
Design model

正如 7.4 节中讨论的那样，领域模型、设计模型和代码模型是包含了所有合理细节的全面的模型，有时也称为**主模型**(master models)。因此，**设计模型**(design model)是包含所有设计细节的主模型。主模型的思想是一种方便实用的抽象，因为它解释了所绘制的那些图是如何相互联系在一起的。

然而，在实践中，几乎没有人去构建一个完整的、全面的设计模型。如果你尝试这么做，可能很快就会发现，所谓"全面"，很快就会变得不切实际。模型通过关注主要的细节来帮助思考，所以，包含所有细节的主模型并不是那么有效。

你想要的，是在头脑中保持一份"全面的"设计模型，同时，还要能够绘制一些展示部分细节的图，从而可以让你对部分细节进行高效的思考。必须使那些图和主模型保持一致。为了使这些看上去有点相互矛盾的要求和谐相处、平滑无缝，可以使用视图、封装、嵌套这些方法的组合。

视图 视图是模型(展现部分细节)的投影。我们可以使用视图，从而有选择地缩小对全面设计模型的关注范围。

封装 封装分离了元素的实现和接口。由于术语"**接口**(interface)"常常指代某种编程语言的构件(例如，Java 接口)，因此，我们使用**边界模型**(boundary model)来指代模型元素的接口。接口的实现被称为**内部模型**(internals model)。边界模型和内部模型都是在描述相同的事情，只是前者忽略了元素内部的细节。

嵌套 模型中的大多数元素都有子结构。某个元素的内部模型由更小的一些元素组成。每一个这样的元素都可以用边界模型来描述，它们的实现可以用内部模型来描述。因此，一个元素可以分解为一棵由边界模型和内部模型组成的嵌套树。

通过使用视图、封装和嵌套，可以构建仅仅展示某个问题相关细节的模型。由于理解模型之间的关系，因此可以把这些模型关联到设计模型，即包含所有细节的主模型。

设计模型和领域模型之间是一种"**指向**(designation)"关系(见图 9.1)。也就是说，领域中的事实被设计中的实现所指向。对于 Yinzer 系统这个领域来说，你可能把广告、职位和联系网络这些领域事实指派到 Yinzer 系统设计模型中的一些

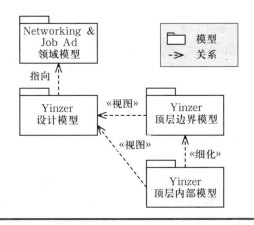

图 9.1　Yinzer 系统顶层内部模型，以及它与设计模型和边界模型之间的关系。边界模型和内部模型都是设计模型的视图，因为二者都只显示设计模型的部分细节。内部模型细化了边界模型(在这个案例中是整个 Yinzer 系统)，展示了相同元素的更多细节

类型。设计模型也关联着代码模型，正如后面将要看到的，它们之间的关联比较复杂，有点类似于像**细化**(refinement)这样的关系。

9.2　边界模型
Boundary model

　　边界模型展现了系统(或系统中的某个元素)的外观，包括系统的行为、系统和外部交互的数据，以及系统的质量属性。边界模型是对接口的承诺，而不是对实现细节的承诺。边界模型描述了用户需要知道从而理解系统如何工作的那些事情。边界模型是系统被封装后的视图，它隐藏了内部的细节，当开发人员改变内部设计的时候，用户不会受到任何影响。

　　设计模型总是有一个**顶层的边界模型**(top-level boundary model)，用来描述系统及该系统与领域交互的情况。图 9.1 显示了 Yinzer 系统的顶层边界模型。由于 Yinzer 系统设计模型包含了所有的设计细节，因此，可以建立一个只展示 Yinzer 系统接口(即 Yinzer 系统顶层边界模型)的视图，也可以建立一个既展示系统接口又包含实现细节(即 Yinzer 系统顶层内部模型)的视图。因为这些视图都基于相同的设计模型，所以它们之间必须保持一致。

9.3　内部模型
Internals model

　　内部模型(internals model)是设计模型的另一种视图，它显示了边界模型中不

予考虑的细节。图 9.1 显示了设计模型的边界模型视图和内部模型视图。这两个视图之间存在着**细化(refinement)**关系。内部模型和边界模型描述的内容是一样的，只是前者增加了更多的细节，这也是细化关系的内涵。

有一点很关键，边界模型中的事实在内部模型中也必须是事实。所以，边界模型中作出的任何承诺也必须在内部模型中得到支持。如果边界模型说，Yinzer 系统将有 99.5%的时间在线，并且会发布到 Linux 系统上，那么，内部模型也需要遵守同样的规则。

边界模型和内部模型采用相同的元素来描述，比方说，场景(scenarios)、组件(components)、连接器(connectors)、端口(ports)、职责(responsibilities)、模块(modules)、类(classes)、接口(interfaces)、环境元素(environmental element)及设计权衡(tradeoffs)。有些内部模型中的元素比较复杂，比方说，组件装配和场景。

9.4 质量属性
Quality attributes

与大多数同龄的孩子一样，在中学时代，我常常为母亲装配织机，然后放在她的编织店中售卖。母亲售卖的织机是由木头和棉花做的，当你让它们在编织物上穿梭的时候，可以听到砰砰和呼呼的声音。那时候，其他地方的一些织机用了金属，更加耐用，会发出叮当的声音。这两种织机在编织方面都很好用，区别仅仅在于它们的耐用性和发出的声音。

软件系统在功能性和品质上也有同样的区别。有些系统运行得更快，另一些更容易修改，还有一些则在安全性方面表现出色。下一节将介绍 Yinzer 系统的一个例子，这里不妨先思考一下那些品质，它们被称为**质量属性(quality attributes)**，有时也称为 QA 的工作，它们描述了一个系统展现出来的外部特性。

软件架构专家倾向于更多地关注质量属性而非功能性。这并不是因为功能性不重要，而是因为很多设计都可以实现相同的功能性，只是在质量上存在着差异。质量属性和功能性这两者一般来说是正交的，但偶尔也有一些交互[1]。质量属性通常是**自然产生(emergent)**的，因为代码里面并没有一个地方来直接负责安全性、可修改性、延时等待，又譬如说，可部署性。这些质量是从架构和设计中逐渐浮现出来的。

理想情况下，所有的系统都将最大化每一个质量属性，但实际的情况却是，必须设定质量的优先级。比方说，电话交换机要求在 40 ms 内发出拨号音，并且 99.999%的时间都要正常工作，否则运营商可能会面临罚款。为了达到这些质量

---

[1] 例如，在体育运动中，比赛用球通常不会指定颜色，但使用绿色的高尔夫球肯定是个糟糕的主意。

属性的要求,软件开发人员必须把延时等待和可用性的优先级放在可维护性和其他的质量要求的优先级之上。而对于银行系统软件来说,则可能把安全性的优先级放在延时等待的优先级之上。

下一节将开始 Yinzer 系统的设计之旅。这次旅行不包含元素、关系和图的所有细节,全部的细节可以在第 12 章和第 13 章中找到。

9.5　Yinzer 系统的设计之旅
Walkthrough of Yinzer design

为了对如何组织设计模型有一个全景认识,本节先介绍 Yinzer 系统的几个视图。图和元素的大部分内容在边界模型和内部模型中都是一样的,不过,在这里将看到它们在使用中的细微差别。我们将从边界模型的视图开始,然后进入内部模型。

有两个视图在表达系统全景方面特别有效,即用例图和系统上下文图。用例图擅长展示功能(用例),而系统上下文图则擅长展示与 Yinzer 系统交互的外部系统。

接下来,我们介绍几个抽象概念,包括组件(component)、端口(port)、连接器(connector)、职责(responsibility)、设计决策(design decision)、模块(module)、质量属性场景(quality attribute scenario)、架构驱动(architecture driver)及设计权衡(tradeoff)。

最后,我们将进入内部模型。内部模型展示了 Yinzer 系统内部设计中的组件装配,同时,对边界模型中的功能场景做了进一步细化,展示出每一步是如何完成的。约束和架构风格的重要性也在内部模型中得到了展示。

9.5.1　用例和功能场景
Use cases and functionality scenarios

UML 用例图(use case diagram)提供了一个简洁的、图形化的概览。这个概览包括系统功能,以及活动者和与之交互的系统。图 9.2 展示了 Yinzer 系统、几个用例、Yinzer 用户(Yinzer Member)、非 Yinzer 用户(Non-Member)及使用系统的计时器(Timer)活动者。计时器(Timer)是一种特殊的活动者,它告诉那些用例,让它们在每天特定的时刻进行批量处理。

每一个用例(use case)都描述系统的通用功能,而不是一个特定的例子。例如,邀请联系(Invite Contact)用例描述的是,Yinzer 用户可以邀请某人进入他的联系网络。这与功能场景中的步骤不同。在功能场景中,你看到的是一个特定的 Yinzer 用户,Alan,发起了一次用例。

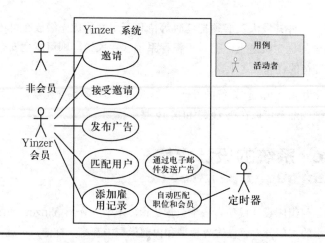

图 9.2 Yinzer 系统的用例图，在展现 Yinzer 系统功能方面非常有效

用例图展示了系统可以做什么，至于做的先后次序没有限制。你可能猜测，邀请联系(Invite Contact)用例发生在接受邀请(Accept Invitation)用例之前，但这只是一个猜测。描述事件发生次序最简单的方法就是使用功能场景，就像你在领域模型中做的那样。图 9.3 展示了 Kevin 如何接受 Widgetron 公司职位的功能场景。

你可能要跳回到图 8.3，将这里的场景和领域模型中的场景进行比较。当你对领域建模时，还没有 Yinzer 系统，所以不可能谈论用户怎样使用 Web 应用程序，或者系统产生一封电子邮件之类的事情，但你现在可以了。值得注意的是，你已经做了一些承诺，比方说，使用电子邮件中的链接(步骤(2))，但还有很多设计选项是开放的。还要注意的是，你在领域中谈论的是人(People)，在这里的设计中谈论的是 Yinzer 用户。原因很简单，在领域中，没有什么 Yinzer 系统，所以无法区分 Yinzer 用户和其他人有什么不同。

注意，场景中的每一步，都对应着用例的一次调用。步骤 1 对应着邀请联系(Invite Contact)用例，步骤 2 对应着接受邀请(Accept Invitation)用例。用例模型表达了所有可能的用例，功能场景表达了用例调用的一个特定的路径。在用例模型和功能场景之间，可以描述哪些行为是普遍性的，哪些是特例。

还没有描述用例的所有合法路径。在前面的场景中，邀请联系是在接受邀请之前发生的，但一定是这样的次序吗？仅仅从用例图和场景来看，不能这么说。如果用例的次序很重要，则可以创建一个 UML 活动图，用来展示用例的所有合法路径。

名称：Kevin 接受 Widgetron 公司的职位

初始状态：Alan 和 Own 都是 Yinzer 用户，Kevin 不是。Alan 就职于 Widgetron 公司

活动者：Alan、Kevin、Owen

步骤：

1. Alan 邀请 Kevin 进入他的联系网络。/系统给 Kevin 发送了一封电子邮件。

2. Kevin 点击邮件中的链接，加入 Yinzer 系统，接受了 Alan 的邀请，成为一个联系人。

3. Widgetron 公司发布了软件开发人员职位的招聘广告。/系统自动把 Owen 与该职位相匹配，并给他发送了一封电子邮件。

4. Alan 看到招聘广告，把 Kevin 与该职位相匹配。/系统给 Kevin 发送了一封电子邮件。

5. Kevin 接受了这份工作，并修改了他在 Yinzer 系统中的简介，说明他入职 Widgetron 公司。

图 9.3 Yinzer 系统的功能场景。场景中的步骤参考了边界模型(例如，图 9.4 中的 Yinzer 系统组件)，你可以看到使用系统的活动者，而看不到内部组件之间的协作

除非场景想要刻意展现用户界面，否则，最好用文字来描述它，这样才会给用户界面带来一定的灵活性。例如，前面场景中的步骤 1，Alan 邀请 Kevin 成为联系人(Contact)，这里没有确切地说到底是怎样做的：界面上总共要花几个操作步骤？是否有一份待选的用户列表？Alan 是不是只要开始键入 Kevin 的名字，系统就会帮助他自动完成？忽略这些细节，可以使场景在用户界面变化的时候仍然保持足够的通用性，并且更易于理解。你将来会需要对用户界面作出承诺，因为它会影响架构，但是现在，在用例中加入这些细节，只会增加混乱、降低其清晰程度。

9.5.2 系统上下文
System context

与用例图类似，**系统上下文图**(system context diagram)，如图 9.4 所示，提供了系统及与该系统交互的活动者/外部系统的概览。二者最大的不同之处在于，用例图更多地表现功能，而系统上下文图则更清晰地展现了**连接器**(connectors)。连接器代表着系统与外部系统之间的通信通道。被构建的系统和外部系统都带有**端口**(ports)。端口对系统的各个接口按照相关功能进行了分组。正如本例中所见，系统上下文图可以展现技术细节，如 Web、SMTP 及 IMAP 连接。系统上下文图是**组件装配**(component assembly)图的一个特例。

注意，Yinzer 用户的浏览器与 Yinzer 系统上的两个不同端口实例相连：联系端口实例、职位/广告端口实例。对于每一次 Web 操作，Yinzer 系统的功能都会设计成对应到多个端口，而不是仅仅对应到一个独立的端口。

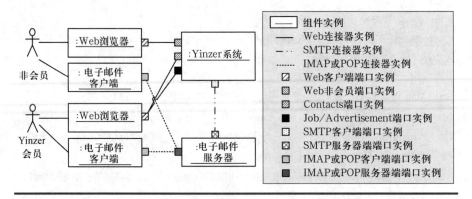

图 9.4 Yinzer 系统的上下文图，图中展现了 Yinzer 系统组件实例，以及与之相连的所有外部系统

由于精度上的提高，系统上下文图鼓励用更多的文字对交互进行描述。可以注意到，在用例图中，Yinzer 用户与系统是有交互的，而在这里，则显示了该交互是以 Web 浏览器和 Email 客户端作为中介来进行的。因为系统必须通过端口来进行通信，所以，一旦决定建立一个端口来服务 Web 请求，基本上肯定会在连接的另一端放上一个 Web 浏览器，而不是让那个端口直接与 Yinzer 用户相连。

9.5.3 组件
Components

系统上下文图中的每一个矩形都是一个**组件实例**(component instance)，即实例化的**组件类型**(component type)。本书采用了 Clements 等人(2010)关于组件的定义，"组件是在系统中执行的最主要的计算元素和数据存储"。组件间只能使用端口和连接器来进行直接或间接的通信。

在绘制组件实例图时，应该画上所有的端口和连接器。这种做法是值得强烈推荐的，否则，在对图进行分析并作出结论之后，又发现有一些交互没有在图上反映出来，可以想象那是多么令人沮丧。通过限制组件间如何通信，并且严格要求组件实例图显示所有的通信路径，就有了通过图来理解系统的希望。这个思想将在 13.7.1 小节中进一步讨论。如果觉得有必要画一个忽略连接器或组件的简化图，则最好在图上加一些注释，这样可以使读者容易理解。

系统上下文图展示了系统与外部系统(都作为组件实例)在**运行时**(runtime)的连接情况。在本例中，有六个组件实例：一个 Yinzer 系统的单例、两个不同的 Web 浏览器(Web Browser)实例、两个不同的电子邮件客户端(Email Client)实例、一个电子邮件服务器(Email Server)实例。注意，即使两个 Web 浏览器组件实例运行着完全相同的代码，也还是需要被区分为不同的实例。事实上，Yinzer 系统必须对实例进行这样的区分，因为一个浏览器实例运行 Yinzer 用户的网页，另一个实例运行非 Yinzer 用户的网页，尽管两个 Web 浏览器实例的**组件类型**(component type)相同。

组件类型和组件实例之间的关系，与类和对象之间的关系是一样的。可以在源代码中看到类或组件类型的声明，在运行时，可以看到类实例(即对象)和组件实例。

已经在领域模型中了解到了不变量的使用，在这里，也可以使用不变量来对组件实例进行约束。例如，可以写一个不变量，要求 Yinzer 用户的 Web 浏览器必须支持 HTML 4.0.1 或以上的版本。

9.5.4 端口和连接器
Ports and connectors

正如图 9.4 中所示，Yinzer 系统通过四个端口来进行通信：一个端口用来响应 Yinzer 非用户的 Web 请求，一个端口用来响应关于职位网络的 Web 请求，一个端口用来响应关于广告的 Web 请求，还有一个端口用来发送电子邮件。其中，三个端口提供服务(Web 端口)，一个端口请求服务(Email 端口)。所有的编程语言本质上都可以表达这样的内容，即某些代码**提供**(provides)了一个服务，但这里要注意，Yinzer 系统还**要求**(requires)为电子邮件提供一个兼容的 SMTP 服务器。很多端口(并不是每一个端口)可以这样归类——它不是一个提供服务的端口(provides-port)，就是一个要求服务的端口(requires-port)，所以，如果有理由这么做，就应该在图上将这种区别表示出来。

与用例图不同，系统上下文图将每一个用例都细化到 Yinzer 系统组件上的一个端口。联系端口支持这样几个用例：邀请联系(Invite Contact)、接受邀请(Accept Invitation)、添加受雇信息(Add Employment)。职位/广告端口支持发布广告(Post Advertisement)和匹配用户(Match User)这两个用例。非 Yinzer 用户端口支持一部分的邀请联系(Invite Contact)用例。

端口通过**连接器**(connectors)进行交互。连接器是两个或更多组件在运行时进行交互的通道。Yinzer 系统使用了 Web 连接器、SMTP 连接器和 IMAP/POP 连接器。另外，还有一些更常见的连接器，包括程序调用、事件、管道、共享内存及批量传输。

系统有很多可能的行为路径，场景只能展示其中之一。与此类似，系统有很多可能的构造组合，系统上下文图[1]也只能展示其中之一。随着时间的推移，与系统相连的 Yinzer 用户和非 Yinzer 用户的数量和身份会发生改变，系统上下文图将会相应地变化。

---

[1] 第 12 章将描述如何使用组件类型(而不是实例)来画组件装配图。

你可以为模型中的任何元素分配**属性**(properties)，但最常见的元素是连接器。你可能想用某个属性来声明连接器的吞吐量，或者可靠性。例如，SMTP 连接器可能包含下列属性：每秒处理 1000 封电子邮件，做了加密处理，必须同步。

9.5.5　设计决策
Design decisions

当你看着为某个系统作出的设计时，很难说清楚哪些设计是源于重大的、深思熟虑的决策。在那些费尽心思的重大决策性设计之间，往往是些算不上完美的，但可以接受的设计。

例如，图 9.4 展示了 Yinzer 系统的上下文图，其中 Yinzer 用户通过 Web 浏览器来使用系统，这是一个使用了瘦客户端的客户端-服务器系统。构建一个客户端-服务器系统可能是一个重大的决策，而使用瘦客户端而不是富客户端，可能只是几种可接受的供选方案之一。

在架构专家的圈子中，有一些关于系统描述最佳方法的争论。有些人认为最好是通过一组视图来描述系统。另一些人认为最好是通过一组设计决策来描述系统。本书大多数地方都采用视图方案，但也鼓励将重要的设计决策文档化。毋庸置疑的是，将最重要的设计决策凸显出来，可以帮助你清楚地了解，自己花费了大量的时间到底在设计什么。这也是描述架构的一种有效方法。

9.5.6　模块
Modules

Yinzer 系统是由源代码构建起来的。你可以把这些源代码组织成**模块**(modules)或包。你可以使用 UML 符号中的包元素，一个看上去很像文件夹的元素符号，来代表图中的模块。图 9.5 显示了 Yinzer 系统边界模型中的模块。这一组模块和架构抽象结合得很好，每个人都可以很容易地通过阅读代码来推知架构。这种架构明显的编码思想将在 10.3 节中详细介绍。

每一个端口都是一个模块，这是因为，系统的使用者为了使用系统，需要知道端口是如何工作的。每一个端口都将与外部系统进行交互，所以，交换的数据类型必须清楚。两个 Web 端口(Web Ports)将会与外部系统交换 HTML 和 HTTP 数据。SMTP 客户端端口(SMTP Client Port)将会和外部系统交换电子邮件中的 SMTP 数据。如果与其他外部系统交换的数据类型是非标准的，那么这些类型的结构也必须展现。在这里，由于 HTML、HTTP 和 SMTP 都是已定义的标准，故可以忽略它们的数据结构定义。图中也显示了 Yinzer 系统模块，但这个模块被标记为私有，在系统边界模型中，你并不想展现系统的实现细节，而只想展现一些必要的接口元素。

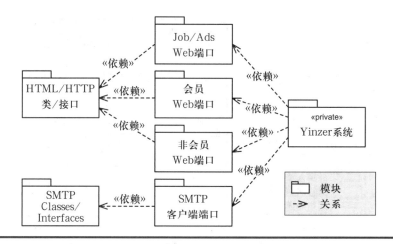

图9.5 Yinzer 边界模型视图, 显示了外部可见的模块和依赖关系。模块的组织方式预示着采用了 10.3 节中描述的架构明显编码风格

你可能期待看到每个模块内部的源代码制品, 如类、接口和头文件之类。但这要视情况而定, 选择的编程语言不同, 源代码制品也是不同的。对 C 语言来说, 你可能期望看到.h 头文件, 对 Java 来说, 你可能期待看到接口和类。

模块之间通过**依赖** (dependency) 关系关联。两个模块之间的依赖意味着, 当一个模块发生变化时, 另一个模块也会发生变化。

9·5·7 部署

Deployment

Yinzer 系统最终将被部署到硬件上, 而硬件的配置会影响系统的运行。图 9.6 显示了部署在主数据中心和备份数据中心上的 Yinzer 系统组件实例。这两个数据中心都是**环境元素**(environmental elements), 有时简单地称其为**节点**(nodes)。图中还显示用户的个人计算机通过互联网与数据中心相连, 主数据中心通过企业内部网与备份数据中心相连, 这些连接都是**通信通道** (communication channels)(有时也称为 links, 注意, 在快照中, "link" 这个术语意味着其他的东西)。

图中显示了运行时的组件实例是如何在硬件上分配的, 例如, 用户的个人计算机正在运行 Web 浏览器实例。图中还显示了源代码是如何分配的。例如, 如果你有一个 AJAX 风格的 Web 应用程序, 要求代码运行在用户的个人计算机上, 那么图上会显示一个部署到那个环境元素(即用户的个人计算机)上的模块。

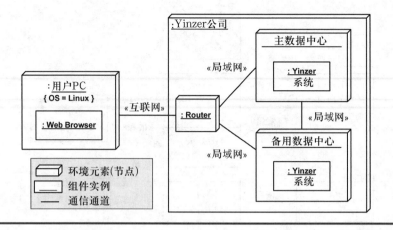

图 9.6　部署视图类型的视图，显示了 Yinzer 系统的环境元素(用户个人计算机、路由器、数据中心)和通信通道(互联网和企业内部网连接)。图中也显示了部署在硬件上的组件实例

可以用功能场景来理解与部署硬件和软件相关的行为。例如，用场景来描述把软件迁移到一个新服务器上的行动步骤，或者备份期间要做什么。通常，让软件从无到有地建立并运行是比较困难的，有时可以考虑对现有的软件进行升级。可以通过一个场景来描述软件应该如何进行安装或升级，以及相应的行动步骤。

9.5.8　质量属性场景和架构驱动
Quality attribute scenarios and architecture drivers

要表达关于质量属性方面的想法，最简单的方法是对质量属性排优先级。对于 Yinzer 系统，你可能这样来排优先级：

伸缩性→可修改性→安全性→可用性

将这种排序写下来并传达给整个团队，这件事做起来易如反掌。它易于传达，可以激发对优先级的讨论，还可以对团队每天的设计和编码工作进行指导，从而在每一个点上都能作出正确的选择。

在描述质量属性方面，一种更加明确，同时也保持足够轻量的技术是，将需求写成**质量属性场景**(quality attribute scenarios)，也称 QA 场景。一个 QA 场景描述模板包含了源、触发、环境、响应及响应测量(Bass, Clements & Kazman, 2003)。使用这个模板有助于使需求变得清晰和可测试。表 9.1 显示了关于 Yinzer 系统的一个 QA 场景。大多数系统都有一些这样的 QA 场景。

表 9.1　关于 Yinzer 系统的一个完整的质量属性场景描述。你可以忽略一些东西，但永远不应该在场景描述中添加虚假的内容

源	Yinzer 用户
触发	请求 Yinzer 服务器上的网页
环境	正常操作
制品	整个系统
响应	服务器返回网页
响应测量	Yinzer 系统在 1 s 内返回页面
完整的 QA 场景	Yinzer 用户点击浏览器中的链接；浏览器向 Yinzer 系统发送请求，Yinzer 系统在 1 s 内返回页面

QA 场景[1]对于那些明显可测量的质量属性比较有效，例如，延迟，而对于像可维护性和可用性这样的质量属性，效果则没有那么好。例如，你写了一个质量属性场景，说开发人员能在 1 周内切换到另一种数据库。这个场景可能影响你的决策，比方说，得使用标准的 SQL，而不是绑定到某种特定数据库的 SQL，但你很难知道某一次设想中的修改要花多少时间。这个关于可修改性的质量属性场景相对来说还是比较容易描述的，其他的可能更难描述。

将**优先级**(prioritization)引入质量属性场景，有助于研究架构的适用性。每一个质量属性场景都要让利益相关者和开发人员同时进行评级。评级分为高、中、低三档。利益相关者的评级反映了质量属性的重要性，开发人员的评级说明了实现的难易程度。最终将产生一个级别数组，例如，(高重要性，中等难度)，通常简称为(H，M)。

有些质量属性场景很容易作出决定，如(H，L)，即高重要性，低难度。有些质量属性场景可以缓一缓再定，如(L，H)，即低重要性，高难度。还有一些，如(H，H)，既重要又难以实现，开发人员需要在设计系统时特别留意。这些质量属性场景就是常常提及的**架构驱动元素**(architecture drivers)(Bass, Clements & Kazman, 2003)，开发人员在制定和评估架构方面的一些选项时，会使用这些质量属性场景作为测试用例。在架构方面作出的一些决策，比方说，使用三层架构风格，会影响这些架构驱动元素的实现，可能使之变得更难或更容易。架构驱动元

[1]　**场景**(scenario)这个术语在不同作者的著作中代表着不同的含义。本书没有去尝试创造新的术语，而是用**功能性场景**(functionality scenarios)和**质量属性场景**(quality attribute scenarios)来区分。如果你觉得这两个术语太长，也可以把它们简称为**场景**和 **QA 场景**。

素通常很小，但也可能包括一些特别复杂的场景。注意，架构驱动元素的想法和评级系统都来自于 15.6 节中描述的 ATAM 技术。

9.5.9 设计权衡
Tradeoffs

你可能想让自己的系统在每一个质量属性的维度上都做得很理想：完美的安全性、完美的可用性、不可思议的执行速度。但是，要在某一个质量属性上做得更好，通常意味着在其他质量属性上有所损失，也就是说，在这些质量属性之间有一种**权衡**(tradeoff)。要让系统更安全，就可能降低了可用性。Yinzer 系统会给未注册用户发送一封电子邮件，里面有一个连到 Yinzer 网站的链接。任何人只要点击那个链接，就会看到详细的内容，不过，那个链接地址中有一个很大的、很难猜测到的随机数字。你可以想象，设计得越安全，使用起来就越困难。

有些权衡适用于所有的系统，比方说，可用性和安全性之间的权衡。有些权衡只发生在某个领域中。考虑一下 Yinzer 系统这个领域，公司必须在招聘广告中描述要求的职位技能，这些要求可以被结构化(例如，技能分类)，也可以是自由格式(例如，一段文字)。如果是结构化的，那么匹配搜索的工作就更容易用算法实现，但对用户而言就不太方便。如果是自由格式的，用户使用起来比较轻松，但匹配搜索的人就必须做很多模糊的、猜测性的工作。寻找领域中的权衡，就像在河流中寻找金矿：这是一种有价值的洞察力，值得快速传给那些不是领域专家的人。权衡对系统的实现有影响，它决定了哪些变得容易实现，哪些变得更难了。

终于完成了边界模型之旅。现在可以更进一步去描述内部模型了。内部模型仍然在描述 Yinzer 系统，但是通过它可以看到接口背后到底是如何实现的。

9.5.10 组件装配
Component assembly

组件装配(component assembly)展示了组件实例的一种特定的配置。你已经见过组件装配的一个例子：图 9.4 中的系统上下文图。一般来说，组件装配可以显示组件、端口及连接器的任意集合，但是在系统上下文图中有所限制，必须显示系统和该系统与外部系统的连接。在内部模型中，可以使用组件装配来显示组件的内部设计。

在 Yinzer 系统上下文图中，你已经看到有一个称为 Yinzer 系统的组件，以及它的四个端口：未注册用户、联系、职位/广告及 SMTP 客户端。Yinzer 系统的内部模型也必须要有四个相同的端口，展示 Yinzer 系统组件内部的细节。图 9.7 显示了四个内部的组件，即联系、广告、用户及电子邮件。

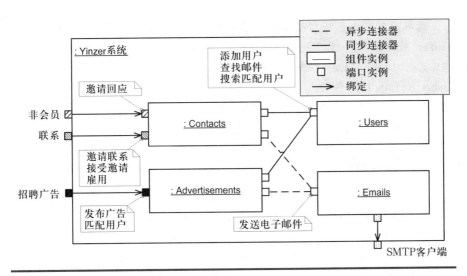

图 9.7 Yinzer 系统组件内部模型的组件装配。图中显示了与图 9.4 中一样的 Yinzer 系统组件实例，但进一步细化成四个内部的组件实例，以及外部端口和内部端口之间的绑定关系

这个组件装配是 Yinzer 系统组件实例(见系统上下文图)内部的逻辑嵌套。在组件装配最外面的矩形框中，左上角的标签说明这是 Yinzer 系统的一个实例。

组件装配显示了 Yinzer 系统组件外部端口和内部端口(在 Contacts、Advertisements 及 Emails 组件上)之间的绑定(bindings)。外部端口和内部端口之间的绑定意味着与外部端口的任何交互，都将交由内部端口来进行处理。绑定不是连接器，不会做任何事情。绑定是为了封装的需要，因为想要让外部系统知道 Job/Ads 端口，但是同时想要隐藏 Advertisements 组件。当绑定端口时，如果两个端口是相同的，那当然是最简单的，至少，内部端口也要与外部端口相兼容(例如，子类型)，这样可以提供一些外部端口中不可见的额外操作。

在 Java 程序中，要使用一个类，通常依赖于类所支持的接口，而不是直接依赖于类。对于组件，也可以看到相似的情形。使用组件，依赖于端口，而不是组件本身。这给开发人员带来了一定的灵活性，因为隐藏组件的内部信息，有利于组件替换和演化。

你可能已经注意到图 9.7 在风格上与之前的图有所不同。在这里，使用了 UML 注释来描述端口的职责，而不是像图 9.4 中那样使用详细的图例。这种风格有它的优势，可以看到每一个端口上有什么操作，但是，如果操作很多，这样做就不太适合了。

边界模型和内部模型都遵循递归模式。在系统上下文图中，看到有一个Yinzer 系统组件，但你仅仅知道它的边界，看不到内部的情况。这里，在内部模型中，可以看到 Yinzer 系统组件的内部信息，看到 Contacts、Advertisements、Users 及 Emails 组件的边界，但仍然不包括这四个组件的内部信息。可以继续细化，显示这四个组件的内部模型。在某一个点上，你会停止细化，展示或者构建真正的代码实现，可能是类、过程、函数，等等。

9.5.11　两级功能场景

Two-level functionality scenarios

在领域模型和边界模型中都使用了功能场景，在内部模型中也同样可以使用。一个重要的区别在于，在内部模型的功能场景中，可以看到内部组件是如何协作的。可以从边界模型场景出发，然后，使用内部组件交互信息来对边界模型场景进行细化，这些内部组件交互信息只有在内部模型中才可以看到。图 9.8 显示了图 9.3 中边界模型场景使用了数字序号的步骤，是如何通过内部模型组件来进行细化的，这些细化步骤则使用了字母序号。

9.5.12　职责

Responsibilities

模型，特别是用图形表示的模型，都使用很简短的名称来指代复杂的内容。例如，访客 Web 端口(Guest Web Port)，该名称对端口的职责做了最简单的解释。这样的做法会带来一些问题，只看名称，大家觉得是在谈论同一件事，后来才发现，大家在这个访客 Web 端口的职责上存在着不同的假设。

幸运的是，列出端口或其他架构元素的**职责**(responsibilities)是一种既经济又有效的方法。只要遵循职责驱动设计的概念(Wirfs-Brock, Wilkerson & Wiener, 1990)，以及面向对象设计(Beck & Cunningham, 1989)中的类职责和协作(CRC)卡片法就可以实现。职责很容易写在表格中，或者以 UML 注释的形式放在图上。

9.5.13　导轨式约束

Constraints as guide rails

软件开发人员受到来自领域的需求约束，或许还有技术解决方案的约束，他们还会在自己的设计上强加一些额外的**约束**(constraints)。这看上去有点违背常理，创建一个系统本来就是一件难事，添加一些额外的限制看上去会使事情变得更难。其实不是这样，开发人员对自己的设计进行约束，这样就可以控制风险，名称：Kevin 得到一份 Widgetron 公司的工作。

初始状态：Alan 和 Owen 是 Yinzer 注册用户；Kevin 不是。Alan 在 Widgetron 公司工作。

活动者：Alan、Kevin、Owen。

步骤：

1. Alan 邀请 Kevin 进入他的联系网络。/系统给 Kevin 发送了一份电子邮件。

   a. Contacts 组件使用 Users 组件来查找 Kevin 的电子邮件地址，没有在 Yinzer 系统注册用户列表中找到 Kevin。

   b. Contacts 组件产生一封邀请 Kevin 加入 Yinzer 系统和 Alan 联系网络的电子邮件，并交给 Email 组件发送。

2. Kevin 点击电子邮件中的链接，加入 Yinzer 系统，并接受 Alan 的邀请，成为一个 Alan 的联系人。

   a. Kevin 点击电子邮件中的链接，通过他的浏览器进入 Yinzer 网站(使用非注册用户端口)，并且回复了邀请。

   b. Contacts 组件把 Kevin 加入 Yinzer 系统的用户列表，此时 Kevin 没有联系人。

   c. Contacts 组件把 Kevin 和 Alan 相互注册为对方的联系人。

3. Widgetron 发布了软件开发人员的职位广告。/系统自动把 Owen 与该职位匹配，并给他发送了一封电子邮件。

   a. Advertisements 组件取出 Ad 中的相关特征。

   b. Advertisements 组件查找可以匹配的用户，找到了 Owen。

   c. Advertisements 组件产生一封电子邮件，把 Ad 通知给 Owen，并且交个 Email 组件发送。

4. Alan 看到了 Ad，把 Kevin 与该职位做了匹配。/系统给 Kevin 发送了一封电子邮件。

   a. Alan 使用 Advertisements 组件把 Kevin 与 Ad 相匹配。

   b. Advertisements 组件产生了一封电子邮件，把 Ad 和 Alan 的推荐通知给 Kevin。

5. Kevin 接受了这份工作，修改了自己在 Yinzer 系统中的简介，添加了在 Widgetron 公司供职的信息。

   a. Kevin 使用 Contacts 组件更新自己的简介。

图 9.8　Yinzer 系统内部功能场景，基于图 9.3 中的边界功能场景，即标有数字序号的那些步骤。内部功能场景详细地说明了内部模型中的组件是如何实现那些步骤的，参见那些标有字母序号的子步骤

并且保证质量。这种约束就像导轨，可以确保系统行进在预期的方向上。

考虑一个必须运行在微型计算机上的系统。开发人员可能会为不同的组件分配定量的 RAM，从而保证可以把系统装入内存。再考虑一个将来需要移植到另一个操作系统(OS)上的系统。开发人员可能会使系统与 OS 的某些特殊的实现相隔离，那些特殊的实现决定了特殊的系统调用方式。可以想象，如果开发人员不对 RAM 的分配或 OS 的调用进行限制和约束，怎么能确定系统能装入一个微型的机器或者可以移植到另一个 OS 上呢？

要分析系统，约束是必要的：**没有约束就意味着无法分析**(no constraints means no analysis)。没有约束，你的代码可以做任何事情：超出 RAM 预算，依赖于特定的 OS，违反缓存一致性策略，忘记释放锁，或者违背访问限制。在设计期间，开发人员会思考如何把各部分装配起来成为一个系统。他们对系统的各个部分进行了限制，哪些是必须做的，哪些一定不能做。这些约束使他们能保证系统各个部分之和的行为符合预期的结果。

在 Yinzer 系统的设计中，就是用约束来确保系统满足质量属性场景的。我们知道，发送电子邮件总是需要花几秒钟，因为要连接到远程服务器上，还要发送消息，而质量属性场景常常要求 Web 页面必须在一秒内响应。设计中，可以在 Web 界面组件和 Email 组件之间使用异步连接器，让发送的电子邮件进入队列，这样，当电子邮件发送时，Web 界面组件就不需要等待了。

9.5.14 架构风格
Architectural styles

有时，一组约束总是出现得很有规律。在这种情况下，对这一组约束进行命名，并作为一个模式，是很有意义的。这些模式称为**架构风格**(architectural styles)，其定义是，"由元素和关系的类型，以及使用它们的约束共同组成的规范"(Clements et al., 2010)。架构风格限制了设计，从而使开发人员可以控制风险，并获得某种质量属性。

考虑到Apache Web 服务器，开发人员设计了一种开放的插件扩展机制。新的代码可以插入处理 Web 请求或响应的过滤器链表中，这种做法称为管道-过滤器架构风格。这种架构风格的一个特性就是，可以让每一个过滤器做独立的工作，这样，往管道中加入过滤器是一件很容易的事情。Apache 选择了这样一种架构风格，从而达到了让第三方的开发人员轻松扩展的目标。注意，架构风格不仅仅约束了设计，还提供了一些词汇，例如，过滤器、管道，开发人员可以借助这些词汇来讨论特定的组件和连接器。

大多数架构风格都可以应用于组件和连接器类型，以及组件装配的拓扑结构。这样，就可以控制系统的运行时行为和质量属性。风格也可以应用于模块(例如，分层风格中的模块)和环境元素。

到此，完成了 Yinzer 系统的设计模型之旅，对设计中使用的常用模型有了一个全景的认识。其中，大多数描述边界模型的元素和图，比方说，设计决策、设计权衡及用例图，都可以用来描述内部模型。本书后续的章节将提供关于如何使用上述思想的更多信息。

9.6　视图类型
Viewtypes

对所有的视图做一次回顾，就可以看到它们的组织方式中有一定的模式。有些视图，相互之间可以很容易地进行验证，而另一些则无法做到。例如，**Yinzer** 系统的功能场景视图和组件装配视图，相互之间是可以验证的，甚至可以想象，即使将这两个视图合并为一个单一视图也并不太难。

很多视图都难以和源代码视图进行对应，比方说，实例对象或实例组件的视图。为了与源代码视图对应，可能不得不遍历源代码，然后在脑子里想象，哪些组件实例将会出现在运行时，又将会运行在什么样的结构之上。换句话说，如果你一只手上有源代码，一只手上有组件装配视图，要想确定代码能不能在运行期创建出组件实例的结构，还是要费一番工夫的。与此同时，功能场景视图和组件装配视图可以轻松对应，但是，要想对应模块视图和运行时视图，看上去也不太容易。把容易对应的视图进行分组，这应该是你最想做的事情。

9.6.1　视图类型定义
Viewtype definition

分组是通过视图类型来完成的。视图类型是一组或一类可以轻松相互对应的视图(Clements et al., 2010)。不同视图类型的视图是不能对应的。在软件架构中，视图类型[1]可以应用于任何设计模型和代码模型，包括顶层的边界模型，以及嵌套的内部模型或边界模型。

不幸的是，无法轻易地对应软件系统的每一个视图。很显然，从某些意义上来说，所有的视图都必须是可以对应的(即使只是在你的头脑中)，因为，所构建的系统应该符合所有的视图。关于对应视图，最好是多看看别人的设计，而不仅仅只看自己的，看看要在他们的视图之间找到缺陷和不一致有多难。

9.6.2　标准架构视图类型
Standard architectural viewtypes

软件架构中有三个标准视图类型：模块视图类型、运行时视图类型及部署视图类型。**模块视图类型**(module viewtype)包含了可以在编译时看到的元素视图，包括像源代码和配置文件这样的制品。组件类型、连接器类型及端口类型的定义也是在模块视图类型中，此外，还有类和接口的定义。

---

[1] 术语**视图类型**(viewtype)和**视点**(viewpoint)不同。视点是系统在某一个角度上的视图，例如，来自于某个利益相关者视角的视图。而视图类型则包含了一组相似的视图，并对视图进行分类，这样，你可以回答"这是什么类型(即类别)的视图"。

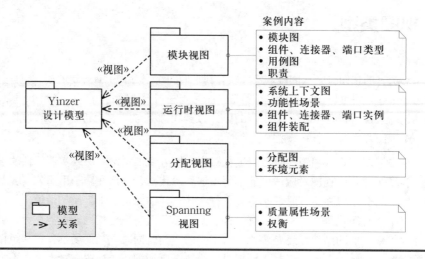

案例内容

模块视图
- 模块图
- 组件、连接器、端口类型
- 用例图
- 职责

运行时视图
- 系统上下文图
- 功能性场景
- 组件、连接器、端口实例
- 组件装配

分配视图
- 分配图
- 环境元素

Spanning视图
- 质量属性场景
- 权衡

图9.9　Yinzer 设计模型，作为系统的主模型，理论上包含了所有的设计细节，直接使用显得过于庞大。视图显示了一个设计细节的子集，或者进行了一定的转换。视图被分类成三种标准视图类型(模块视图类型、运行时视图类型及部署视图类型)，再加上 Spanning 视图类型

　　运行时视图类型(the runtime viewtype)，也称**组件和连接器视图类型**(component and connector (C&C) viewtype)，包含了可以在运行时看到的元素视图，包括像功能场景、职责列表及组件装配这样的制品。组件、连接器及端口的实例，都是作为对象(类实例)，包含在运行时视图类型中的。

　　部署视图类型(allocation viewtype)，包含了与软件在硬件上部署相关的元素视图、包括部署图，环境元素(如服务器)描述及通信通道(如以太网链接)描述，也可能包含地理位置元素，可以用来描述部署在不同城市的两台服务器。

　　图9.9用图形化的方式显示了三种视图类型，每一种视图类型都有一份完整的内容列表。图中显示了一种额外的视图类型，即 Spaning 视图类型，它包含了跨视图类型的视图，之所以有这个额外的视图类型，是因为有些视图无法落在三种标准视图类型中。这里展示了跨视图类型的一个例子，设计权衡。为了实现更大的事务吞吐量(在运行时视图类型中描述)，这里的数据库模式(在模块视图类型中描述)是非标准的，这一点被描述在跨域视图类型中的设计权衡视图中。表 9.2 总结了四种视图类型，以及各种视图类型常见的内容。

表 9.2　三个标准视图类型(模块视图类型、运行时视图类型及部署视图类型)，再加上 Spanning 视图。视图类型中的视图相互之间可以轻松对应，但要和其他视图类型中的视图对应则比较难

视 图 类 型	视图类型内容举例
模块视图类型	模块、层、依赖、职责(如 CRC)、数据库模式、接口、类、组件类型、连接器类型
运行时视图类型	对象实例、组件实例、连接器实例、行为模型(状态机、场景)、职责(基于实例)
部署视图类型	发布的软件、地理位置、计算节点
Spanning 视图类型	设计权衡(质量属性、业务、其他)、功能场景、质量属性场景

9.6.3　不同视图类型中的类型和实例
Types and instances in different viewtypes

　　视图类型包含了相互之间容易对应的视图，不同视图类型中的视图是不太容易对应的。源代码直接表达类、接口、模块和组件类型(如果你仔细看的话)，它们都是模块视图类型的一部分，相互之间很容易对应。而在另一方面，当你看一个组件类型视图的时候，不太容易想象组件实例的样子，所以，类型和实例是不同的视图类型。

　　因此，组件**类型**(types)存在于模块视图类型中，组件**实例**(instances)存在于运行时视图类型中。这也许听上去让人感到惊讶，为了更好地理解这一点，可以与类和对象做个比较。当你看源代码的时候，只能看到类的存在，因为编程语言中直接定义了它们。相反，你不能直接看到类实例(即对象)，因为，在程序运行前，它们还没有被创建。

9.6.4　跨视图类型的思考
Reasoning across viewtypes

　　模块视图类型和运行时视图类型很早就已经作了分离。1968 年，Edsger Dijkstra 用了不同的专业术语，清楚地表达了一个观点，通过看源代码来理解代码在运行时的行为是非常困难的，他对如何最小化这个问题给出了自己的建议 (Dijkstra, 1968)：

　　我们的智力更适于掌握静态的关系……而在想象按时间展开的过程演变方面的能力相对欠缺。因此，我们应该(智慧的程序员都知道这个局限性)尽最大的努力

来减小静态程序和动态过程之间的概念上的差距，使程序(按文本展开)和过程(按时间展开)之间的对应不要显得过于突兀。

泛化一点来说，就是跨视图类型的思考是比较困难的，无论是从模块到运行时，还是从运行时到部署。因此，你应该做两件事。首先，应该接受 Dijkstra 的建议，建立一种风格，使模块视图类型中的元素在运行时视图类型中更容易想象。10.3 节描述了架构明显的编码风格，就是通过结构化你的程序，从而让其他人可以看到你的架构元素，并且能想象它们在运行时的样子。

其次，应该从合适的视图类型开始思考。每一种视图类型都针对特定类型的问题，如 3.5 节中讨论的。要想知道有多少实例，它们相互之间是如何进行通信的，最好是看运行时视图。你也可以看源代码，在头脑中想象，然后回答出那些问题，这样做既困难又不准确。其实，这些问题已经在运行时视图中直截了当地给出了答案。

9.6.5 视图类型串联
Stitching together viewtypes

为不同的关注提供分离的视图，这对理解每一个独立的关注的确是有用的，但问题还要从整体上来理解架构。Philippe Kruchten 的 4+1 架构视图法中的"+1"，就是为了提供贯穿其他四个视图的功能场景。

功能场景跨越了视图类型的边界，这样就串联起了那些不相关的视图。大多数场景描述了一个单一视图类型中的事件序列，比方说，系统运行时执行的活动序列。但有些场景跨越了视图类型，比方说，系统在运行时是如何响应物理部署上的变化的，或者像 Apache 这样的 Web 服务器是如何基于(模块视图类型)配置文件来初始化它的(运行时)组件实例的。

设计权衡也可以跨越视图类型。可修改性是模块视图类型的主要关注点，而性能则是运行时视图类型的主要关注点，这两者之间的权衡跨越了两种视图类型。通过分离架构视图，问题得到了分解，通过使用场景和设计权衡，以展示视图之间的关系，描述整体架构，则又解决了视图分离带来的问题。

9.6.6 关于整体性的建议
Advice on completeness

如果正在试图向某人解释你的系统，最好是从每一种视图类型中选取一个有代表性的视图。否则，你觉得很明显的事情(例如，系统将被部署在一台计算机上)，开发人员也许并不清楚。对每一种视图类型都进行考虑，有助于避免视野在设计期间变得狭窄，比方说，至少要保证自己考虑过软件将被部署到什么地方。

至此，你已经看到了一些表示系统运行时的图，这些图仅仅显示系统运行时的某个瞬间。然而，很多系统会在执行期间改变运行时的结构形态。下一节将讨论动态架构模型。

9.7 动态架构模型
Dynamic architecture models

对象(类实例)的结构形态通常在运行时发生变化，开发人员在构建这样的系统时不会感到任何不适。然而，由于组件比对象的粒度要大，故它们在运行时的结构形态通常较为稳定，若要发生变化，也倾向于做较小的变动。开发人员总是试图使运行时的架构改变最小化，因为，分析一个静态的结构形态，比分析运行期重组带来的所有可能性要简单得多。然而，有些设计要求运行时变化，比方说，端到端音频聊天系统，当计算机加入或离开网络的时候，会持续地对自己的结构形态进行重组。

很多系统只是在服务启动和关闭期间，改变组件的结构形态，在其他时间里，组件的结构形态是稳定的。组件装配图中，通常显示的就是这种**稳态结构**(steady state configuration)。你必须清楚这是对事实的简化，因为，当没有考虑启动和关闭这种动态状况时，错误常常很容易发生。

根据源代码想象出系统运行时的结构形态并不容易，有几个办法可以让这件事变得稍微轻松一点。一个办法是遵循架构明显的编码风格，这部分内容会在10.3 节中讨论。另一个办法是把必须完成的结构形态移出源代码，放进一个声明性的配置文件中。很多框架都要求这么做，例如，Apache Struts(Holmes，2006)、Enterprise Java Beans (Monson-Haefel，2001)及 NASA/JPL's MDS (Ingham et al.，2005)。静态地分析源代码是可能的，也是困难的，而分析声明性的配置文件则相对容易。

动态架构模型(dynamic architecture models)目前还是一个开放的研究领域，它主要描述架构在运行时是如何变化的。如果有可能，应该避免做出导致运行时架构变化的设计，这有两个原因。第一个原因，静态架构对于开发人员来说更容易理解，它可以带来更好的可修改性，并且引入的缺陷会更少。第二个原因，静态架构对于质量属性的分析更加容易。有时，问题本身或者质量属性方面的要求迫使你使用动态架构。如果是这样的话，你会发现自己处在软件工程的最前沿，缺少必要的经验数据、建模概念及工程技术。

9.8 架构描述语言
Architecture description languages

当你绘制架构图时，实际上是在使用某种建模**语言**(language)，比方说，UML，统一建模语言。架构描述语言通常对于动态架构的支持比较弱,但对静态架构来说已经足够了。

当你绘制架构图时，或许并不认为它是一种语言，或许觉得用文本语言完全可以描述相同的信息，但其实这两者是等价的。如果使用简单语言，你可能会说，现在有任意数量的 a 和 b 交替，然后像这样来表达：(ab)*。类似地，你可以在架构图中表达，现在有任意数量的客户端和服务器，只要一个服务器的客户端不超过 10 个。

当你选择了绘制架构图的工具，其实也就是接受了某种架构语言强加给你的一组约束。如果你使用通用的画图工具，那么，几乎没有任何约束，就算读者想知道图中紫色三角形的语义(含义)，也必然不得而知。你可以选择画 UML 图的工具，或者选择支持另一种**架构描述语言**(architecture description language(ADL))的工具，选择约束你只能使用那种语言中的元素，例如，矩形代表了组件(而不是紫色的三角形)。

你的表达，或好或坏，都将被语言的形式所约束。在使用某种架构描述语言之后，渐渐地，你就会使用组件类型、连接器实例、源代码模块这些概念来思考系统的设计了，因为这些都是形式化表达的概念。事实上，你的画图工具也会强迫你使用这些概念。好的一面是，这些概念确实是有用的，并且它们都已经被软件工程社区所认可，但是，当你的语言无法表达你的想法时，也着实会令人沮丧。

使用工具来约束你的语法，并不一定能保证产生有意义的设计。Noam Chomsky 对这个原理有一个著名的表述，他说了一句语法正确然而没有任何意义的话："无色的绿色理念愤怒地睡了"(Chomsky, 2002)。工具将保证你的图遵循了语言约束(语法)，但并不保证它们是有意义(语义)的。

另一种选择是使用通用的画图工具，并通过自律，来画出符合某种语言规范的图，比方说，符合 UML 规范。然而，当你开始这么做的时候，最好使用直接支持这种语言的工具，因为约束就像练习骑自行车，直到你自己会骑才算真的会骑。你可能会反对这个想法，认为自己不需要这种帮助。但是，我曾经给很多聪明的家伙(和你差不多)上过架构这门课，却一次又一次地看到，在"学会骑自行车"和真正掌握架构概念模型之前，那些聪明的家伙画的图常常莫名其妙，语法和语义都不对。

本书给出了一个务实的建议，那就是使用 UML 来描述架构模型，除非你有充分的反对这么做的理由。和其他的 ADL 不同，UML 已经得到了很多工具厂商的支持，而且有最大的开发人员群体作为基础，他们懂得如何阅读 UML。问题不能说没有，但已经做得足够好了，在如何有效使用 UML 方面，已经有大量的好建议。可能有某种 ADL 更符合你的需要，但可能只有一个工具供应商提供支持，而且没有几个开发人员能读懂你的模型，你觉得哪种选择好呢？UML 还有更多的好处，它可以用于领域模型、设计模型及代码模型，所以，在整个建模过程中，你都不需要在多个建模语言间切换。

9.9 小结
Conclusion

软件架构的标准模型结构基于三个基本模型：领域模型、设计模型和代码模型。每一个基本模型，都被当做是携带了所有细节的主模型。视图，可以帮助你暴露或隐藏主模型的某些细节，从而使你避免迷失在细节的丛林中。

软件项目要处理和组织大量的信息，例如，和信用卡处理系统进行交互的协议、模块化系统中的依赖信息、通过现有系统如何来表示国际地址的特殊技巧等。构建系统，意味着将上面提到的所有细节，集成到一个细节相关的模型中，从而设计出一套解决方案。

本章提供了大量关于软件架构概念模型的细节。这些信息可以帮到你，把设计工作分割成多个可管理的部分、如何解决问题的知识及一组如组件一般的架构抽象。你可以运用这些架构抽象对系统进行思考。你或许永远也不会去构建一个完完全全的设计模型。相反，你会用视图、封装及嵌套这些方法将设计模型切分成小块。

内部模型是对边界模型的细化。二者都是设计模型的视图，不同之处在于，它们在暴露的细节上有差异。边界模型中的事实，在内部模型中也是真的。边界模型中的承诺(如端口的数量和类型、QA 场景)，也必须在内部模型中得到支持。因为设计模型是通过指定关系与领域模型关联的，所以，关于领域模型的事实，在设计模型中也应该是真的。

边界模型和内部模型都是使用相同的元素来描述的，如场景、组件、连接器、端口、职责、模块、类、接口、环境元素和设计权衡。有些元素在内部模型中进行了细化，如组件装配和功能场景。

视图类型是一组或一类相互之间容易对应的视图。有三种标准视图类型，或者称为视图分类，分别是模块视图类型、运行时视图类型及部署视图类型。模块视图类型，包含了开发人员可以操作的、明确的制品和定义，如类、接口和组件类型。运行时视图类型包含的是实例，如对象、组件实例及连接器实例。实例的分布在运行时是可以改变的，同时，类或组件类型可能有多个实例。部署视图类型描述了模块视图类型和运行时视图类型中的元素是如何被部署到硬件和指定位置的。

我们既要关注软件能做什么(功能)，也要关注怎么做(质量属性)。二者在大多数情况下是无关的，所以，不同的系统可以做相同的事，一个可能更快，另一个可能更安全。架构专家倾向于更关注质量属性，因为架构对质量属性的影响非常巨大。

大多数模型显示元素的静态配置，但是，有些架构是动态的，会在运行时发生改变。考虑动态架构比较困难，工具和分析方法只能提供有限的支持。大多数架构描述语言，如 UML，支持静态架构，而对动态机制则支持有限。

9.10 延伸阅读
Further reading

本章建议使用的设计视图显示了如何在架构模型的功能和质量属性之间建立桥梁。Bosch (2000)提出，可以基于功能来划分系统，然后对各个功能分别进行调整，最终达到预期的质量属性 (详细的分解策略见 11.3 节)。

本章中的功能建模方法受到了催化(catalysis)(D'Souza 和 Wills，1998)方法的影响。在软件催化的过程中，使用了大量的细化，通过放大或忽略细节，直指问题本质。在这样做的过程中，抹去了用例、场景及操作之间的差异，将它们统统看做是位于不同细化级别上的活动。本章中的质量属性建模方法受到了来自 SEI 的影响，参见 Bass、Clements、Kazman (2003)的著作和 Clements 等人(2010)的著作。

架构风格可以被看做是一种简化的架构模式，在 Acme 语言 (Garlan, Monroe & Wile, 2000) 和 Acme Studio 工具 (Garlan & Schmerl, 2009)中，架构风格被形式化了，其作用不容小觑。这种认识屡见不鲜。David Garlan 在关于软件架构(Garlan, 2003)的课程中，就描述了约束和风格是架构师必备的工具，没有它们就无法对系统进行分析。本书的第 14 章深入介绍了架构风格。

　　如果你决定使用非 UML 建模语言，建议你去看看 Taylor、Medvidović 和 Dashofy 写的关于软件架构的著作(Taylor, Medvidović & Dashofy, 2009)，书中提供了各种建模语言之间的全面比较，极为有用。

第 10 章

代码模型
The Code Model

源代码既是最终的交付物，又是表达解决方案的媒介。架构模型不是最终的交付物，只有在和代码建立关联之后，它才是有用的。所以，理解架构模型和代码之间的关系很重要。

乍看上去，这种关系似乎很简单。例如，模型讨论的是模块和组件，这很容易和代码元素关联。但是，模型还包含了一些难以关联的概念，例如，"每一次访问数据之前都必须持有该数据上的锁"。你可以把这种架构上的概念关联到代码，但两者之间不存在明确的、结构上的对应。架构模型和代码之间是有差异的。

本章将讨论三个话题。第一个，关于架构模型和代码之间的差异。第二个，关于处理这种差异的方法。第三个，关于编程的风格，**架构明显的编码风格**(architecturally-evident coding style)，即把架构特征嵌入代码，从而降低丢失**设计意图**(design intent)的可能性。

10.1 模型-代码差异
Model-code gap

要着手理解架构模型和代码之间的差异，一个有效的办法是，先建立两者各自包含内容的详细清单。表 10.1 列出了架构模型和源代码中常用的元素类型。如果你仔细查看这份元素清单，就会注意到，它们在词汇、抽象、设计承诺、通用量词/枚举(即内涵/外延)语句等方面是有差异的。不妨先来看看这些差异。

表 10.1 架构模型和源代码中常用的元素类型。它们在词汇、抽象、设计承诺、通用量词/枚举(即内涵/外延)语句等方面是有差异的

位　　置	元　　素
架构模型	模块、组件、连接器、端口、组件装配、风格、不变量、职责分配、设计决策、基本原理、协议、质量属性及模型(例如，安全策略、并发模型)
源代码	包、类、方法、变量、函数、过程、语句

词汇 通过简单的比较就可以发现，架构模型和源代码中的元素在谈论同一件事情时使用了不同的词汇。例如，架构模型中使用**模块**(modules)，而源代码中使用**包**(packages)，这只是命名上的差异，本质上是同一个东西。

其他的一些词汇也存在着差异，这是因为架构模型和代码表达的概念不同。考虑这样一个思维实验，你先用 UML 表达架构模型，然后根据源代码自动生成 UML 模型。当你比较这两个 UML 模型时，会发现两者存在差异。例如，源代码模型不会表达组件类型或实例，而架构模型会表达。架构模型中既有方法调用连接器，也有事件总线连接器，而源代码模型中只能看到方法调用连接器。由于表达的概念不同，架构模型和源代码使用了不同的词汇。

抽象 架构模型比源代码更抽象，这表现在两个方面。首先，架构模型中的一个元素通常聚合了源代码中的多个元素。例如，架构模型中的组件类型可能对应着源代码中十几个类。类似地，架构模型可能显示了客户端或服务器，每一个都对应着很多源代码中的类或过程。

其次，当它们在描述相同元素的时候，架构模型提供的细节比源代码提供的要少。架构模型一旦细化到模块和组件这个级别就停止了，而源代码会通过类、方法及实例变量继续细化。想象有这么一条放置各种元素的斜线，架构模型包含了更抽象的元素，源代码包含了更具体的元素，而位于斜线中间的元素，则是两者的交集。

表 10.2 架构元素表及架构元素如何与代码映射。架构图中的外延式元素可以清晰地对应到代码中的元素，而内涵式元素则无法对应

内涵式/外延式	架构模型元素	映射到源代码
外延式(通过枚举实例来定义)	模块、组件、连接器、端口、组件装配	这些元素可以清晰地对应到源代码，通常在较高级别的抽象上(例如，一个组件对应多个类)
内涵式(使用跨所有实例的量词)	风格、不变量、职责分配、设计决策、基本原理、协议、质量属性及模型	源代码将遵循这些元素，但这些元素在源代码中没有直接的表现形式。架构模型有通用的规则，代码有这些规则的具体例子

设计承诺 架构模型和源代码的另一个不同之处在于，设计承诺不同。架构模型可能承诺使用某些技术(例如，AJAX 和 REST)，源代码走得更远，会承诺这些技术如何被使用。架构和设计模型只作部分承诺，而源代码必须作完全的承诺，至少，要承诺系统是可执行的。例如，在架构模型中，只要指定质量属性场景，要求在 0.25 s 内完成账号查找即可，而源代码必须描述实现这个场景必要的数据结构和算法。

内涵-外延 架构模型和源代码之间最大的不同也许在于，架构模型同时包含了具有内涵和外延特性的元素，而代码只包含外延特性的元素。**内涵**(intensional)特性元素使用通用的量词，比方说，"所有的过滤器都是通过管道进行通信的"，而**外延**(extensional)特性元素是枚举式的，比方说，"系统由一个客户端、一个订单处理器及一个订单存储组件构成"。表 10.2 列出了哪些架构元素是内涵式的，哪些是外延式的。

架构和代码中内涵式元素和外延式元素之间的差别，最早是由 Amnon Eden 和 Rick Kazman(Eden & Kazman, 2003)识别出来的，由于这个差别解释了哪些架构模型元素难以映射到源代码，所以非常重要。源代码是外延式的，架构模型中的外延式元素，如组件和组件装配，很容易与源代码映射。回想一下 Yinzer 系统设计模型中的 Contacts 组件类型。这个组件对应于源代码中的几个类。你甚至可以想象，只要对编程语言做一些小的修改，就可以直接表示组件了。例如，ArchJava 对 Java 语言进行了扩展，添加了像组件和端口这样的架构元素(Aldrich, Chambers & Notkin, 2002)。

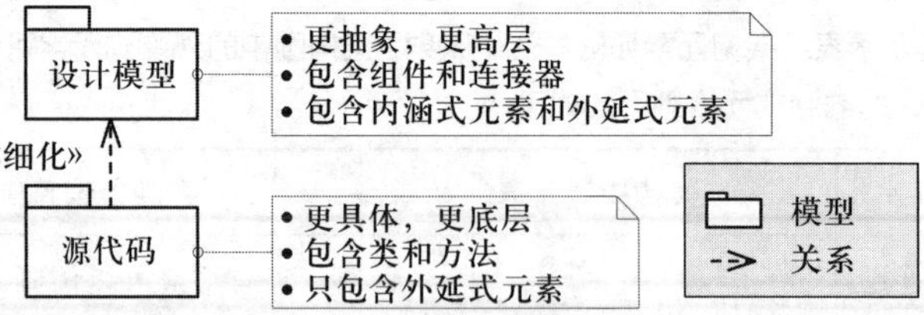

图 10.1 设计模型中的外延式元素和源代码是一种细化关系。内涵式元素和源代码之间不存在这样的关系，因为内涵式元素很少表达在源代码中，从而导致了模型-代码差异

相反，内涵式元素，如设计决策、风格及不变量，很难与(外延式的)源代码关联。内涵式元素建立了适用于所有元素的规则，遗憾的是，标准的编程语言都不能直接表达这些规则。尽管源代码无法表达规则，但它应该遵守规则。举个例子，如果你的架构模型有一个设计决策(内涵式元素)要求避免使用特定供应商的API，你当然无法在 C++代码中表达出这个规则，但是你的代码不应该使用那些API。也就是说，当你看源代码时，你无法看到内涵式元素想要表达的设计意图，但代码应该遵守那些设计意图。

模型-代码差异　架构模型和源代码总是显示不同的内容，这种不同就是**模型-代码差异**(model-code gap)。架构模型包含了一些编程语言中没有(也可能有)的抽象概念，如组件。此外，架构模型还包含了一些内涵式元素，如设计决策和约束，这些内涵式元素根本不能表达在源代码中。

因此，架构模型和源代码之间的关系并不简单。大多数情况下，二者之间是一种细化关系，即架构模型中的外延式元素被源代码中的外延式元素细化了，如图10.1 所示。然而，架构模型中的内涵式元素是不会被细化对应到源代码中的元素的。

了解了模型-代码差异，你的第一个反应可能是想避免它。但是，考虑到差异的根源，要想在短期内有一个通用的方案是不太可能的：架构模型是帮助你思考复杂性和规模性的，因为它既是抽象的，又是内涵式的；源代码则是放在机器上执行的，因为它既是具体的，又是外延式的。

试图消除差异　当人们听到模型-代码差异时，反应各不相同。有些人看到困难，完全放弃了架构抽象，退到自己熟悉的做法上。然而，这种做法可能使你的系统距离大泥球架构(见14.7节)只有一步之遥。你因此大大降低了处理复杂性和规模性的能力，要知道，正是由于架构抽象的存在，我们才能处理复杂性和规模性。使用抽象是困难的，但要管理海量的类可能更加困难。

如果你无法消除抽象上的差异，那就必须对差异进行很好的管理。有两个主要的方法：通过机制和通过人为控制。通过机制，也许可以用第 N 代高级语言来建模，然后生成源代码。这是应用构建器/生成器与模型驱动工程(MDE)的技术(Selic, 2003b)。通过代码自动生成，可以减少架构模型和高级语言之间的差异，与一般手工编写代码相比，甚至可以完全忽略两者之间的差异。这个方案在少数领域中得到了实践，但在主流应用中，MDE 还没有完全做好准备。

另一种管理抽象差异的方法是通过人为控制，这意味着开发人员必须理解架构模型和代码，然后确保两者的一致性。模型-代码差异中包含的一些特定的复杂性，可以通过调整架构元素和编程语言元素，从而在代码中呈现一些架构上的概念来得到缓解。10.3 节将讨论如何使用架构明显的编码风格来做到这种缓解。但即使消除了那些特定的复杂性，你还是需要周期性地对模型和代码进行同步，正如下一节中讨论的那样。

10.2　一致性管理
Managing consistency

无论是先写源代码，然后建立模型，或与之相反，都必须对这两者(都是解决方案的表现形式)进行管理。最初，代码和模型的一致性总是非常好，但是随着时间的推移，它们总是逐渐开始分道扬镳。增加特性，修复缺陷，代码不断地演化着。模型则随着应对各种质疑和计划的需要而不断地演化着。当两种演化出现不一致的时候，分歧就产生了。

有些代码和模型之间的不一致是可以忍受的，这取决于这种不一致性的类型。也许你的模型描述的是系统的在线性能。此时，后续添加的代码并不会破坏模型，如离线的统计分析代码。而一些看上去只是对多线程代码作出的小改动，却可能破坏你的并发模型。不过，一般来说，还是应该尽量避免模型和代码之间的不一致，这里介绍了几种方法，如表10.3 所示。

表 10.3 架构模型和源代码随着各自的演化逐渐产生分歧。表中列出了处理分歧的各种策略

策　　略	描　　述
忽略分歧	使用了过期模型，但是记得曾经做过什么改变
临时建模	模型放在脑子里，需要的时候重建它
概要模型	架构中最基础的部分变化比较少，所以只对这部分进行建模
在里程碑处同步	在迭代结束、发布或其他的里程碑处同步代码和模型
在危机时同步	当出现问题，或者设计评审的时候，同步代码和模型。没有比这个更常见的了
定期同步	成本高，很少见

忽略分歧　处理模型-代码不一致的问题，最常见的方法之一是简单地忽略它。通常，开发人员可以使用过期的模型，只是要记得哪些地方代码和模型发生了分歧。在介绍系统时，也可以使用过期的图，但应该作出一些提示，告诉大家都发生过哪些变化。

这个策略的一个变种就是，仅仅在最开始设计的时候才使用模型，那时还没有源代码，一旦有了源代码，就把注意力放在代码上。在实践中，忽略分歧的做法极为常见，开发人员常常在描述到底发生了什么，因为设计意图可能完全改变了。

临时建模　开发人员只有在需要时才临时地去建立模型，建模的方式可能只是在白板上画两笔。开发人员必须始终把架构放在脑子里，时刻准备着为了沟通和协作的需要去再现它。他们可能会随手画一画当前的架构，以及打算怎么改变它，或者针对架构中的某一部分画一个放大的视图。采用敏捷过程的团队最可能使用这种方法，尤其是当他们具有架构或 UML 建模经验这种背景的时候。

只有概要模型　一般来说，模型越是通用和抽象，容纳代码改变的能力就越强。例如，只描述客户端和服务器这种风格的架构模型，在代码改变时有很大的弹性。一个项目可能会保持概要图的更新，并在细节上使用临时建模。这样做的目的是，使文档化压力变得最小，同时又有一些图，用于供新程序员了解设计，或者用于和其他团队进行沟通。这种技术在实践中很常见。

表 10.4 如何选择合适的模型-代码同步策略？从模型-同步策略列表中提炼出来的三个想法可以供你参考

工具	工具或者更高级编程语言的使用可以减少差异和分歧，并且可以降低同步的成本
详细级别	模型越详细，就会越快发生分歧，并且要求投入更多的同步方面的努力
容忍	你应该理解项目对于偏离的容忍——模型何时需要精确地反映代码，以及谁将使用它们

在软件开发的里程碑处进行同步 开发人员对代码做了一段时间的演化，但直到迭代结束、阶段完成或者最终发布时才更新模型。在实践中，团队可能非常倾向于在这些里程碑处进行同步，但往往又无休止地把同步工作往后推迟。

在危急关头进行同步 这种提法很有趣。我们常常看到，团队只有在危急的关头才关心模型的问题，然后疯狂地进行修改或重建。这些危急关头，可能来自于一个设计问题、一个协作方面的问题，或者是设计评审无法通过。他们会找工具来恢复，或通过反向工程来得到系统的设计和架构，这样做的效果很有限，因为，主流的编程语言并不能表达架构模型中的高级别的设计意图，这在之前的章节中已经讨论过了。

定期同步 有些团队，时时刻刻在维护着模型和代码之间的同步，这种做法需要付出巨大的努力。如果项目严格遵循编码和设计匹配的流程，或者外部关注度很高，这种做法也说得过去。即便如此，除非仅仅是维护高级别的架构模型，或者有用工具来展现源代码的 UML 图，否则，由于要投入很多工作量，这种做法在实践中相对少见。

如何选择 对于你的项目来说，上面提到的哪些策略是正确的呢？回想一下，我们为什么要使用模型：是要解决问题。模型本身并不是客户想要的，所以，应该关注怎样通过模型，即使是已经过期的模型，来帮助你去构建软件。安全模型如果没有紧密地和代码相匹配，也许就没用了，但对于那些列出了架构驱动因素的模型来说，即使它们变得有些陈旧，也还是会有一定的价值。表 10.4 列出了三个关于工具使用、模型详细级别及偏离容忍度的想法，这些想法可以帮助你选择最合适的策略。

10.3 架构明显的编码风格
Architecturally-evident coding style

本章接下来的部分，将讨论把架构的线索嵌入源代码中的思想，也就是所谓的**架构明显的编码风格**(architecturally-evident coding style)。在解释如何做之前，先来讨论一下这种做法为什么是一个好主意，这一点很重要。

一段程序至少能够运行和做一些有用的工作。代码也许写得乱七八糟，但只要能够运行，能够做一些有用的工作，有人就觉得它是可以接受的。老实说，这个标准定得太低了，因为乱七八糟的代码是很难维护的。如果写了一段可以工作的代码，但几乎无法理解它，当你想对它做一些改进的时候，就要付出巨大的努力。

因此，几乎所有的开发人员，都使用标准的控制流结构，并且为变量赋予描述性的名称，例如，使用"totalExpenses"，而不是"t"。在代码中留下了这些线索，以后，其他人(包括你自己)在读到这段代码的时候，就会对设计意图有一个正确的理解。计算机和编译器不关心变量怎么定义，不关心控制流是不是由GOTO 语句组成的迷宫，而开发人员关心。今天的我们觉得这一切理所当然，但是，早几代的程序员们常常为了在程序中是否要使用标准的控制流而争论，甚至现在，还常常听到一些开发人员对描述变量的名称进行抱怨。

对于这个想法，一个相似的、更加流行的阐述是，关于面向对象的编程风格。在 C#或 Java 语言中，你可以写一段程序，程序中只包含一个类及一个错综复杂的方法。然而，这样做违背了标准的面向对象的做法。标准的做法是，让领域中的类型对应到源代码中的类。一段操作地址和账号的程序，总是期待着有对应的**Address** 和 **Account** 类可以使用。为什么会这样呢？其中的关键在于，程序作者在头脑中已经有一个关于领域如何工作的模型，由于代码反映了这个头脑中的模型，工作自然变得简单。

开发人员还可以在代码中嵌入更多的模型(例如，架构模型)相关线索，例如，架构风格、约束、组件、属性，等等。如果这个模型可以很容易地从代码中演绎出来，代码的维护就会变得更加轻松，就像领域模型一样。

采用架构明显的编码风格进行编程，就是在源代码中嵌入关于系统架构模型的线索，一种**设计意图**(design intent)。也就是说，在程序可以运行这样一个最低要求之上，还遵循了**模型嵌入代码原理**(model-in-code principle)。保留架构设计意图有几个好处：可以避免将来在代码演化时出现问题，可以有效地帮助开发人员降低从代码推导设计意图的时间，在代码中保留设计意图，而不是保留在文档或图中，从而减轻文档压力，可以让新加入的开发人员快速上手。

下面的章节将深入探讨架构明显的编码风格，例如，如何把设计意图嵌入代码，模型嵌入代码原理到底指的是什么，哪些架构设计意图是有助于表达的。我们将呈现一份表达架构设计意图的非正式目录。同时，本章用了一个例子，展示了如何使用架构明显的编码风格来编写处理电子邮件的代码。

10.4　在代码中表达设计意图
Expressing design intent in code

你可以认为，程序就是解决某个问题的方案。像任何解决方案一样，有总比没有强，但是，更好的做法是，在提供解决方案的同时，还提供一些方案是如何产生的知识。方案本身，无论是轿车、证明、牙刷，还是计算机程序，都没有包含方案创建者所掌握的全部知识。

解决方案就像穿越迷宫的一条路：它将会成功地指引你从起点抵达终点，但是不会告诉你为什么不选择其他的路。方案一定会表达**什么(what)**，但不一定会表达**为什么(why)**。你可以从方案中推导出一些知识，但绝不是全部。

所以，当你阅读源代码时，你无法理解到最初开发人员所做的全部工作。理解上的差异就是丢失的**设计意图(design intent)**，即最初开发人员的理解和意图，它们都没有呈现在方案中。

然而，希望还是有的，因为在阅读源代码时，你可以**推导(infer)**出一些设计意图。你会偶尔灵光乍现，说："啊，我知道为什么是这样了。"大多数情况下，我们编写的源代码只是表达了方案，但它其实可以被写得更棒，并能帮助读者在时不时的灵光乍现中推导出设计意图。

有意提示　Kent Beck 在一本关于 Smalltalk 最佳实践的书中(Beck, 1996)，给出了一个表达设计意图的有效方法。书中提到了意图显示消息(Intention Revealing Message)(即方法名)模式，让方法名不仅仅透露代码在做什么，还透露了为什么这么做。

例如，某个程序，其设计意图是通过反转色来高亮显示双击后的文本。为了实现这个意图，最直接的方式是把反转文本颜色的代码放在双击事件处理器中，但为了做到有意提示，还做了进一步的建议。比方说，事件处理器应该调用一个新方法用来反转文本颜色，这个新方法被命名为 highlightText。这样，开发人员就通过代码表达出了通过反转实现高亮的意图。维护一个额外的方法不费什么成本，却因此避免了写注释。要知道，注释会随着时间的推移变得过期和陈旧。

按合约设计 另一些表达意图的例子更明显。Bertrand Meyer 推广了按合约设计的概念，一些带有前置条件和后置条件的方法，以及一些对象变量，被插入源代码中，然后由自动化工具进行检测(Meyer, 2000)。通过依赖于方法上的合约，客户完全可以忽略任何内部的实现，将方法或整个对象都看做是一个黑盒。

大多数开发人员都遵循按合约设计的轻量版本，方法都很短小，都有简单的目标，还有一个表达目标的名称。你肯定看过不符合这种要求的代码，比方说，为方法起了一个含糊的方法名，如"doSomeStuff"；或者，方法实现中包含了与方法名暗示的合约不相符的内容。如果没有采用按合约设计，读者就不得不"打开盒子"，增加了处理的复杂性。

软机制 你可以将源代码中的线索和提示划分为软机制和硬机制。软机制依赖于人为的解释，就像前面提到的那个类命名的例子。如果你不会说希腊语，那么，阅读用希腊语命名的类、方法和变量名，就和阅读反编译的 Java 代码一样困难。另一个软机制的例子是代码注释。

硬机制 第二类是硬机制，即可以用机器来进行检查的机制。某些正确性和自洽性常常可以被进行分析。大多数情况下，没有所谓的肯定正确或者总是正确，但源代码是不是正确地遵守了设计意图，则是可以进行分析的。例如，X 和 Y 之间是否可以进行通信，这个问题没有所谓正确或错误的答案，但是，如果声明了它们之间不应该进行通信，那么，这个设计意图就是可以进行检查的。

代码的组织，如继承的层次结构，或者把同一个模块、类、方法中相关的功能集中到一起，看上去就是一种硬机制。但是，如果编译器希望最好重组那段代码从而提升编译的效率，这就是软机制，因为需要人来作出正确的推断。

前置和后置条件、不变量及断言都是硬机制。大多数语言中的类型系统都提供信息隐藏和兼容性。模块和包通常都有显式的约束。虚拟方法、类的层级及接口都可以用来执行设计意图。一些设计模式也可以执行设计意图，例如，使用 Facade 模式来限制访问。你也可以超越主流的编程语言，通过创建更具表现力的语言、使用预编译器，或者让注释与分析相结合来执行设计意图。

10.5　模型嵌入代码原理
Model-in-code principle

你想要传递给读者的设计意图之一就是你所使用的模型，包括领域模型和架构模型。如果提供了关于模型的线索，而且把模型的部分内容嵌入源代码中，设计意图就不会丢失，在迷失时更易于恢复。这个想法可以表达为模型嵌入代码原理：

> 在源代码中表达模型有助于理解和演化。

这个原理导致的必然结果就是，给开发人员带来了更多的工作量，因为，这需要在代码中表达模型，而不仅仅是实现解决方案。每一个解决方案都提供了一些关于领域和方案创建背景知识的线索，然而，原理要求我们表达更多的内容。源代码中的对象并不关心自己扮演什么角色，比如，是否被封装，是否用做简单数据结构，等等，所以，你可以用风格固定的方式来使用它们，从而降低设计意图丢失的可能性。

代码中的领域模型　在面向对象编程中，表达设计意图的标准方法是，把对领域中类型和关系的理解，映射到程序中的类结构(Booch et al., 2007)。领域模型，无论是在纸上还是在开发人员的头脑中，可能包括 Accounts 和 Addresses 类型，所以，源代码中也有 Accounts 和 Addresses 这样的类，由于阅读程序的开发人员已经对领域有所理解，因此直觉会告诉他们，程序中的类应该如何工作。因为他们可以为那些与领域中的类型对应的类分配职责，所以，要判断在哪里添加新的代码并不困难。他们也可以推测原来的开发人员是怎么分配职责的。一个新加入的开发人员可以简单地通过阅读源代码中的 Accounts 和 Addresses 来了解领域。

领域驱动设计(domain driven design)(Evans, 2003)在把领域模型嵌入源代码方面做得更加绝对。领域驱动设计和模型嵌入代码原理是兼容的，只是走得更远，它鼓励采用敏捷过程，反对把领域模型表现在纸上。

由于没有可控试验来测试模型嵌入代码原理，所以，支持这个原理最强的证据就是，它在开发人员中的持续的流行。从 20 世纪 60 年代后期的 Simula 语言开始，面向对象语言一直在推动把领域模型嵌入源代码的做法。软件开发人员不断地对这项技术进行反思，这个思想一直保持到现在。

关于把领域模型嵌入源代码是否有用，有一些逻辑上的争论。一个论点是，领域中的名词比动词变化更慢。把领域中的名词映射到代码中，比映射动词(对应程序中的函数或过程)要稳定，但很难证明这一点。另一个论点很直接，阅读代码的开发人员可以推导出领域中的类型，这直接有助于理解，并且也应该有助于演化。

技术债和分歧　在代码中表达模型，其带来的结果福祸相依。这个祸就是分歧：开发人员当前对模型的理解可能与源代码中表达的模型产生分歧。源代码中的模型准确性越差，作用就越小，所以，开发人员努力使这种分歧最小化。Ward Cunningham 将这种分歧称为**技术债**(technical debt)，意指代码和问题理解之间不断累积的偏差(Cunningham, 1992; Fowler, 2009)。技术债大多与领域模型偏差有关，还有一些例子，如无法升级到新的数据库版本，则是把技术债的思想延伸到了其他的设计领域，包括架构设计。

无论是否在代码中表达模型，分歧和技术债都是不可避免的。因此，如果我们在代码中表达了模型，会得到一个隐藏的好处，即分歧比较容易辨识并被加以修复。与其凭感觉抱怨代码正在变得让人作呕，还不如将代码和模型做比较，然后指出具体哪些部分需要进行修复。

尽管这里的讨论聚焦于代码中的领域模型，但模型嵌入代码原理并不局限于领域模型。开发人员看到代码中的架构，理解它的可能性更大，并且不大可能去打破它的风格或约束。大多数架构元素变化都很慢，包括大粒度的组件、连接器及使用的风格。在代码中表达架构元素可以极大地简化系统模块和运行时视图之间的映射。

10.6　表达什么
What to express

现在，你已经看到了代码可能表达不出设计意图，也听到了模型嵌入代码原理，那么，你到底想在代码中看到怎样的架构设计意图呢？架构模型中哪些是难以从代码中发现的呢？我们将从模块视图类型、运行时视图类型和部署视图类型这几种视图类型的角度出发，来看看这些问题。

模块视图类型　源代码本身是在模块视图类型中的，所以，源代码能够很好地表达模块视图中的大多数元素。有一个例外，那就是大多数编程语言都缺乏一个功能完整的模块系统，它们无法表达模块之间的依赖，而模块恰恰又是架构模型的一个重要组成部分。编程语言通常只能对模块的可见性进行简单的约束，因而往往迫使你不得不破坏模块的封装性。有些语言，例如 C，只能通过存有文件的目录结构来表达模块，一个目录意味着一个模块。

编程语言可以声明数据结构和类，但无法声明更大粒度的架构元素，像组件、连接器和端口这样的类型。要想看到组件或者连接器这些类型由哪些类组成是很困难的。源代码中类和接口可以表达提供了什么服务，但不能表达提供的服务中哪些是必要的。通常来说，你可以谈论代码之间有什么依赖，但要在代码中表达出这些依赖却很棘手，甚至不太可能。

交互协议是大家都很关心的问题，在架构模型中，它是可见的，但在源代码中，并没有直接的表现形式。对调用序列的描述常常使用代码注释。而面向对象语言越来越普遍地采用注解(annotations)来表达协议。注解也被用来表达一些其他的架构属性。

运行时视图类型　很难通过看源代码能想象出整个的运行时视图类型，因为你必须彻底地读懂源代码，然后在头脑中让运行时实例动起来。如果有分支、循环和输入参数，则头脑中的想象就变得更难。如果相关的代码东一块西一块，很容易就会忽略一些地方，比方说，某个地方的新组件被实例化了，或者某个地方产生了连接。

系统的运行时视图可以被看做是一个对象的海洋。由于代码无法声明比类更大的元素，故组件之间的边界很难看清楚。连接器也很难看清楚，因为组件使用了相同的通信机制，例如，方法调用或观察者模式。更或者，连接器可能根本就没有运行时的表现形式。组件间的通信不仅仅发生在端口上，还经常发生在不同组件内部的几个对象之间。

内涵式元素的架构约束和风格更加难以在源代码中看到。架构约束和风格通常应用于组件和连接器，而不是对象，要从源代码中推断出这些元素，会更加困难。为什么？首先，必须从对象的海洋中识别出组件和连接器，其次，必须推断出那些控制运行时各种约定的规则。

协议常常带来麻烦，因为它们在模块视图或运行时视图中没有任何表现形式。即使把规定的协议转换过程写成了注释，协议本身在模块视图或运行时视图中仍旧无法看到。这意味着，当读者在头脑中让代码动起来的时候，即使没有任何显式的表现形式，也必须想象出协议和它当前的状态。

部署视图类型 运行时视图类型只不过是很难从源代码中被推断出来，而部署视图类型，则通常是不可能被推断出来。如果用自然语言把过程完完整整地写下来，则可以描述清楚代码是如何发布的。通常，代码是以大块的形式发布到一台独立的机器上的，当然也有例外。机器的种类和网络的属性将会影响系统的性能，有时，在源代码中是有可能表达出这些属性的。

10.7　在代码中表达设计意图的模式
Patterns for expressing design intent in code

现在你已经看到，在源代码中是有可能表达出架构设计意图的，为此，我们可以求助于一些具体的模式。本节提供了一组在代码中表达架构模型的模式。这些模式假定编程语言用的是主流的静态类型的面向对象语言，像 Java、C++或 C#。对于其他种类的编程语言来说，也可以使用类似的模式，但也可能还有其他表示设计意图的方式。

这组模式描述了如何引入一些代码，这些代码与功能的正确实现无关，从而为代码的读者和维护者提供了关于架构的线索。这些模式都是形式化的，加几行代码，并不会带来运行时性能和空间的开销。

要理解模式，先理解具体化的模式。这种通用的面向对象模式称为**具化**(reification)，即创建一个对象来表达一个概念。例如，事件这个概念可以被实现为一个方法调用，但是使用具化，你可能会创建一个事件对象。就像你将看到的，这组模式的一个公共策略是，通过把架构抽象具体化为对象、超类或注释，显式地表达在源代码中。

组件类型 组件类型比类的粒度要大，而编程语言不提供比类更大的类型，所以，你可以把组件具体化为一个类。你可以做很多事情，使这些组件类可见。你可以简单地用一种命名约定的方法，比方说，把一个类命名为 FooComponent。你也可以提供一个空的抽象超类或接口，Component，用来为那些你想要的组件类打上组件的标签。这种模式和 Java 中的 Serializable 接口有点类似，里面都没有方法，仅作为一种标记。

在标准的面向对象系统中，要标识出组件是困难的，因为组件包含了很多类。大多数集成开发环境(IDEs)可以让你搜索或浏览子类，这样，通过查找 Component 的子类，会使标识组件的任务变得容易一些。

组件类可以包含指向端口和/或连接器的实例变量。组件内部的对象中可以有

表 10.5　在源代码中表达设计意图的模式一览

设 计 意 图	模　　式
组件类型	创建代表组件的类，可能通过抽象超类或接口打下组件的标签，可能通过命名约定，如 class FooComponent，可能通过实例变量标识了端口，可能提供了方法形式的组件不变量 调整模块和组件名称，可能通过子模块
连接器类型	创建代表连接器的类，可能通过抽象超类或接口标记连接器的标签，可能通过命名约定，如 class FooConnector
端口类型	创建代表端口的接口 创建类，代表提供的或要求的端口，可能通过抽象超类或接口标记端口的标签，可能通过命名约定，如 RequiredFooPort
协议	使用端口类和状态模式 使用外部工具、注解和静态分析
属性	使用注解和静态分析 使用命名模式：AsynchronousSend
风格和模式	使用命名模式：FeatureExtractFilter 把风格超类放在已命名的包中
不变量和约束	把不变量放进 API 使用断言语句或建模语言(例如，JML) 使用注释
模块依赖	使用现有的语言支持或注释 使用外部工具、注解和静态分析
模块访问限制	使用命名模式：InternalFoo 运用组件框架如 OSGi 来托举
运行时结构	把组件的创建、附属物、初始化放在一处 托举设置阶段，可能采用声明的方式

一个引用组件对象的实例变量。当这些对象需要和其他组件通信时，它们会向组件对象要端口或连接器，比方说，**myComponent.getOutputPort()**。在组件内，对象之间的通信和平常一样。

有了明确的组件类，就有了可以放置贯穿组件进行检查的地方，诸如初始化检查。组件类也提供了放置注释的地方，可能包含：贯穿组件的不变量的注释，或者不变量内容检查方法的注释。

连接器类型　连接器的概念很普遍。例子包括方法调用、事件分发及共享变量。在源代码中，组件间或组件内的对象之间的通信可以使用这些机制。为了凸显组件间的通信，可以把连接器类型具体化为一个类。与组件一样，你可以简单地将连接器命名为 EventBroadcastConnector，或者你也可以使用一个称为 Connector 的抽象超类或接口。

当两个组件要进行通信时，它们可能会先创建连接器类的实例，然后再调用它的方法。至于连接器内部发生了什么，则依赖于使用了哪种连接器，可能发送网络消息、写共享变量、消息排队或简单地调用其他的方法。

显式的连接器带来的一个好处是，可以把组件或构成组件的类的职责转移一部分出去。例如，使用共享内存而不是显式的连接器，意味着组件自己，而不是连接器类，负责保证对内存并发访问的安全性。使用了显式的连接器，职责就转移到了连接器，从而使组件得到简化。这也使以后改变这个连接器的类型成为可能，比方说，把一个本地连接器转化为分布式连接器。

有了显式的连接器，组件内部的类就不会和组件外部的类进行直接的通信，而必须通过连接器来对通信进行路由。这种限制不仅让代码提高了可阅读性，也让调试协议错误的工作变得更简单，因为现在所有的消息都是从一个地方走的。

端口类型　面向对象语言可以描述类提供的方法，所以我们可以使用面向对象的机制，如 C++中的抽象超类或 Java 中的接口，来表示组件提供的行为。组件类可以通过实现这些接口来表达它所提供的接口。

你也可能想要描述组件对环境的要求。由于没有相应的面向对象机制来做到这一点，因此你可以创建代表端口的对象，然后对它命名，比方说，InventoryPort。与组件和连接器类型一样，你也可以使用一个称为 Port 的超类或接口。你的组件类将有一个实例变量指向这个端口，比方说，requiredInventoryPort，出去的信号都被发送到这个端口，然后再送到一个连接器上。

你也可以用端口对象来表示组件提供的行为，这和 Facade 设计模式有点类似 (Gamma et al., 1995)。

协议   有了显式的端口或连接器，就有了表达协议的地方。我们可以写出这样的端口对象或连接器对象，它们会在运行时检查或执行协议，会把违反协议的地方记入日志，会丢弃可能破坏协议的消息。我们可能使用状态模式来实现协议(Gamma et al., 1995)。另外，使用实例变量来跟踪协议的状态。组件内的对象可以在运行时查询协议的状态。

我们还可以使用注解来表达协议，然后用静态分析方法来检查源代码，看看其是否符合协议的要求。

另一种轻量级的做法是，将协议写成人们可以读懂的文档，也许是作为端口类上的 JavaDoc 注释。这种做法至少提供了一个集中表达协议的地方，同时也以注释的形式，对协议做了文档化处理。

属性   架构模型中的很多元素都有属性。例如，连接器也许是同步的，也许是异步的；一个模块是否依赖于 Java 5 提供的语言特性；一个组件在运行时也许需要 50 MB 的内存空间。

表示这些属性的方法之一是使用源代码中的注解，就像Java 和 C#语言中提供的那样。注解可以被标注在编程语言中的第一级元素上，如对象和方法。具化的架构元素越多，可以放置注解的地方就越多。

另一种做法，对所有的语言都适用，就是把属性编码到命名中，如asynchronousSendMessage 这个方法名。这种做法不太适合把多个属性编码到一个方法名中，如果方法名是由接口定义事先约定好的，这种做法可能也行不通。

风格和模式   《设计模式》(Gamma et al., 1995)一书对模式的词汇表进行了标准化，从而使开发人员可以进行更有效的沟通。例如，包含"visitor"这个词的代码强烈地暗示着正在使用 Visitor 模式。

由于风格也是某种模式，因此你可以使用同样的暗示来表明风格。代码中如果提到管道和过滤器，或者客户端和服务器，开发人员就会得到强烈的暗示，表明正在使用什么样的架构风格。风格对多个部分如何拼装在一起进行了约束，如果你使用了注解，或许可以写一些测试或分析来检查这些约束是否得到满足。

你可以用超类或接口来表现风格元素，如管道和过滤器，从而强化给开发人员的提示。将这些超类放在一个包中，再取一个合适的名字，比方说，infrastructure.pipeAndFilterStyle，这就使它和风格的联系一目了然。

不变量和约束　当源代码打破了不变量约束，产生的影响可能在局部看不到，同时调试变得困难了。避免出现这个问题的方法之一就是将不变量约束体现在 API 中。例如，哈希表的 API 要求同时传入一个键和一个值，这就保证不会出现只有键或只有值的情况。使用 API 常常可以确保不变量约束，但不会使不变量变得可见。

有一些方法可以使不变量变得可见。一种是代码注释。由于注释可能没有被读者看到，注释本身可能没有及时更新，当不变量跨越了多个对象时无法用本地的注释表示，因此注释这种方法不能完全令人满意。开发人员还可以不变量嵌入代码中，使用 assert() 语句，或者约束建模语言，如 JML 或 Spec#。不幸的是，这些方法都难以表示跨越多个对象的不变量，而这种不变量在架构中十分常见。

编程语言对精确性有要求，但一些不变量却难以被精确地表示。举个例子，管道-过滤器系统中有一个约束，即过滤器应该增量式处理，而不是批量处理。我们想要避免出现这样的情形：用一次调用打开输出端口，用一次调用写入所有的数据，再用一次调用关闭端口。如果只是把写入分成两次，算是增量吗？是不是从输入端口读一次数据，就应该写一次？这里的问题在于，"增量式"的定义有点模糊，看到这个词的时候，你也只能大概猜测它的意思。

模块依赖　模块依赖是团队需要考虑的最常见的约束之一，编程语言难以表示这种依赖。大多数主流的编程语言都没有什么好的机制去表示这样的依赖，比方说，"模块 A 应该不依赖于模块 B"。我们可以使用注释，但即便如此，也常常找不到放置这些注释的地方。Java 7 计划对模块提供支持，其中也包括支持对模块依赖的表示。当前，有一些外部的工具可以用来表示和检查模块依赖 (Sutherland, 2008)。

不过，对模块的支持也可以在编程语言之外来实现。在.NET(Fay, 2003)中，代码可以被捆绑后放入装配集，装配集之间的依赖是可以表示的。在 Java 中，Enterprise Java Beans(Monson-Haefel, 2001)也可以有类似的做法，即把代码捆绑后放入 Web 打包文件中。

模块访问限制　模块被用来对代码进行分组，并强制建立封装的边界。几乎所有的模块系统(像 Java 包)都允许将其中的内容标记为公开或私有，但这些模块系统都有局限性，所以，开发人员可能不得不开放一些不想公开的细节。用软机制来说明哪些是私有部分，当然是可行的，例如，Eclipse 框架中对包命名的方法，如 InternalFoo。Smalltalk 原来也没有公开及私有方法之分，但私有方法可以放在一个称为 Private 的目录中。

当开发人员知道提示的含义，但又无法捕获意外产生的封装背离时，像这样的软机制可以很好地工作。硬机制会强制要求模块的可见性，比方说，把问题放入确保模块可见性的框架，如 OSGi(见 2.8 节)，或者使用经过改进的模块系统，这个模块系统定义在即将完成的 JSR 中。

模块-组件对齐　在源代码中，并不要求你对齐模块(即代码组)和组件(即运行时会被初始化的一组代码)。你可以定义一个组件，组成该组件的代码，来自于多个分散的模块中，有一些来自于这个模块，有一些来自于另一个模块。然而，如果你对模块和组件进行对齐，让组件由整个模块组成，而不是模块中分散的部分，那么这无疑会让人感觉更加清晰。

由于你控制着模块层级，因此可以对模块打包，使它们的边界和组件的边界保持一致。你可以创建一个模块(或包，或文件夹)，使每一个组件都对应着其中的一个子模块；再创建另一个模块，包含组件间流动的数据交换类型。这种模式在模块的重用性方面令人沮丧，因为，你无法把它们放到模块的层级结构中去。

模块与运行时的映射　要指出哪些组件实例会存在于运行时，它们之间又是如何连接的，仅仅通过阅读源代码是很难做到的。如果你的架构是静态的(即先经过一个启动阶段，然后不再变化)，那么你可以把启动相关的代码放到一个地方，这样理解起来相对容易一些。启动过程通常分为三个部分：创建组件和连接器的实例、通过连接器绑定组件、初始化处理。有些系统的启动很简单，有些系统则有一个复杂的初始化序列，如果这个初始化序列分散在很多地方，就会使源代码变得难以理解。

启动阶段常常被托举(见 2.8 节)，因为它可以被标准化。在非托举的启动中，会执行程序代码，然后产生一组已配置的组件和连接器实例。在托举的启动中，自举代码会读取一个描述配置信息的声明性文件，然后执行相应的创建、连接及初始化。由于开发人员不必去想象程序代码如何动起来，而只需要阅读一个声明性的文件，因此这种做法极大地简化了对系统运行时配置的理解任务。用来托举启动的框架包括 Struts、Enterprise Java Beans 及 OSGi/Eclipse。

并不是所有的架构都是静态的。VOIP(IP 网上语音传输)应用依赖于节点网络，当计算机接入和断开时，这种网络上的节点持续性地发生改变。在这样的动态架构中，对架构风格的理解可以帮助你理解系统的运行时配置。架构风格可能限制了计算机接入的节点数量，或优先接入超级节点。你不会再认为"任何事都可能发生"，而是知道架构风格是如何约束运行时配置的。

为了更好地理解动态架构，你可以使动态语言尽可能地简单。例如，你可以限制这个架构，只允许做添加/移除节点，以及连接/断开节点这样的操作，而不是随意的操作。约束检查应该要尽可能清楚。通过简化，你就有希望理解架构如何变化，以及会产生怎样的配置。

反面模式：藏宝 大多数的建议都是关于你应该做什么的，而这里有一个关于避免做什么的建议。在不适当的地方藏宝，容易把其他的好事弄糟。职责驱动设计，要求你给设计的各个部分分配职责，而你应该避免在做某件事的时候暗示另一件事(Wirfs-Brock, Wilkerson & Wiener, 1990)。例如，大多数开发人员在阅读源代码时都会假定，getX()方法不会产生边际影响，而名为 aunchSpaceShuttle()的方法则会产生明显的边际影响。如果你告诉读者，你已经分配了职责，那就应该在每一个细节中都遵循这一点。

这样做的一个必然结果就是，当你怀疑读者接下来可能将要被吓到的时候，提示一下将会发生的影响，从而避免读者过于感到意外。有时候，简单地对方法进行重命名，就会让人感到清晰，而另一些时候，则需要对设计进行重构。

关于组件框架的注释 上述模式可以直接应用在编程语言中，而另一种表达架构元素的方法是使用框架。上述模式把架构元素嵌入源代码中，而这些框架对类进行分组，使用一种独立的语言把它们打包进模块中，这种语言通常用在**清单文件**(manifest file)中。框架常常有一个运行时的形态，它可以在系统运行时对模块进行管理。

例如，OSGi 框架，定义了**模块**(bundles)、服务、注册、模块的生命周期、安全及标准执行环境(OSGi Alliance, 2009)。它的模块就是简单的 JAR 文件(Java 存档)，加上一个描述了每个文件目的的清单文件。清单描述了模块名称、版本及要求的和提供的依赖。清单文件使用了一种简单的专门语言，所以不需要改变 Java 源代码。

微软的.NET 提供了相似的特性，称为**装配集**(assemblies)。装配集中的清单文件描述了装配集的名称、版本、一组源代码文件及装配要求的和提供的依赖。

如果使用 OSGi、.NET、Java EE 或者其他类似的组件框架，那么可能与本章中架构明显编码模式有一些冲突。在某些方面，清单文件的声明比通过模式来进行提示要好一些。同时，框架一般还提供了与代码运行时管理相关的其他好处，常常允许系统在运行时载入新的模块。另一方面，框架可能限制了自己可以构建

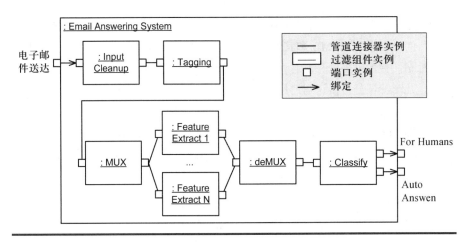

图 10.2　电子邮件应答系统的组件装配图。它接收了一封Email In 端口上的电子邮件，对它进行了分类，接着从 For Humans 端口或 Auto Answer 端口发出邮件

的系统种类。例如，Java EE 支持多层系统，但不支持管道-过滤器或点对点风格的系统。

　　限制　即使完全遵循了这里提供的建议，你的代码也可能会丢失设计意图。你已经看到，不变量是比较难以表示的，特别是当它跨越了多个对象或组件的时候。架构决策也很难表达清楚：为了确保程序运行，源代码必须包含所有细节，但是架构可能只承诺了少数几个决策。当演化代码时，很难把这些承诺和其他可以随意变化的部分分开。传递职责的信号也很困难。代码演化通常牵涉添加新特性，开发人员必须决定最好把新代码放在何处。

10.8　电子邮件处理系统预演
Walkthrough of an email processing system

　　最好有一个具体的例子，这样，你可以看到如何使代码中的架构模型变得可见，本节将采用这种模式来剖析一个处理电子邮件的系统。该系统将读取电子邮件，如果系统自身确定已理解了请求，将自动回复邮件。如果不能完全理解，将交给人工处理。像这样的系统对于总是会接收到很多重复电子邮件(比如，对航运跟踪单号的查询)的公司是有用的。

电子邮件的处理会经过几个阶段，如图 10.2 所示。第一个阶段是对原文进行清理，例如，移除 HTML 和其他标记，产生一个纯文本消息。然后，消息文本被打上标记，标示出主题、发送者、段落、句子、单词、账号、姓名和跟踪单号。接着，几个特性分析器识别消息中的特征。这些分析器进行大量的密集计算。最后，特性分析器得到的结果汇聚后被送入分类器，分类器如果理解了该消息，会对邮件进行回复，否则送交人工处理。该系统已经用管道-过滤器架构风格(见 14.8 节)进行了实现，之所以使用这种架构风格，是因为整个的处理流程可以让特性分析器进行并行处理。

该系统可以用一个流程图结构的大过程来实现，也可以用面向对象的风格来实现。事实上，它用了架构明显的编码风格。这个例子展示了如何通过包结构的组织来显示模块结果，使组件和连接器类型可视，并帮助读者看到系统的运行时结构。

包结构 源代码本身就是在模块视图类型中的。找到有哪些代码并不难，因为你可以直接看到它们。但是，当代码库变得越来越大时，它的组织就变得越来越重要。你可以组织包和模块的结构，让它们反映出一些关于架构的信息。图 10.3 显示了电子邮件系统的包结构。顶级组织可以清晰地反映与管道-过滤器风格相关的共享的基础结构，以及哪些是系统中特定的部分。在系统内部，包的组织性也使我们能很容易地找到个体的组件和组件间流转的数据类型。你可能也想对组件包进一步细分，从而找到系统中的每一个组件，但这并没有在图中显示出来。

包的组织有助于展现架构，但也有局限性。你可能希望把一个组件中的所有代码都集中放在一个单一的包中，但这种做法常常是不切实际的。例如，Pipe 类，使用了来自标准 Java 库的 java.util.concurrent 包中的 LinkedBlockingQueue，所以，你必须引用那个包，而不是仅仅在基础结构包中包含它。代码共享越多，使用包结构来展现组件的代码组成就越难。

此外，包的层次结构不能显示依赖，为了找到和 java.util.concurrent 包的依赖，不得不去读包中的源文件。另外，没有办法表达跨包的约束。例如，你不能表达 system.components 包对 system.interchange 包的依赖，但反向的依赖是可以的，所以改进代码的开发人员可能在有意无意间增加了一种依赖。

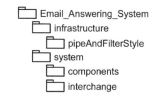

图 10.3 电子邮件应答系统的包结构。经过组织，模块的结构清晰地来自目录结构，但模块的依赖关系不可知

可视的组件类型 在电子邮件处理系统中，有些源代码运行时会呈现一个或多个组件实例，例如，标签或归类组件实例。另一些代码则被用做函数(例如，统计分析包)，没有运行时实例。源代码不仅仅展现模块(例如，统计分析包)，也展现组件类型(例如，标签组件)。

图10.4 显示了 Filter 类的源代码。因为出现了 Filter 类，读到这段代码的人就会知道你正在使用管道-过滤器风格。另一种做法是简单地把"filter"加到其他类的名称中，例如，TaggingFilter，但是，显式的 Filter 类还有其他的好处。现在大多数集成开发环境(IDEs)都可以显示类的层次结构，使用显式的 Filter 类，就可以显示 Filter 类的所有子类，这样，一眼就可以看到所有已定义的过滤器了。

注意，Filter 类是 Component 类的子类。对读者来说，另一个线索就是你正在定义一个组件。你将自己对架构的理解嵌入代码中，具体而言，就是将某些代码用于实现组件，过滤器就是这样一种组件。Component 类的实现为空，所以，它只是为给开发人员提供线索，而不提供任何可以重用的代码。

相比之下，Filter 类会提供代码。Filter 类作为超类，会做一些架构托举(见2.8 节)，对并发处理做了一些标准化和简化的工作。每一个过滤器都运行在自己的线程中，增量式地处理输入。Filter 类使用了 Template 模式，要求子类实现虚拟方法 work()，来完成子类自己的处理。

理想的情况是在实现中强加一个约束，要求过滤器增量式处理，而不是批量处理，但很难说该如何加强这种约束。另一个约束则是让过滤器只能通过管道来进行通信，虽然也很有用，但还是很难在代码中表达。你可以用注释来描述这些约束，Filter 类就是写这些注释的好地方。最后要注意的一点是，Java 只允许一个类有一个超类。在这个系统中，用 Filter 作为超类是可行的，但在其他的系统中可

```
1   package infrastructure.pipeAndFilterStyle;
2   import infrastructure.Component;
3   /**
4    * This class defines a skeletal filter that reads data from
5    * one or more input ports and writes data to one or more output
6    * ports. Subclasses should override the work() method to
7    * implement the functionality of their filter.
8    */
9   abstract public class Filter extends Component implements Runnable {
10      /**
11       * This run() method is invoked when the thread starts.
12       * It runs until the abstract work() method terminates,
13       * or the thread is interrupted.
14       */
15      public void run() {
16          try {
17              this.work();
18          } catch (Exception e) {
19              System.exit(1);
20          }
21      }
22      /**
23       * Template method --- subclasses must implement
24       * Read available data from input ports and incrementally
25       * write processed data to output ports.
26       */
27      abstract protected void work() throws InterruptedException;
28  }
```

图 10.4 Filter 类的源代码。系统中的每一个过滤器都是这个 Filter 类的子类，它设置了模板方法模式，让子类去完成方法的具体实现

能不行。另一种做法是使用 Java 接口，一个类可以引用多个接口，但这样做可能不允许你对并发进行托举。

可见的连接器类型　如果说，在源代码中难以看到组件，那么，连接器可以说几乎看不到。最常见的连接器过程调用与最小的对象之间发送的常规消息没有什么不同。所以，提供一些关于连接器的线索，对你来说可能更重要，因为，连接器使组件内的通信变得可见。

图 10.5 显示了管道连接器的实现代码。与 Filter 组件类似，管道是一个空的 Connector 类的子类。你可以用 IDE 显示 Connector 的所有子类，然后看到系统中各种可用的连接器。

与抽象的 Filter 类不同，Pipe 类提供了管道的一个具体实现，并且设计成不允许子类继承。它使用了 java.util.concurrent 包中的线程安全的 BlockingQueue 来

```
1   package infrastructure.pipeAndFilterStyle;
2   import infrastructure.Connector;
3   import java.util.concurrent.*;
4   /**
5    * Implements a pipe to be used as-is, not subclassed like
6    * the Filter superclass. Reads from the pipe will block if
7    * no data is available. Writers should invoke close(), which
8    * a) prevents future writes to the pipe
9    * b) lets the reader know that no more data is coming
10   */
11  public final class Pipe<T> extends Connector {
12      private BlockingQueue<T> myPipe = new LinkedBlockingQueue<T>();
13      private boolean isClosed = false;
14
15      public T blockingRead() throws InterruptedException {
16          if ( myPipe.isEmpty() ) return null;
17          T t = myPipe.take();
18          return t;
19      }
20      public void blockingWrite(T t) throws InterruptedException {
21          if ( isClosed() ) throw new IllegalStateException();
22          myPipe.put( t );
23      }
24      public void close() throws InterruptedException {
25          this.isClosed = true;
26      }
27      public boolean isClosed() {
28          return isClosed ;
29      }
30      public boolean isClosedAndEmpty() {
31          if ( isClosed() && myPipe.isEmpty() ) return true;
32          else return false;
33      }
34  }
```

图 10.5　Pipe 类的源代码。不像 Filter 类，Pipe 类提供了不可子类继承的实现方式。它提供了可供任何 Filter 使用的安全并发队列

使消息入队和出队。只要过滤器排他式地使用管道类和其他过滤器通信，过滤器就可以忽略并发，同时也没有那些把并发考虑从架构上托举到 Pipe 和 Filter 基础类时所产生的问题(注意，由于连接器实现不会克隆发送的消息，在发送后，发送者如果仍然引用或改变消息对象，就可能对接收者造成影响)。

　　Pipe 类提供了简单的 API，由读、写、关闭三个操作组成。如果在管道已经关闭的情况下发生读写操作，Pipe 类就会抛出异常。协议的状态被显式地表示在

isClosed 布尔字段上。系统的源代码中有显式的组件和连接器，而忽略了显式的端口。如果协议更复杂一些，或者，组件必须跟踪与多个组件的连接状态，在这种情况下，就有必要采用显式的端口了。

Pipe 类显示了一个额外的线索：它展现了属性。由于读写调用不是异步的，因此，如果没有准备好可供读取的消息，或者管道满了，调用者就可能被阻塞。因此，读写方法可以分别被命名为 blockingRead 和 blockingWrite。由于这里只展示调用同步特性这样一个属性，因此在提示的友好性上没有什么问题，如果涉及多个属性，比方说，blockingFooBarBazRead，这就不太好了。

方便的与运行时视图类型的映射 迄今为止，代码已经提供了很多线索，它们使模块视图类型中的元素更加可见：模块、组件类型及连接器类型。正如之前在 9.6.4 小节中看到的那样，通过看代码来想象系统运行时的行为是很困难的。你可以遵循源代码中的一些约定，从而使模块视图类型和运行时视图类型之间建立映射的工作变得容易一些。

图 10.6 显示了一段初始化组件和连接器的源代码。这个系统的组件装配是静态的，换句话说，这个系统的组件和连接器配置不会在程序运行时发生变化(见 9.7 节，关于静态和动态架构)。如果你把所有的初始化和启动代码放在一个地方，读到代码的开发人员就可以直接地看到创建了什么实例，并且这些实例是如何安排的。

在本例中，并发关注点被托举了，而程序本身则控制着组件和连接器的初始化。有些系统也会托举初始化关注点，比方说 Apache Struts，它使用了一个配置文件来声明那些应该被初始化的 servlets。所以，本例不能担保这段代码是唯一进行组件或连接器初始化的地方。

对例子的反思 回头看这个例子，你可以看到代码中嵌入了架构模型中的概念。尽管不是所有的架构模型都会被表示在代码中，同时，新加入的开发人员仍然有可能无意中违背了约束，但是，毕竟已经有大量的提示来指导他走在正确的方向上了。例如，源代码非常清楚地表明系统使用了管道-过滤器架构风格。这个风格完全满足问题域的要求，并且使特征抽取阶段的密集计算并行化变得容易。

并发，一直是一个复杂微妙的问题。在源代码中，我们一旦形成解决方案，就保证这个方案在应用时处处保持一致，通过这种方法可以简化并发处理这个问题。这里的方案是：过滤器只能经由线程安全的管道进行交互。这样，当线程的

```
1   ...
2   public static void main(String[] args) {
3       createPipes();
4       createFilters();
5       startFilters();
6       ...
7   }
8   protected static void createPipes() {
9       pipeCleanupToTagging = new Pipe<EmailMessage>( );
10      pipeTaggingToMux = new Pipe<EmailMessage>( );
11      ...
12  }
13  protected static void createFilters() {
14      filterCleanup = new InputCleanupFilter();
15      filterTagging = new TaggingFilter();
16      ...
17  }
18  protected static void startFilters() {
19      filterCleanup.run();
20      filterTagging.run();
21      ...
22  }
```

图 10.6 可以创建任意的代码，可以在任何时候重新配置新的组件实例。如果是这样，读者将很难想象系统的运行时结构。相反，正如你在这里看到的，将创建组件的代码放在一起，它们的配置放在一起，这样读者就容易理解了

数量增长时，你的担心就不会蔓延。过滤器在风格的约束下读取输入，写入输出，这种简化使多线程分析成为可能。相比之下，对于一个没有约束的、有几百个线程的系统，自然会让人担心并发问题。

有意识地通过架构设计来解决并发问题，系统表现出了以架构为中心的设计思想(见 2.7 节)。它不会只在局部解决问题，也不关注偶然发生的线程安全问题。它把并发问题托举到基础包实际运行的代码中，而不仅仅是停留在设计中。在实践中，这可以让开发人员只关注过滤器，以及过滤器之间的排他性，而不用担心并发问题了。

10.9　小结
Conclusion

架构模型的形式是没有限制的，包括纸上的图、白板上的草图、开发人员之间口头的交流，但是，如果模型和源代码不再对应，模型就失去了价值。模型表达和源代码表达之间存在着模型-代码差异，开发人员面临着克服这种差异的挑战。模型-代码差异之所以存在，是由于模型和代码有着不同的词汇，它们在不同的抽象

级别上表达想法，它们有着不同的设计承诺级别，最重要的不同是，它们在内涵式元素和外延式元素的使用上存在差异。

一旦认识到差异的存在，就会面临着如何管理它的挑战，因为模型和代码会随着时间的推移而逐渐产生分歧。团队可能会采用各种不同的策略来管理这种分歧，有一些重要的观点：合适的工具和编程语言可以减少差异，细节越多的模型越容易产生分歧，项目对于分歧的容忍度是不同的。

设计意图会在从设计向代码转化的过程中丢失。一般地，开发人员为了避免丢失设计意图，会把一些线索表达在代码中，包括使用有意义的命名方法，按照合约来应用设计概念等。模型嵌入代码原理认为，在系统代码中表达模型有助于理解和演化。开发人员已经把对领域的理解映射到了代码中，领域中的类型对应于代码中的类。让领域模型在代码中变得明显，要比仅仅让方案可以工作投入更多的努力，但是，这么做有助于对代码的理解，以及使将来的代码更易于变化。他们使用硬机制和软机制相结合的方式来传递模型。

架构明显的编码风格力图将丢失架构设计意图的可能性降到最低。让代码中的架构模型变得明显，与让领域模型变得明显，有着同样的好处。架构模型来之不易，开发人员在写代码的时候应该努力维护。本章提供了一组模式，用来把架构元素编码到面向对象语言中，比如，C++、Java 和 C#。

你必须作出判断，决定是否采用这些模式，或者，架构模型中的哪些部分需要在代码中进行表达。例如，在处理电子邮件的例子中，没有在代码中表现端口，因为这样做好处不大。在其他的系统中，表达端口可能是一件很重要的事，或许是因为协议很复杂，而端口是最适合表现那些协议的地方。

第 11 章

封装和分割
Encapsulation and Partitioning

软件开发人员作出的选择对于软件的质量有很大的影响。本章讨论开发人员必须做的、最重要的选择之一：如何把软件分割成小块，以及这些小块的接口看上去是怎样的？

大多数系统都被组织成由模块或组件构成的层次结构。如果这个层次结构构建得好，对每一个看到它的人来说，就像在讲述一个故事，很容易理解。本章介绍了几种分割组件或模块的策略。并非所有的接口都能被有效地封装，并且，接口描述并不仅仅是一组操作的签名。本章还介绍了一个方法，可以描述一个最小的抽象集，这对于理解操作如何工作是必要的。贯穿本章的一个主题是，封装和分割与可理解性紧密相关。

11.1 多层级故事
Story at many levels

大型系统总是包含很多相互作用的部件。如果没有在设计时给予充分的关注，这些部件就很难理解。例如，你看到一些老机器，如伦敦国家科学和工业博物馆里的机器，你会看到很多部件乱七八糟地连在一起。你拼命盯着看了很久，可能才开始理解它们是怎么工作的，真不容易。如果你看到新机器，就会发现新机器的结构更好，而组成机器的部件都是被封装好的。

老机器和新机器都可以工作，所以，新机器带来的好处在于**认知**(cognitive)，而不在于技术。系统本身并不关心自己的设计是优雅的，还是不可理解的，但开发人员需要关心。开发人员更喜欢组织良好的系统，而不是一个让他们头晕目眩，由类、模块及组件这些元素组成的海洋。

问题是：怎样才能建立一个能让人理解的系统？通常的答案是，使用层级嵌套的方式来结构化系统。这当然只是解决方案的一部分，因为即使是层级嵌套的系统，也可能仍然是难以理解的。例如，如果系统有很多组件，但只有一层嵌套，会怎么样？或者，模块只是功能的随意组织，会怎么样？再或者，模块和组件的封装边界模糊，耦合紧密，而且暴露了实现，会怎么样？

要做到可理解，你的软件应该被结构化，以便展现**多个层级上的故事**(story at many levels)。每一级嵌套，都讲述了一个部件如何交互的故事。有了多层级故事，尚未熟悉系统的开发人员，随便空降到哪一个层级，仍然可以理解，而不是头晕目眩。

构建故事　没有哪种简单的过程或者规则，可以保证产生的系统是易于理解的，并且从不同的层级讲述故事，但是，这里有一些通用的指导方针，可以确保你走在正确的方向上。

(1) 通过分级嵌套元素(基本模块，组件，以及环境元素)来创建抽象级别。

(2) 限制各层级的元素数量。

(3) 每个元素都有一个明确的目的。

(4) 确保每个元素都是封装的，没有透露不必要的内部细节。

如果在每一级嵌套上都遵循了以上的方针，开发人员将会看到数量合理的元素，并能推知一个关于这些元素如何共同工作的故事。例如，在 Yinzer 系统那个例子中，只有四个组件(见图 9.7)。你完全可以推知它们是如何协同来解决问题的，如果再能提供一些场景，就更容易理解了。你应该会想到，每一个组件的内部还有子组件或对象，但是，如果那些子组件和对象也遵循上述的方针，就同样可以理解。最终的结果就是得到了一个多层级上的故事。

注意，维护多层级的嵌套肯定是一种负担。你必须权衡多层级带来的认知好处和维护多层级故事的成本。每一个项目都有自己的平衡点，这里只是一些粗略的探索。

在某一个特定的抽象层级上，元素的合理数量在 5 到 50 之间，50 就已经很大了。所以，大多数组件都应该由 5 到 50 个子组件(或类)组成，大多数模块也都应该包含 5 到 50 个子模块(或文件)。当你达到了 50 个元素时，应该考虑通过重构把数量降下来。类似地，如果你发现包含的元素太少，也应该考虑进行重构，通过合并层级来"减少中间管理"。

好处和困难　架构模型使你能在高级别的抽象上讲述故事。最早在写程序时，由于子程序的发明，开发人员可以讲述主程序和辅助程序的故事。人们不需要阅读每一个子程序，就可以在某一个抽象层级上理解主程序。而当模块、结构化编程及面向对象编程这些发明出来时，即使代码量在不断地增长，故事仍然能被讲述清楚。子程序层级的故事还在，但是已经被扩张成一个关于其中每一个模块在做什么的故事了。软件架构中的概念，允许你讲述关于更大粒度元素的故事，例如，这是一个三层架构的系统，其中的一层在安全防火墙的后面。

多层级故事带来了几个好处。首先，开发人员能够应付更大的**规模(scale)**，能够思考大型系统中的模块、组件或环境元素。在重组改造现有的系统，使之成为互联网级别的过程中，多层级故事显得越来越重要。其次，开发人员面对的**复杂性(complexity)**降低了。大型系统承载着大量的**活动件(moving pieces)**，但是，多层级故事对任一时刻需要理解的复杂性作出了限制。开发人员把子组件作为黑盒不予考虑，而仅仅考虑当前层级上的组件。要知道，在任何级别上都有可能会"陷入代码"中。这些好处都是认知层面的，不是技术层面的，从中获益的是开发人员，他们维护系统的能力得到了提升。

然而，这也会需要一些成本。维护多层级故事有点像园艺，由于系统演化了，故事也要相应地更新维护。除了维护，还要求有效封装，这做起来既困难，又无法立即见效。

11.2　层级和分割
Hierarchy and partitioning

创建多层级故事是系统结构化的一个好方法。它依赖于**分割(partitioning)**的思想，即把系统分为分散的块。例如，航天器可以被分割为有效负载和发射工具，软件可以被分割为客户端和服务器。整个系统和它的组成部件是相关的，有时被称为**层级嵌套**(hierarchical nesting)或**层级分解**(hierarchical decomposition)。部件和整体之间的关系称为**分割**(partition)关系，我们将在 13.2 节中详细描述。

无层级系统 分割很有用，但也会时不时碰到不适合分解的问题。每次尝试用不同的方式分割时，总会碰到一些麻烦。

Daniel Dvorak 为这种麻烦给出了一个例子：他比较了硬盘在服务器和航天器中的使用情况(Dvorak, 2002)。要让硬盘工作，总是会需要电源，会产生热量，会在硬盘上施加转矩。

在服务器中，你完全可以忽略这些影响，把硬盘作为计算机的一个层级封装的部件。但如果把相同的硬盘放在航天器中，你会发现那些影响是不能被封装的。硬盘会消耗本来就稀缺的电力，会使航天器的部件变热，扭转航天器，改变它的轨迹。他的观点是，不是每一个系统都可以被层级分解，也不是每个系统都能将子组件当做封装好的黑盒。

看了航天器面临的挑战，很容易体会到层级思想有多么强大。层级嵌套是如此有效，几乎所有的系统都会使用它，无论是自然系统还是工程系统。

自顶向下的设计 系统中的部件是层级嵌套的，这并不意味着你就应该采用自顶向下的方法来构建它们。尽管当你听到层级分解时，第一感觉可能是这样，但其实设计很少采用自顶向下的方法。内部模型比边界模型更详细，这并不意味着你不能先构建前者。很多不同的过程最后都产生层级嵌套的组件和模块。

即使你一开始用了自顶向下的设计，当你深入下去之后，也可能发现一些细节迫使你改变之前的设计决定。常见的做法是同时采用自顶向下和自底向上的设计方法，两者和谐相处。自顶向下设计是一种架构反模式，5.6 节中已经讨论过这个话题。

主分解 图书馆中的书都是放在书架上的。有些人根据主题来摆放，这样可以看到主题相关的书。另一些人根据书的大小来摆放，这样可以有效地利用空间。麻烦的是，书可以按照主题、颜色、大小、作者或其他的关切来进行组织，而你只能选择其中之一，这个选中的关切将成为**主分解**(dominant decomposition)。

因此，主关切相关的问题是容易解决的，而其他关切相关的问题解决起来比较困难。例如，如果你根据大小来组织书籍，很容易就可以找到最厚的那本书，但很难找到某位特定作者的书。一个关切阻碍了其他关切，这个问题被称为**主分解的专横**(tyranny of the dominant decomposition)(Tarr et al., 1999)。

如果你把系统分解成模块和组件，则表明你正在对系统进行组织，就像图书馆

表 11.1　组件和模块的分解策略。设计很少采用自顶向下的方法，内部模型比边界模型更详细并不意味着不能先构建内部模型

分　解　策　略	元　　　素
功能	大块的相关功能
典型类型	领域中的重要类型
架构风格	风格中已命名的元素
属性驱动设计	匹配表策略
端口	对应于每一个端口的元素
正交抽象	来自其他领域的元素，例如，数学或图论
智力拼图	现有的元素，加上一些新的元素作为"胶水"

对藏书进行组织一样。大多数系统把功能作为主关切，但你也会发现，有些系统把其他的关切作为主关切。你也许从来没有有意识地思考过把模块或组件分解成更小的策略。下一节调查了几种策略，让你知道哪些策略是有效的，并使你能够选择最适合解决你的问题的策略。

11.3　分解策略
Decomposition strategies

在项目末期，你已经创建了具有内部结构的模块和组件。它们由其他的模块和组件组成，最终由对象组成。但是，如何决定那些组成部分和内部结构呢？大多数开发人员可能都是凭直觉，而不是按照某种策略来决定的。学习有经验的开发人员的策略，可以加速你的进步，提升你的设计质量。

有时你在分解策略上没有什么选择余地，因为框架可能约束了你的设计选择，公司统一的风格可能要求你使用特定的设计，但在其他时候，你的选择会相对宽松。为了说明多种不同的策略，这里仍然使用 Yinzer 系统的例子。分解策略总结在表 11.1 中。

11.3.1　功能
Functionality

基于功能来分解系统，可能是最显而易见的一种策略。你列出要求实现的功能，把相关的功能聚合在一起。对于 Yinzer 系统，要把功能聚合成组件，可以考虑下面的两个选项：

(1) 网站、数据库、电子邮件、业务网络、招聘广告;

(2) 成员操作、非成员操作。

这两种聚合看上去都是合理的,也带来了不同的设计挑战。第一个选项,把整个系统的基础结构合并到三个组件——网站、数据库和电子邮件。这也意味着,这三个组件被业务网络和招聘广告组件所共享。第二个选项,由于成员或非成员的操作可能会横向切分基础结构功能,这使共享变得困难了。成员和非成员的操作将来可能会被分解到子组件中。

除了极特殊的情况外,选择功能作为主关切,通常与实现质量属性并不冲突。Yinzer 系统的第一优先级是可伸缩性。可以说,无论哪种分解策略,都和可伸缩性是不冲突的,尽管可能是第二位的,只要不使用单一数据库,就很容易实现可伸缩。

11.3.2 典型类型
Archetypes

识别某些类型有助于职责分配,Jan Bosch 把这些类型称为**典型类型**(archetypes)(Bosch, 2000),John Cheesman 和 John Daniels 则把它们称为**核心类型**(core types)(Cheesman & Daniels, 2000)。典型类型或核心类型是领域中最重要的类型,比方说,联系(Contact)、广告(Advertisement)、用户(User)或电子邮件(Email)。注意,这是原来在图 9.7 中使用到的分解策略。

典型类型有一些特征,包括:它是独立存在的,它很少与其他类型主动关联。这样看来,职位匹配(Job Match,人和职位成对)的概念是一种典型类型吗?也许不是,因为这个概念并不长期存在,并且强烈地依赖于广告(Advertisement)这个概念。

如同功能分解一样,除了极特殊的情况外,典型类型分解和实现质量属性也不冲突。

11.3.3 架构风格
Architectural style

系统可以被分解,其组件都是已在架构风格中定义的元素。采用管道-过滤器风格的系统,包含了过滤器组件和管道连接器,每一个都专属于这个系统。10.3节显示了一个管道-过滤器系统的例子,这种架构风格常用于构建邮件回复系统。

开始时基于一种架构风格来分解系统,然后再用一种不同的风格来分解那些组件,这种做法很常见。例如,你可能用三层架构风格来构建 Yinzer 系统,即用

1. 选择模块进行分解
2. 细化模块
   a) 选择架构驱动元素
   b) 选择或创造合适的架构模式
   c) 创建模块并分配职责
   d) 定义模块接口
   e) 验证功能场景和 QA 场景
3. 对每个模块重复如上步骤

图 11.1　SEI 属性驱动设计过程的摘要，在处理质量属性驱动的策略上给你以指导

户界面层、业务逻辑层与持久化层。业务逻辑层可能会根据功能来分解，也许会产生招聘广告和业务圈这样的子组件。

选择架构风格作为主关切，对于实现质量属性这个目标来说，是十分有效的。因为每一种风格都有它特定的质量属性，比方说，管道-过滤器架构风格具有良好的可修改性。

11.3.4　质量属性和属性驱动设计
Quality attributes and attribute driven design (ADD)

小型系统通常把注意力放在功能上，而大型系统必须更多地关注质量属性的实现。系统的规模越大，对组件质量属性的要求就越严格。SEI 提出的质量驱动设计(attribute driven design (ADD))过程描述了质量属性如何驱动模块的递归设计(Bass, Clements & Kazman, 2003)。图 11.1 显示了 ADD 过程摘要。注意，这个过程是为模块定义的，但也可以直接用于组件。

ADD 的核心思想是，首先定义哪一种质量属性对于组件是最重要的，并通过质量属性场景表达出来，然后选择一种适合实现这些质量的模式或设计。ADD 中使用的模式包括架构风格、设计模式或开发人员已知的领域专用模式。

基于架构风格的简单分解与 ADD 之间关键的不同在于，对于质量属性和**策略**(tactics)匹配表的依赖。3.4 节中曾简单地提到了策略，策略也是一种模式，比设计模式要大，比架构风格要小。策略的例子包括：Ping/Echo、工作贮备(Active Redundancy)、运行时注册(Runtime Registration)、验证用户(Authenticate Users)，以及入侵监测(Intrusion Detection)(Bass，Clements & Kazman, 2003)。匹配表中，一个质量属性映射到一些通用策略及一些特定策略。使用这张匹配表，开发人员从架构驱动元素出发，找到一组特定的策略，而这组策略也是架构

驱动元素产生作用的原因。

11.3.5 端口
Ports

　　每个组件都有端口，组件使用端口和其他组件通信。由于每个端口都代表了一个独立的功能组或职责组，因此有理由使用一个端口组件来处理端口上的交互，或者把端口当做和其他组件之间的一个中介(Gamma et al., 1995)。为每个端口创建对应的组件，不是一个完整的解决方案，开发人员还必须要添加一些其他的组件。

　　对于 Yinzer 系统这个例子，你可以为四个端口中的每一个创建对应的组件：Non-Member、Contacts、Job/Ads 及 SMTP Client。如果你关注安全性，想要把成员访问和非成员访问分开，那么创建端口组件的选择是不错的。这种做法还可以为不同的用户提供不同的服务级别，如免费用户和付费用户。

11.3.6 正交抽象
Orthogonal abstraction

　　一个有效而又常常被忽视的策略是，把组件的职责转换到一个不同的领域，如算法论可以派上用场的领域(D'Souza & Wills, 1998; Bosch, 2000)。例如，处理工作订单的系统，可以转换为一个依赖关系有向图，交由像 MAKE 这样的程序组件来进行处理，或者，计算机的图形操作可以被转换为计算速度更快的矩阵运算。可以说，map-reduce 架构风格(见 14.14 节)可以把数据处理问题转换为一种特殊的分布式计算抽象。

　　有些领域已有一组稳定的、由行业专家设计出来的抽象，例如，编译器或数据库领域。在这些领域中，充分利用领域特定的知识，把那些抽象作为分解的基础，是非常有意义的。这些抽象可能展示了表面上不太明显的、潜在的真相，或者，使用它们可能有助于系统实现更好的性能。

　　如果这个策略应用得当，会是一个巨大的成功。然而，要想使用这种策略，依赖于在当前领域和另一个领域(研究更加充分的领域)之间建立连接的灵感。Yinzer 系统和正交抽象之间没有明显的连接，又或许是灵感还没有到来。

11.3.7 智力拼图
Jigsaw puzzle

有时，你已经有几个子组件，想重用它们的欲望驱动着你的设计。你可能有一个关系型数据库、一个现有的供应商组件，以及早前项目留下来的一些可以重新打包的代码。你可以组装这些部件，从而得到部分要求的特性和质量，你还可以添加一些新的代码，也许采用连接器或适配器的形式，最终完成了全部的工作。这样的设计就像组装拼图，每一块拼图都已有所不同。

11.3.8 选择分解策略
Choosing a decomposition

对大多数系统来说，无论选择哪一种分解策略，都是可行的，但是，如果你选择了一种符合质量属性要求的分解策略，你的工作将会变得更加容易。架构风格和 ADD 方法都与质量属性要求直接相关。

回顾这些方法，你可以看到，有一种模式正在浮出水面。其中，一些方法选择了一个架构元素作为主关切：质量属性、功能、架构风格及端口。有时，选择问题域的正交抽象可能是最好的；而另一些时候，人们很想重用现有的 COTS 组件，并且让这些组件驱动内部设计。

11.4 有效封装
Effective encapsulation

封装与分解密切相关。分解，认为问题要被拆分成更小的问题；**封装**（encapsulation），则是说那些解决更小问题的方案应该被隐藏。如果你使用了一台烤面包机，可能并不关注加热零件是金属的，还是陶瓷的，只要转动旋钮，最后出来烤面包就可以了。如果烤面包机要求你必须知道金属或陶瓷加热部件上需要加多少电压，你一定会认为这是失败的封装。令人遗憾的是，封装不好的程序极为常见。

对于模块或组件，有效的 API 应该隐藏实现细节，只需让用户知道 API 操作是做什么的就可以了。例如，如果集合上有一个 sort()操作，你不需要知道集合里面放了什么数据结构，也不需要知道什么排序算法，但是，你一定会知道，集合内放的可能是无序的元素，经过 sort()操作调用后，元素就成为有序的了。有效的封装可以使用户理解 API，同时隐藏实现细节。

降低认知压力 架构需要封装，因为封装降低了复杂性。例如，你可能知道收音机，为了能够调整信号频率，以及把信号清晰地播放出来，它做了很多复杂的工作，而你只需要用一下开关，选择一下频率就可以了。你可能了解一些更复杂的接口，像老式的晶体管收音机的接口，但你得权衡一下，头脑是有限的，不一定放得下那么多东西。

当系统的规模和复杂性增加时，封装可以让你把部件当做黑盒，不用管黑盒里面是什么，只要理解接口就行了。只有当封装有效时，才会真正节省你的时间，保存你的脑力。

封装失败 我曾经就职于一家公司，当时他们正在变更填写工作时间表的流程。变更之前，我们可能只是在休假的时候提交一下时间表。但是，在会计部门的极力敦促下，这个流程被改变了。这样，我们每周都会提交表单，并且按小时填写到不同的科目，比方说，正常工作、休假和法定假日。我们参加了一个 1 小时的关于如何填写表单的培训。这就很复杂了，无论我何时休假，都得回头去看那些关于如何对不同的科目进行加减的说明。

这个故事说明，不是所有的封装都是有效的。会计部门设计了一个封装丑陋的系统，因为，软件开发人员不必做会计师干的活，也不需要去访问那些科目。这个封装之所以低效，是因为接口泄漏了抽象，暴露了会计师使用的抽象(即科目借贷)，这样做使会计师的工作变得简单，但却建立在其他人的痛苦之上。这听上去也许有点类似于你以前曾使用过的 API——那些 API 只在实现上薄薄地盖了一层，这对模块开发人员来讲很容易，但却迫使你去了解更多的细节和抽象，而那些细节和抽象看上去没有什么必要来分散你的注意力。

这个例子显示，封装不是简单的非好即坏，仅仅谈论"已封装的组件"没有用处。相反，你必须区分**有效封装**(effective encapsulation)和低效封装。也许接口的确隐藏了一些细节，但这些细节是不是你想要隐藏的呢？即使给出了自己想要隐藏的，那么，接口又是否足够小呢？有效封装是有用的，但需要为此作出良好的判断。

帕纳斯模块 不妨做个思维实验，想象一下，模块的操作只是对模块内的数据结构做简单的 get 和 set。在某种意义上，那个接口是可以被封装的，但却可能无法隐藏设计上的秘密或选择。你可能会在改变内部数据结构或算法上碰到了很大的困难，而这些困难会影响到你的用户。

1972 年，David Parnas 写了一篇论文，关于如何创建稳定的、呈现为有效封装的模块(Parnas, 2001)。他所采用的方法，实质就是确保那些有可能变化的细节被隐藏在模块内部，这样，对细节的修改就不会影响模块的接口了。你可以想象自己正在考虑两种设计方案，A 和 B。Parnas 建议，你要在设计模块和接口时，让这两种方案都能实现相同的 API。这表明你正在隐藏设计秘密，因为没人能知道你到底会选择设计 A 还是 B。那个秘密应该被封装在接口的背后。当你改变想法时，一则还有选择的余地，同时也不会对用户产生影响。

帕纳斯模块(Parnas module)隐藏了最小化耦合的秘密，而不仅仅是把相关的代码组织在一起。然而，在实践中这个建议却很少被采纳：在三层架构系统中，当 UI 和数据库中的某一个项目(例如，订单或客户)被加了一个新属性，有多少模块必定会发生变化呢？在这种情况下，常常不会创建帕纳斯模块，而是采用其他的准则来对代码做模块化，如相关性、架构风格、作者身份或部署要求。

判断和风险　有效封装很难实现：Parnas 的好建议常常不适用于其他目标，而设计时间记录系统的会计师会认为，他们对系统的封装是有效的。那么，怎样才能让每个人都认为是实现了有效封装呢？

理想的情况是，每个模块和组件都有一个封装良好的接口，但构建一个好的 API 是要付出昂贵代价的。有些 API 将被模块外部的使用者使用，而另一些只会被构建模块的团队自己使用。你可能会选择在外部展现的 API 上花更多的努力，因为，这些 API 发生错误时导致的后果更严重；或者使用者依赖了实现细节，又或者误解了 API 的工作方式。

你的架构可能驱使你按照特定的方式对系统进行分割，对某些特定的实现细节进行封装。例如，若要考虑模块或组件的可移植性，在设计 API 时，就可能需要同时考虑使用本地和远程的连接器。如果你预测团队以外的开发人员会增加新的组件，你可能会选择采用插件方式的 API，以获得更好的封装。

要确保有效的封装，你必须预测你自己或其他人将来会如何使用模块，必须考虑可替换的实现。这种揣测极为困难，容易出错，代价也很昂贵。保留选择余地要付出努力，通常也使得设计变得复杂。

再次重申，使用风险来驱动架构是可行的。有时，暴露数据结构是一个巨大的风险，而提供难以使用的 API，比如，公开的 Windows API，也是一个风险。换句话说，如果有些模块的 API 做了低效的封装，也没有什么大碍，也许这些 API 不是面向用户的，或者重构起来很容易。下一节描述了一个有点昂贵的、创建 API 封装的过程，所以，你需要用你的判断和风险评估来决定，值不值得付出这样的努力。

11.5 创建封装接口
Building an encapsulated interface

封装要求模块或组件的边界或接口与内部的实现分开描述。本节描述了如何基于抽象数据类型的思想来创建组件接口。首先，我们会描述栈(stack)这种抽象数据类型如何工作，然后把其中的思想扩展至组件。

11.5.1 抽象数据类型——栈
Stack abstract data type

人们谈论抽象数据类型(ADT)时，通常会使用栈这个例子。而且，他们通常会用一个现实世界中的例子，即自助餐厅里弹簧加载的盘栈，不过，我已经很久没见过这玩意儿了。栈是一种简单数据类型，只允许访问栈的顶部，无法访问中部及底部。你可以**压入**(push)一个数据项到栈的顶部，然后**弹出**(pop)栈顶部的那个数据项。有时，栈还会提供一个操作，即在没有移除顶部数据项的情况下来**查看**(peek)它。

ADT 具有两个有用且相关的功能。第一个功能是，你可以仅仅通过 ADT 来发明和分析算法，而不需要通过具体的源代码。你可以展示一种算法，说它的运行时间是 O(lgN)，而不用管任何特定的实现。大多数开发人员并不会发明或分析新算法，但他们会使用封装，这正是第二个功能。封装是这样一种想法，开发人员揭示了一个使用了某种机制的接口，但隐藏了其内部的实现。

指定一个接口，最简单的办法就是为方法提供签名。下面是压入和弹出的方法签名：

```
void push( Object o )
Object pop( )
```

通过像这样的签名，可以很容易地看到，什么是必须传入的参数，什么将作为返回值返回。奇怪的是，这里没有看到栈本身。也许你可以推断这些方法做了什么，因为你以前可能曾经用过栈这种 ADT，但是，如果这是一个新的 ADT，你可能就不知道它如何工作了。

通过提供前置和后置条件规范，这些签名可能就更清晰了。前置条件指出，为了让方法成功，执行需要哪些条件为真。后置条件指出，方法执行后，哪些条件将成为真。这里有一个如何增强签名，从而产生一份**活动规范**(action specification)的例子：

```
void push( Object o )
    前置条件: 栈不为空
    后置条件: 除了对象o不在栈顶之外，没有其他的变化

Object pop( )
    前置条件: 栈不为空
    后置条件: 除了返回值是之前(现已不在)栈顶的那个对象之外，没有其他的变化
```

这些规范可能不完整，或不那么精确，但它们与简单签名相比已经有了改进。现在我们很清楚地提到了栈，成功压入(当栈没有充满时)和弹出(当栈不为空时)的结果都在后置条件中进行了描述。

栈的使用者需要一个关于压入和弹出操作的概念模型，甚至包括隐藏的那些工作细节。这个模型至少包括这些概念：栈是存在的；栈除了顶部，其他都是不可变的；栈可以充满；栈可以为空。这个概念模型既包括了信息，又包括了行为，这是因为压入和弹出方法维护着栈的状态。

回想栈这种 ADT，脑中会浮现三个主要的想法：

(1) 信息模型和行为模型应该是一致的。行为规范一定会参考信息规范。当方法被调用时，信息会从一个状态转换到另一个状态。

(2) 对用户而言，模型应该是刚刚好的。不应该要求用户去理解任何不必要的细节。

(3) 只要结果与模型一致，实现可以是任意形式的。例如，你可以用数组来实现栈，也可以用链表、数据库或者分布式缓存来实现栈。无论采用怎样的形式，只要实现的结果与模型一致就行。

11.5.2　把模块和组件当做 ADT

Modules and components as ADT's

模块或组件的边界模型与抽象数据类型之间有很多共同之处。两者都用于描述实现被隐藏的封装边界。当你创建模块模型时，接口通过 Java 接口或 C 头文件被定义下来。当你创建组件模型时，接口通过端口被定义下来。正如你可以为栈这种 ADT 的用户创建接口模型一样，也可以为 Yinzer 端口的用户创建接口模型。本例虽然基于一个独立的活动，但即便是多个活动，流程也是一样的。

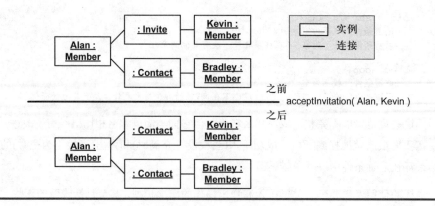

图 11.2 Kevin 接受 Alan 的邀请，彼此进入对方的联系圈。快照显示了在此活动发生前后模型的状态。注意，第一个快照中的 Invite 实例在第二个快照中被 Contact 实例所取代了

在 Yinzer 系统中，一个成员接受了邀请，进入另一个成员的联系圈，考虑一下这个活动，其方法签名看上去应该像这样：

```
void acceptInvitation( Member requestor, Member requestee )
```

注意，邀请这个概念没有被作为参数。另一种签名可能使邀请对象成为一个参数。无论哪一种签名，用户的概念模型中必须包含邀请这个概念。参考栈这种 ADT，加上前后置条件，看上去像这样：

```
void acceptInvitation( Member requestor, Member requestee )
    前置条件: 邀请存在，并有邀请者和被邀请者
    后置条件: 邀请不再存在，邀请者和被邀请者都进入对方的联系圈了
```

这种签名方式描述了 Yinzer 系统的行为，但仅仅对用户想要的概念模型进行了提示。你还可以构建一个显式的类型模型，通过返回值、参数、前后置条件中所使用的术语来显示它如何关联。现在你可能想尝试画类型模型了，不过，在此之前，不妨先来创建一些用于测试类型模型的快照。在开始阶段，由于这些快照都很具体，因此非常有用。图 11.2 显示了一对快照；第一个，显示了 Alan 邀请 Kevin 加入他的联系圈；第二个，显示了 acceptInvitation 活动完成后，Alan 和 Kevin 各自成为了对方的联系人。

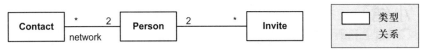

{不变量：联系(Contact)或邀请(Invite)必须连接两个不同的人(People)}
{不变量：不能有重复的联系(Contact)或邀请(Invite)}
{不变量：人们(People)不能邀请(Invite)已经在网络(Network)中的人(People)}

图 11.3　支持接受邀请活动的最小类型模型。注意，图形化符号无法充分表达所有的约束，因此使用了注释来表示不变量

　　你应该用成对的快照来帮助你创建精确的类型模型。图 11.3 显示了一个与快照一致的类型模型。注意，有一些不变量把你不想要的快照排除了，否则，模型的图形化部分应该包括那些快照。

　　这不是唯一可能的模型——你可以想出其他符合该活动(及前后置条件)的快照和类型模型。例如，你可能去掉 Invite 类型，然后给 Contact 类型添加一个布尔类型的属性，这个属性用来说明这个 Contact 是一个挂起的邀请，还是一个已接受的 Contact。对用户来说，两个模型都能工作，同时也都允许开发人员在内部模型中使用任意的实现。

　　如果这个 Yinzer 端口上有更多的活动，你可能要按照这个流程，对类型模型进一步详细说明。最终你会得到一个模型，它描述了端口的用户在使用它所提供的活动时，需要知道的信息。你已经看到了描述 ADT 和端口所用的流程。描述其他内容的流程，如对象上的方法，或模块中的函数，其思路都是一样的。

　　流程简述如下：

　　(1) 选择组件(或对象、模块等)上的端口。

　　(2) 对于端口上的每一个活动(或方法、函数等)，写出它的签名和前后置条件。

　　(3) 画出一个或多个快照对，显示活动如何改变实例状态(也许可以重用功能场景来建立快照)。

　　(4) 泛化快照对，使之形成类型模型。

　　遵循这个流程来隐藏内部的细节，同时暴露如何使用接口的信息。简单来说，就是让你能有效地封装。最终得到的类型模型可以刚好描述清楚端口的行为，而不会描述组件内部是如何实现的。活动描述和类型模型是一致的，在活动描述中没有哪个术语是未在类型模型中定义过的，反之亦然。

11.6　小结
Conclusion

在构建软件时，你将决定如何把系统分割成小块。软件几乎总是会被设计成一组层级嵌套的部件。在分割和封装上作出的选择对系统的质量有很大的影响。选择分割总是会使某些特性和质量属性更容易实现，而另一些则难以达到。

如果采用了某种特殊的层级结构风格，系统可以被当做一个多层级故事来理解。其他开发人员将能推断出系统如何工作，并且不会因为某个抽象的层级上有太多的对象、模块或组件而头晕目眩。

设计应该有一个用于组织分解的主关注。本章讨论了几种分割策略：功能、典型类型、架构风格、属性驱动设计、端口、正交抽象及智力拼图。尽管这些策略似乎都在暗示你应该遵循自顶向下的设计路径，但是，更有效的方法其实是既有自顶向下，也有自底向上，综合考虑你所遇见的问题。

被分割的每一部分都有一个接口，接口应该隐藏一些内部实现的细节。工作时间表的故事表明，并不是所有的封装都是有效的，不恰当的抽象可能从 API 的边界泄漏出来。帕纳斯模块是一种对策，它提倡保持模块接口后面的设计秘密，这样，你可以在多个设计备选方案之间进行选择，而客户看不到变化。

封装最大的好处是降低了其他开发人员的认知压力。他们可以把组件或模块当做一个黑盒，只需要看这个黑盒的接口就可以了。有效的封装对于可理解性做出了贡献，接口越简单，就越容易理解。

世上没有免费的午餐，封装接口要花费一番努力。本章介绍了建立完整接口描述的流程。接口描述包括：操作签名、前置和后置条件，以及用于了解操作做了什么的类型模型。你要根据自己的判断来决定投入这样的努力是不是合理。然而，一旦你领悟了这个思想，你就会换个视角来观察和分析 API 了，也许不需要走整个的流程也能获益。

11.7　延伸阅读
Further reading

抽象数据类型并不新鲜，这个思想可以追溯到 20 世纪 70 年代早期的 CLU 和 Alphard 编程语言(Liskov, 1987; Shaw, 1981)。D'Souza and Wills (1998) 和 D'Souza (2006)则描述了如何把这些思想应用到组件上，包括：使用最小化类型模型描述端口操作，这种描述基于前置和后置条件，以及使用快照对来驱动类型模型的创建。

本章有意忽略了两种抽象形式之间的差异，即 ADT 和对象。这两个抽象来自于完全不同的理论。William Cook 有一篇随笔提到了这个话题，并突出展示了两者的差异(Cook, 2009)。

20 世纪 90 年代，关切的主题、方面、多维度分离被引入编程语言。Harrison、Ossher (1993)和 Tarr 等人(1999)有两篇与架构建模高度相关的论文，探讨了把系统分割为元素的一般性问题及主分解的影响。

Herb Simon 注意到，系统内外之间的差别可能不是纯粹的人类发明，它也常常以一种自发的组织模式出现在自然界中(Simon, 1981)。许多生物系统都遵循着与架构模型一样的层次嵌套。

第 12 章

模型元素

Model Elements

本章描述了制作架构模型需要用到的元素词汇，例如，模块、组件、连接器、端口、角色、质量属性、原理、环境元素、场景、不变量、权衡及风格。这是架构建模必备的核心元素集，已得到工业界和学术界的广泛支持。这个元素集并不完整，很多视图使用了专用的元素。

第 9 章中讨论过这些元素，但不够详细。那一章的主要目标是理清架构的概念模型，所以过多地深入元素的细节，有可能影响对全局的理解。本章会把触角伸向这些角落，会对照和比较相关的元素，并对它们的用法提供建议。因此，你将会注意到，当本章在回顾那些内容时会有一些重复，不过，好处是你可以把本章作为第 9 章的参考。当然，你也可以在第一次阅读时跳过本章，留待以后再看。

本章中的图都遵循或者很接近 UML 语法。本书建议读者不要去深究只有UML 专家才能理解其中细微差别的概念，比方说，箭头的形状或者字体的倾斜。如果你确实需要用到这些语法上的细微差别，记得在图例说明中提醒读者。

贯穿本章的例子将主要使用权威的图书馆问题(Wing, 1988)，因为这个问题域广为人知，同时也会展示别的例子。这个图书馆问题的陈述相当简单：允许图书管理员办理图书借阅和归还、添加图书、按照作者或主题列出图书、列出借阅者借出去的图书、列出最后一次借出图书的借阅者。借阅者(图书馆用户)可以通过互联网用网页显示自己已借阅的图书。

12.1 和部署相关的元素
Allocation elements

软件运行在硬件上，而硬件必须架设在某个地方，如服务器机房、数据中心、会计部门或卫星上。像图 9.6 那样的部署图，显示了模块和组件实例的部署情况。这样的图可以帮助你考虑和物理位置相关的故障，比方说，安全漏洞和可靠性。

在部署模型和部署图中应该表达什么，软件工程书籍的作者们对此有着广泛的共识，但是，对于这些元素的命名却存在很多分歧。在 UML 中，可以部署软件的地方称为**节点**(nodes)，节点之间的通信通道称为**连接**(connections)(Booch, Rumbaugh & Jacobson, 2005)。来自 SEI 的作者则把两者都称为**环境元素**(environmental elements)(Bass, Clements & Kazman, 2003)。而在最近的一本教科书中，它们被称为**硬件主机**(hardware hosts)和**网络连接**(network links)(Taylor, Medvidović & Dashofy, 2009)。**节点**(node)这个术语比较通用，**连接**(connection)这个术语则容易和连接器混淆，**主机**(host)这个术语不太适合某些硬件，比方说，路由器。因此，本书使用**环境元素**(environmental elements)和**通信通道**(communication channels)这两个术语，臃肿就臃肿一点吧。

可以被部署的元素包括用户界面的可执行代码、数据库的可执行代码、定义数据库模式的配置文件。注意，这些例子既包括组件实例，也包括模块。这些元素被部署到环境元素上。最明显的环境元素是硬件，比方说，个人便携式电脑、服务器农场等。环境元素之间可以相互嵌套，所以，你可以说，服务器农场的内部有几百台服务器。

除了硬件之外，把人和政治团体作为环境元素也是可行的。因此，你可以画一个图，显示一个服务器农场(硬件)，农场里面又分为会计部门的服务器组和财务部门的服务器组。严格来讲，你不能把软件部署到会计部门。然而，你可以把它(即会计部门的服务器组这个环境元素)想成是一条捷径，这就像是在某些服务器上贴个标签，说它们属于会计部门。如果你能有这样的意识，自己只不过走了一条捷径，并且清楚会计师自己不能运行软件(计算机才能运行软件)，那么，这也算是一条省时的捷径。

环境元素、模块及组件上的属性都可以另作他用，比方说，标示兼容性。某组件可能要求运行它的硬件具备 2 GB 内存，或者能访问互联网。这些约束和能力可以用元素的属性来表达，甚至还可以用工具来检查。即使没有工具，属性也给了你一个表达约束的地方，这样，其他的开发人员就可以看到这些约束了。

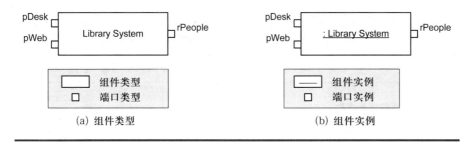

(a) 组件类型   (b) 组件实例

图 12.1 一个组件类型和实例。注意，组件实例带有下划线，并且有一个冒号，而实例名称是可选的

12.2 组件
Components

组件是软件架构中一个粗粒度的抽象，其定义为："系统中运行着的主要的计算元素和数据存储"(Clements et al., 2010)。组件之间只能通过连接器进行通信，同时，很多实质性的工作都是由连接器本身完成的。

本节讨论几个和组件相关的主题，包括组件类型和组件实例、模块和组件之间的关系、子组件的使用、组件建模中的不确定性和含糊性及基于组件开发(component-based development (CBD))。下一节讨论装配中的组件。

类型和实例　如同类与对象的关系，组件也有类型——实例这样的**泛化**(generalization)关系。在今天的面向对象编程语言中，你在编程时定义类，在运行时看到的是对象。如果你有一种直接支持组件的编程语言，你可能在语言中声明**组件类型**(component types)，而在运行时可能看到**组件实例**(component instances)。类和组件类型都定义在模块视图类型中，因为你在源代码中能直接看到它们；对象和组件实例都能在运行时视图类型中看到，因为直到运行时它们才是可见的。

组件类型和组件实例的区别并不明显，人们总是不加区分地把它们称为组件。当听到人们在谈论组件的时候，通常指的是组件实例，不过最好还是问清楚。与类不同，类通常有很多对象实例，而组件类型则通常在系统中只被实例化一次。

表 12.1 表中显示了组件和模块之间的一些区别。模块和组件类型都由源代码组成，但你很少实例化模块（例如，你只有一个数学库的实例），而组件的多实例则很常见

	组 件	模 块
存在于模块视图类型	类型：是 实例：否	是
存在于运行时	类型：否 实例：是	很少
多实例	常常	很少
用于封装	是	是
通信	端口和连接器	接口

这里有一个例子，展现了组件类型和实例之间的差异。想象一下，为了以防万一，图书馆系统需要镜像数据库服务器。按照这样的设计，数据库至少有两个组件实例，一个实例时刻准备着在另一个实例宕机时接管服务。两个数据库组件实例都在做相同的工作，也就是说，它们都存储着图书馆的信息，因此，它们是相同的组件类型，并且运行相同的可执行程序。然而，值得注意的是，即使它们运行相同的代码、包含相同的数据，你也可以与这两个实例进行分别的会话，所以，这些实例被认为是有**唯一标识**(identity)的。

图 12.1 显示了如何在图中表述组件类型和实例。你可以区分类型和实例，因为实例总是有下划线的，并且在类型名称前有一个冒号。在本例中，组件类型是"Library System"，而实例没有命名，因此它也被称为**匿名实例**(anonymous instance)。注意，孤立来看，你不能区分端口类型和实例，但可以基于它们是附属于组件类型还是组件实例来进行判断。

和模块的比较 组件的组成和模块的组成是一样的(比方说，源代码和配置文件)，但是，组件的意图是让你在运行时看到组件实例。那些组件实例，相互之间会通过端口和连接器，以一种受限的、易于理解的方式进行交互。相比之下，模块是实现制品(类、接口等)的集合，这些制品被随意地组织在一起(例如，数学函数、现有的 Fortran 程序、数据交换类型、别人写的代码等)，在运行时很少会被实例化，同时，在如何与其他模块交互方面，也没有什么约束。表 12.1 列出了组件和模块之间的重要差异。

你可能想知道为什么会同时存在模块和组件：组件不是模块的实例吗？也就

是说，class:object::module:component，这样表示对吗？这种表示可能要改进概念模型了，它有时候是对的，但对很多模块来说并非如此。大量的模块既不会被实例化，如数学计算模块，也没有很大的意义让它们有运行时的存在或结构。

　　然而，组织良好的模块的确非常类似于组件类型。想象一下，某个系统包含了用户界面模块和后台模块。系统开发人员对这两个模块进行组织，从而让它们在运行时被实例化。尽管这是一个好的实践，但并非总能做到，再说，它们并不能总是像例子中那样很好地对齐，因此，组件和模块的概念必须分开。你可以把组件看成是一种特殊的模块，这种模块会在运行时初始化(常常不止一次)，会通过一种受限的方式和其他同样特殊的模块进行交互。

　　子组件和实现　每一个系统都至少包含一个组件，那就是系统本身。在系统内部嵌套组件是一种好的实践，因为，内部的每一个组件都相对独立，更易于理解和分析，正如 11.1 节中讨论的那样。嵌套的组件被称为**子组件(subcomponent)**，但这还要取决于你怎么看——你的组件也可能是其他人的子组件。

　　嵌套可以重复多次，但不能无限重复。在你选择的某些点上，嵌套必须得停下来，此时的组件不再包含子组件，而是由类、函数、过程等来实现。在决定系统应该有多少组件，以及应该使用多少层级的嵌套时，有很多影响决策的因素，包括组件的规模、现有组件的可用性、不同编码语言或物理部署地点所具备的天然分割点。开发人员最后会作出判断，而经验会使判断变得容易一些。一般来说，很少看到只有一个类或几行代码实现的子组件。

　　不确定性和模糊性　在某段时期，**对象(object)和类(class)**的含义存在着争议，有很多不同的说法。现在，主流的编程语言对于它们已经有了一些共识。然而这些主流的编程语言还没有定义组件类型和组件实例，所以，对于使用这些术语的人来说，必然存在着不确定性和模糊性。这里列出了一些常见的误解。

　　类型和实例　并不是所有谈论组件的人都很注意区分组件类型和实例。组件常常只被实例化一次，很容易让人产生混淆。一个系统可能只有一个用户界面、一个业务逻辑组件及一个数据库。在这种情况下，系统共有三个组件类型和三个组件实例，每一个组件类型对应一个实例。在面向对象编程中，一个类只有一个实例的场景并不太常见，单例设计模式(Gamma et al., 1995)是一个特例。组件的规模比类的大，所以，仅仅只被实例化一次是很常见的。

只提组件 在谈论**组件类型**(component type)和**组件实例**(component instance)时，最好要小心，不要只提**组件**(component)。**组件实例**(component instance)这个词用英文表述时音节多，说起来麻烦，所以，有时把它简称(可以理解)为**组件**(component)。基于上下文，你或许也能做这样的简化，但一定要确保自己对读者非常了解，然后再做相应的决定。

文件和数据库 有些东西很明显是组件，比如，一大块运行中的代码，但是，有些东西却看不太清。文件是组件吗？单个文件，或文件系统，常常被作为组件，这样你才可以清晰展示其他组件和它们之间的交互。否则，有人未在图上看到这样的交互，后来才很惊讶地了解到有一个组件对文件进行了读写，为什么惊讶呢？因为其他通信都清楚地显示在图中，偏偏缺少了与文件的交互。数据库又怎么样呢？数据库也总是被作为组件，但数据库的类型永远不会是"Oracle"或是更简单的"Database"。相反，它的类型依赖于你把它作为何用，例如，InventoryDB，或者 PayrollDB。

模块和组件 要记住，尽管本书描述了一个架构概念模型，这个模型中的模块和组件有着不同的含义，但你会发现，很多人都混用这两个术语。

CBD 和组件市场 20 世纪 90 年代，很多人在讨论将来的组件市场，也就是基于组件的开发中心。其想法是，软件行业将拥抱组件开发模式，组件可以作为软件开发人员使用的产品单独销售，而不是把它们装配好，作为终端用户产品来卖(Heineman & Councill, 2001)。这个市场将和计算机硬件市场齐头并进，有些公司卖整机，而有些公司卖那些可以装配进整机的组件。迄今为止，这个组件市场还很小。例如，数据库是被作为组件来销售的，但这只能算是一种特例，而不是常态。

虽然组件市场没有变得繁荣，但大量的软件应用已经有了 CBD 基础，这些组件不需要通过图形化用户界面来访问它们的核心功能，而是可以通过脚本语言来访问。此外，很多公司内部产生了很多组件，可以供公司内其他团队来使用。

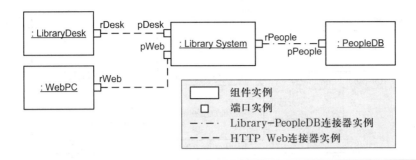

图 12.2 图书馆系统的系统上下文图。系统上下文图是一种组件装配，显示了将要被构建的系统（这里是图书馆系统）及相连的外部系统。这里显示的图书馆系统组件实例将在图12.3 中被细化

把组件打包在市场上进行售卖的想法与本书中的架构组件定义还是有所不同的。Clemens Szyperski 提供了一个组件定义，这个定义强调包装性：“软件组件是包含约定的特定接口和显式的上下文依赖的一个组合单元。软件组件可以被独立部署，可以从属于第三方提供的组合单元”(Szyperski, 2002)。可能最简单的理解就是，**CBD 组件**(components)是**架构组件**(architecture components)的一个特例，每一个 CBD 组件都符合组件的定义，但反之不成立。

12.3　组件装配
Component assemblies

组件装配(component assembly) 也称**组件和连接器图**(component and connector diagram)，或者简称**运行时图**(runtime diagram)，显示一个由组件、端口及连接器实例或类型组成的装配图。组件设计就是对组件内的元素进行安排，不同的安排会产生不同的质量。

系统上下文图　系统上下文图(system context diagram)是一种组件装配，它关注正在设计中的系统。它显示出系统就是一个组件实例，同时，还包括了与系统相连的外部系统。图 12.2 显示了图书馆系统的系统上下文图。

细化　组件装配的另一个用途是对其他组件进行**细化**(refine)，从而展示其内部的设计。图 12.3 显示了如何细化图 12.2 中的图书馆系统组件，而图 12.2 中则显示了图书馆系统组件是如何用子组件来实现的。组件装配由五个内部组件组成，即图中的匿名组件实例，以及它们之间的连接器实例。

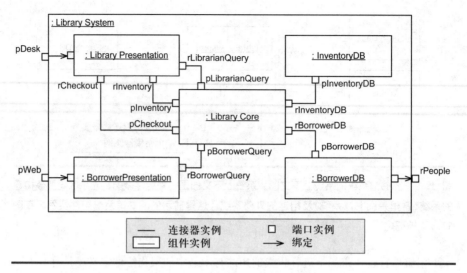

图 12.3　图书馆系统组件实例装配图。外部的端口和内部的端口绑定。这和图 12.2 显示的是同一个组件实例，本图外加显示了内部细节

　　注意，图中显示，图书馆系统作为一个组件实例，包着组件装配。这个包着的组件可以当做**外部的**(external)或**包围的**(enclosing)组件，它的名称通常应该显示在右上角或左上角。通过**绑定**(bindings)关系，外部组件上的端口被绑定到位于内部组件上的、兼容的或相同的端口上。在这个例子中，可以注意到，图书馆系统组件的三个端口都已经被绑定到内部组件的端口上了。

　　细化可以递归嵌套。例如，你可以针对图 12.3 中的 Borrower Presentation(借阅者界面)组件，构建一个组件装配图来对它进行细化。外包装盒(包围组件)可以被标注上"：<u>Borrower Presentation</u>"。Borrower Presentation 组件可能有两个端口和内部子组件绑定。

　　细化语义　当你使用组件装配来细化一个现有组件时，必须遵循包围组件的规范，规范中包括了端口定义、质量属性场景及不变量。内部设计中可以有一些附加的功能，也可以追求更好的性能，但不允许达不到规范的要求。

在细化期间，理论上你可以添加任何细节，但如果你做了一些出人意料的事，可能会让看图的人感到不满。例如，如果你展示的组件有两个端口，但在之后的细化阶段，出现了第三个从来没有提及的端口，那么读者肯定会感到非常惊讶。

细化总是要保证组件的高细节模型和低细节模型是兼容的。遵循更加保守的规则(也称**关闭语义**(closed semantics)，13.7.1 小节中会进一步讨论)能确保不出现前面提到的意外。这些规则是：

(1) 不改变端口的数量和类型；

(2) 不改变外部可见的约束和行为(例如，不变量、质量属性场景)。

严格遵守封闭式细化语义，常常是一种最佳的选择，但有些时候，由于实际的组件可能有几十个端口，细化还是比较困难。显示所有的端口，可能达不到预期的效果，而显示细节较少的图，可能更简单，也更清晰。例如，组件可能有管理端口、日志端口及其他的一些技术细节，这些细节可以在组件的总体介绍图中被忽略。

要走出这种窘境，最简单的方案就是，一方面忽略端口，一方面在图上标上注释，说明哪些端口被忽略了。这样，当读者碰到了一个更详细的、显示出那些端口的图时，就不会感到很意外，同时，读者也不会在没有看到这些端口时轻易下结论。

如果你遵循上面提到的规则，读者就不会吃惊地大叫："嗨，这玩意儿是从哪来的？"当你看本书中组件细化的例子时，如图 12.2 和图 12.3 中的图书馆系统组件之间的细化，应该不会感到意外，因为它们遵循了以上的规则，限制了哪些是可以变的，哪些新的细节是可以被引入的。

表现力 有些组件装配图比其他的更具有表现力。如果回头看图 4.3，你会注意到，图中清楚地显示了用到的不同类型的连接器，图 12.3 就没有那么清楚了。如果你有不同类型的端口和连接器，最好是显式地区分它们，并在图例中进行说明。另一种更简单的方法，就是在图上标注端口类型，就像图 12.3 中那样，然后为每一种端口类型分别提供一份规范。

理解设计 组件装配并不描述关于组件内部如何工作的所有细节。组件装配用到了组件1连接器及端口类型，看图的人需要理解这些内容。理解组件、连接器或端口类型，意味着理解它们的属性、不变量、职责、类型模型及行为模型。

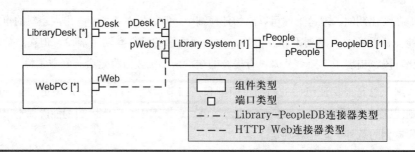

图 12.4　图书馆系统的系统上下文图，像图 12.2 一样，只是这里用了组件类型而不是组件实例。图中表明 Library System 和 PeopleDB 组件只能有一个实例。LibraryDesk 和 WebPC 组件可以有多个实例，它们连接到 Library System 的唯一（非共享）端口上

　　换句话说，图 12.2 中的系统上下文图只是读者理解设计的开始。设计不仅仅包括图，还包括对端口、不变量、风格、质量属性场景、设计决策等的描述，这些描述可以是口头上的，也可以是书面上的。组件装配是介绍设计的一个好方法，但要理解设计，仅仅理解组件装配是不够的。

　　动态架构的快照　几乎每一个系统都具有动态架构，也就是说，每一个系统的组件结构形态都可能会在运行时发生改变。大多数系统，在启动和停止期间，其组件结构形态会发生一些改变，在运行时，会快速进入一种恒定不变的组件结构形态，这种形态是稳定的，你可以认为它就是静态的。组件装配常常只显示组件实例在某一个运行时刻的结构形态，通常是稳定状态的结构形态。当然，也可以显示组件类型而不是实例，就像下面将要讨论的那样。

　　如果你想要分析系统启动或停止时的行为，仅仅观察稳定状态的结构形态是不够的，你需要使用多个组件装配图来展示不同时期的结构形态。也就是说，要分析一个动态架构，需要很多组件装配图。

　　使用组件类型　图 12.2 所示的系统上下文图和图 12.3 所示的细化图都使用了组件、连接器和端口**实例**(instances)。用实例而不是用类型，可以使这些图变得更容易阅读和理解。然而，这些图仅仅展示了众多可能的结构形态中的一种。系

统只有一个 Library System 组件实例和一个 PeopleDB 组件实例,但是会有多个图书馆书桌和 Web PC 组件实例,系统上下文图中对这一点描述得不够清楚。

组件装配图使用**类型**(types)而不是实例。图 12.4 是 Library System 的系统上下文图,图中使用了组件、连接器及端口的类型,而不是实例。注意,这些类型上标注的数字代表了允许组件和端口的多重性。

当你画组件装配图时,往往会想到用实例,因为用实例会使图比较清楚,但有时,你可能希望使用类型。如果你正在为用类型来创建组件装配图而苦苦挣扎,不妨记住,你其实也可以用实例来画,只要在上面添加标注,表明意图,就可以了。对于系统上下文图,最简单的方法可能就是用实例来画图,然后添加一条注释:"Library System 和 PeopleDB 组件只有一个实例,Library Desk 和 Web PC 组件有多个实例,每个实例都有一个非共享的 pDesk 或 pWeb 端口。"

12.4 连接器
Connectors

组件是最重要的计算元素和数据存储,组件之间只能通过端口进行通信。一个组件上的端口通过**连接器**(connector)和另一个组件上的端口连接,连接器可以这样定义:"两个或更多组件之间运行时的交互通道"(Clements et al., 2010)。在大部分图中,有组件,就有连接器,包括本章中的图 12.3 也是如此。

与组件类似,在模块视图类型中可以找到**连接器类型**(connector types),在运行时视图类型中可以找到**连接器实例**(connector instances)。与组件一样,当人们简单地说"连接器"的时候,你应该做同样的假定,他的意思可能是 "连接器实例",但最好还是问一下再确认。

连接器的重要性　连接器很容易被低估,也许是因为它通常是一个本地的方法调用,也许是因为它只是模型中的一根简单的线条,而不是像组件那样的矩形。连接器的数量远远超过组件的,它驱动着架构风格(Shaw & Garlan,1996; D'Souza & Wills, 1998)。大多数风格允许组件做任意的计算,但连接器可以做什么,以及它们的拓扑结构,都是有限制的。连接器可以让客户端调用服务器,但反向不允许。连接器可以确保两个数据库组件进行复制,在灾难发生时进行恢复。连接器也可以决定是否允许 COTS 组件和现有的系统进行集成。

连接器使组件之间可以进行通信,这绝不是一件可有可无的工作。连接器会做一些实际的工作,所谓实际的工作,常常是指必需的通信工作。

表 12.2　一些常见的连接器类型及注释

连接器类型	注　释
本地过程调用	当组件都在同一个内存空间时，这是最常用的连接器
远程过程调用	具体例子包括 SOAP 和 HTTP 请求。本地和远程过程调用连接器都是某种请求-响应连接器
SQL 或其他数据存储	用户装载、存储数据的说明性语言
管道	组件之间简单的生产者-消费者关系
共享内存	快而复杂的通信方式
事件广播	消费者仅仅依赖于事件，而不是生产者
企业总线	标准内联网应用的通信方式，用于大型系统的装配
拽取数据	为来自单一源的共享数据提供的分布机制
增量式复制	处理状态同步

　　应用程序的价值常常体现在连接器上，而非体现在组件上。一家大型金融机构的架构师曾经这样告诉我：几个程序做同一件事，水平的高低取决于它们和其他程序的交互操作有多好。构建连接器，可能要比构建组件花费更多的时间。

　　实际工作可以在连接器中完成。连接器可以转换、改变或者翻译组件之间的数据类型。它们可以适配协议，并在组件集合之间进行协调。它们可以广播事件、清理重复的事件，或者设置重要程度优先级。值得注意的是，它们也可以支持质量属性，比方说，加密、压缩、同步/复制及线程安全的通信。如果没有连接器的贡献，很难想象系统究竟会如何实现像可靠性、持久性、延迟性及可审计性这些质量属性。

　　常见类型　连接器的概念是泛指的，它包含了各种常见的通信方式，如过程调用和事件，同时也包含了更复杂的通信机制，如管道、批量传输、增量复制。它还包括间接的通信，如中断和共享内存。有些连接器的实现还包括远程过程调用、远程同步、基于 HTTP 的 SOAP 及企业服务总线。表 12.2 显示了连接器的常见类型。复杂的连接器常常是使用简单的连接器搭建而成的。

连接器的可替换性　架构学术专家认为，连接器和组件一样，都是架构的第一级元素。你应该已经完全能理解这样的场景：某组件有一个接口，该接口通过端口来定义，你可以用组件来替换端口，同时支持一样的接口。

如果连接器是架构语言中的第一级元素，那是不是也可以切换它们呢？例如，如果你的组件通过管道连接器进行通信，你是否可以把管道切换为事件总线，而不影响连接器的客户端呢？在架构模型中，答案是肯定的，但是，在把模型转化成代码的过程中，这个特性常常丢失了。实现组件的源代码常常会实现一个接口，而客户端会依赖于该接口而不是组件实现。然而，实现连接器的源代码很少实现接口，所以，客户端会依赖于特定的连接器实现。在这个例子中，客户端需要知道，是把事件放入事件总线呢，还是要做一次远程方法调用。

在代码实现中，是否要维护连接器的可替换性，开发人员必须要作出一个选择。例如，如果组件知道自己正在使用远程过程调用，而不是本地调用，也许就能为用户提供更好的错误处理和相关报告。

然而，大多数系统都可以从可替换的连接器中获益。越来越多的系统不再是一个孤岛，今天独立运行的系统，明天就会被集成到一个更大的系统中。正如10.3 节中讨论的那样，在代码中，把连接器作为第一级元素并不难，也不会影响性能。在代码中，大多数通信都发生在组件的内部，通信方式一般也不会改变。但是，当通信发生在组件之间时，例如，发生在客户端和服务器的连接中，就值得考虑把连接器作为第一级元素，并使它具有可替换性了，因为，如果连接器是可替换的，当改变连接器的实现时，就不会对使用者造成影响。

选择合适的连接器　理论上，组件间可以使用任何类型的连接器，但在实践中，你会对连接器的种类有所选择。例如，在能用简单方法调用的情况下，使用事件总线是低效的，而基于多线程来使用共享内存通信又可能太复杂，尽管你也可以想出如何让多线程工作起来的办法。一旦你把这些看上去各不相同的通信方式都归为"连接器"这一类，你肯定会更加关注如何选择合适的连接器类型。

当连接器被作为架构语言的第一级元素时，就可以更容易地看出你所选择的连接器，到底是合适的还是不合适的，这很像架构的选择。你可能本能地认为，所有的连接器都是本地方法调用，事实上这也常常是最佳选择，但是，当跨越机器或进程来进行通信时，就不能使用那种连接器了。当你需要分析一个系统，或者确保一个新属性时，它们也不是最好的选择。方法调用是一种低级连接器，与其他更聪明的连接器比起来，它在解决问题方面的腾挪空间比较小。

表 12.3　连接器属性的例子。图很少显示你关心的每一个连接器属性。当描述连接器时，可以考虑这些常见的属性

属　性	备　注
连接器名称	如果你想不到一个描述性的名称，可以使用两端组件的名称
角色	每一个角色都应该被命名，其端口的兼容性应该清晰
拓扑	大多数连接器是两路的，但也有些是三路的，甚至是 N 路的
功能	连接器可以做数据转换、修补一致性数据(比方说，引用特殊字符或关闭不完整的 HTML 标签)，或对流进行加密和解密
类型模型	与端口一样，连接器有一个用户必须理解的领域。当制作类型模型时，要清楚类型是概念上的，还是数据交换类型。如果模型是图形化的，数据交换类型要加上«interchange»
行为模型	很多连接器只有简单的打开和关闭行为，但如果有一个更复杂的协议，则可以用 UML 状态图来图形化表示，或使用纯文本方式来描述
其他属性	可能包括可靠性、性能、资源要求、安全、实现技术、标准

在图书馆这个例子中，每一个连接器都要做一项领域特定的工作，比方说，Library Desk 和 Library System 之间的借阅请求和归还请求。你必须用一种连接器类型来匹配这个领域特定的需求，该连接器类型会提供适当的质量和特性。例如，如果你用本地过程调用连接器或共享内存连接器，那么，Library Desk 和 Library System 组件必须部署在同一台机器上。如果你选择管道连接器，那么，它会很容易地对输入流进行转换，但同时，你也需要另一个分离的连接器，用于将返回值传回 Library Desk。异步事件连接器可以均衡跨越多台机器的输入事件，但常常必须面对响应时间不确定而带来的处理上的复杂性。

第 2 章描述了在宏观层面，架构选择怎么会产生不同的质量(吞吐量、可用性、可修改性等)。这里则是站在微观层面，你可以看到，连接器的选择也会产生不同的质量。

表 12.4 描述了组件(来自图 12.3 中的 Library System 组件和 PeopleDB 组件)间的 Library System-PeopleDB 连接器

连接器名称	Library System-PeopleDB 连接器
角色	rPeople 和 rPeople 端口兼容 pPeople 和 pPeople 端口兼容
拓扑	两路
其他属性	协议：SQL 传输：TCP/IP 吞吐量：每秒 10 000 条个人记录 同步
功能	待定
类型模型	pPeople 角色中，PERSON 表里的一行包含…… rPeople 角色中，Person 类包含……
行为模型	连接器起始于 CLOSED 状态，调用 open()后，变迁为 OPEN 状态，调用 close()后，变迁为 CLOSED 状态

属性 像其他架构元素一样，连接器也有属性。连接器的常用属性包括性能(吞吐量和延迟性)、安全性、稳定性、同步/异步交付、交付保证、压缩及缓冲。

在图上，很少有足够的空间来显示和连接器相关的所有细节，所以，细节常常在别的地方。当你向其他人解释连接器时，可以考虑解释表 12.3 中描述的那些常用连接器属性。表 12.4 显示了一个对 Library System 和外部数据库之间的连接器进行描述的例子，外部数据库中包含个人记录(连接器显示在图 12.2 中)。

当连接器显示在图上时，要确保每一个连接器的类型都很清楚。如果只有几种连接器类型，那么改变线的风格(粗线、细线、虚线等)是有效的。如果有很多连接器类型，最好使用 UML 的模式化方法来标明连接器类型。

在图上标注出连接器的技术属性的确很吸引人，这也很容易在第一份草稿中做到。但是，接下来你会想要添加另一个属性，也许是标示不同连接器的吞吐量，再接着，你想要标示连接器是同步还是异步。属性将不断增加。有两个方法可以解决这个问题：第一个方法，从图上删掉属性，把属性标注到图例或者图以外的地方，

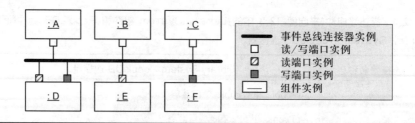

图 12.5 一个组件装配图，显示了一个事件总线实例和几个组件实例相连，组件实例上可能有一个读端口、一个写端口，或者两者都有。注意，在像这样的图中，所有组件实例都与总线相连，你不能说是哪些组件实例在尝试直接与对方进行通信

第二个方法，准备多个版本的图，每个版本都有不同的目的。例如，你在一张图上标注与吞吐量相关的属性，在另一张图上标注与安全相关的属性。

在连接器上加箭头也很吸引人，但这也可能导致对这些箭头的含义产生困惑，正如 15.4 节中所描述的那样。

角色 系在端口上的连接器末端称为**角色**(role)。对于成功系在端口上的连接器来说，角色和端口必须是兼容的。角色很少被显示在图上(图中只有端口和连接器是可见的)，尽管图 **12.11** 中显示了角色，但这是因为它在展示某个连接器的细化，所以不得不显示连接器的角色。

直觉告诉你，不能把任意连接器系在任意端口上，这意味着，你得在头脑中对端口和连接器角色进行类型检查。架构描述语言(ADL)对这种直觉做了形式化处理，它让你声明端口和角色，这样就可以对端口和连接器角色的兼容性进行显式的检查了。

多路和总线连接器 大多数连接器都是**两路的**(binary)，这意味着它们有两个角色。两路连接器可以让两个组件进行通信。**多路**(N-way (or N-ary))连接器有三个或更多的角色，可以在多个端口间进行多路通信。最为人所熟知的例子就是事件总线，或分发-订阅、连接器。由于一个事件总线可能连接了很多组件，因此它们常常使用和其他组件完全不同的符号来显示，如图 12.5 所示。

事件总线是设计师的福音，因为它使应用程序可以进行灵活重组。总线上任意一个组件都可以给总线上的另一个任意组件发送消息。然而，获得灵活性的同时，有必要提供明确的文档。你观察图 12.5，却根本无法说出哪些组件正在与其他组件进行通信。换句话说，你可以说组件 A 可能和组件 B 进行通信，但你不知道它们之间是不是真的会发生通信。

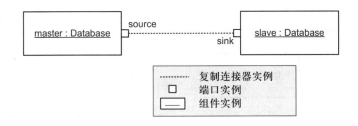

图 12.6 一个组件装配图，显示了主机和热备从机之间通过复制连接器相连。给连接器一个目标，会促使你思考复制这个领域，以及各种可能导致失败的场景

一个局部解决的方案是，使用不同的读端口和写端口，正如 D、E、F 组件实例上的端口那样，这种方案尽管可以产生一些额外的信息，但还是无法知道谁和谁在通信。一个比较好的补救措施是，使用标准的端到端风格来画图，这样就很清楚哪些组件正在通信，而哪些没有在通信，同时，在图上注明，连接器实际上还是那个共享的事件总线。另一个好的方案是，使用多个 N-way 连接器来指明正在通信的组件子集。

目标连接器 把两种连接器放在一起考量是很有价值的。第一种是**微管理连接器**(micromanaged connector)，这种连接器只做分配给它的任务。如果没有做成功，那是因为你没有对它进行充分的指导。微管理连接器的任务就是做你让它做的事。它是一种简单的连接器，所以尽可能只让它做最简单的工作。第二种是**目标连接器**(goal connector)，只需给它设定一个目标或任务，其他由它自己负责完成。构建目标连接器的开发人员必须对问题进行调查，发现可能导致失败的情况，从而确保连接器可以完成工作。目标连接器常常比较复杂，因为它们要做实际的领域工作，还要确保任务完成。

考虑一下某个看似简单的任务：保持组件的一个热备份，时刻准备着从灾难中恢复，如图 12.6 所示。由于从组件应该维护着和主组件相同的状态，因此主从组件间必须要进行通信。

你的第一感觉可能是，每当主组件发生变化，就主动调用从组件上的一个过程。如果两个组件部署在同一台机器上，这或许是行得通的，但是，出于可靠性的考虑，备份常常被放在另一台机器上，所以你可能要考虑远程过程调用或事件机制。现在又产生了更多的关切：如果消息没有到达怎么办？主从之间的延迟可以接受吗？主组件是通过同步还是异步方式处理复制的？数据需要压缩吗？发送增量数据是否有效？也许最糟糕的问题是，会有事务问题吗？如果主组件在变迁状态失败，需要让从组件恢复到最后一次正常状态吗？

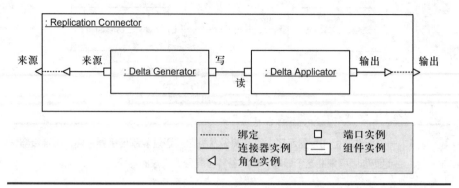

图 12.7 复制连接器(来自图 12.6)的细化。组件细化比连接器细化要常见，但大而复杂的连接器内部也可由组件组成

通过为这个连接器设置目标，你也许有机会不仅仅把它当做数据搬运工。如果这个连接器被设计得过于简单，组件就不得不承担额外的职责，从而分散了组件的内聚力和目标。为连接器设置一个同步目标，可以使组件得到简化，使它更容易被构建、维护和理解。这也提升了系统的抽象等级，简化了系统描述。

领域连接器 另一种有趣的连接器是**领域连接器**(domain connectors)。把组件当做领域，并把和领域连接的工作分配给连接器。Michael Jackson 描述了一个病人监护系统，病人身上的传感器报告体温和心跳；系统的工作是，当出现紧急情况时，通知护士(Jackson, 2000)。他展示了两种不同的警报：一种紧急的警报是，病人心脏病发作，另一种不太紧急的警报是，病人不小心碰掉了传感器。

让我们从某个角度，即用连接器连接领域的角度，来看这个例子。第一个领域是采集精确的传感器数据。可能包含这些采集、数模转换、滤波、信号转换及其他一些用来感知病人体温和心跳的工作。第二个领域是各种警报。将会有几种严重等级的警报，以及不同的通知方法。你也许这样来设定，低级别的警报方式是只让灯闪烁，中级别的警报方式是响起房间内的警铃，高级别的警报方式是远程警铃加上前面提到的警报方式。

按照这种方法定义领域，你甚至可能在不同于病人监护这个领域的上下文中重用这些组件，因为，每一个组件都处理一个单一的领域，根本不需要知道其他组件，也不需要知道病人监护系统。连接器就像一个绝缘装置，阻止领域细节从一个组件渗透到另一个组件。

每当两个不同领域的组件交互时，你需要写一段涉及两个领域的代码，无论这段代码是在哪个组件中，还是在连接器中。在上面的例子中，你需要写代码表达这样的领域逻辑：如果病人不小心碰掉了传感器，触发中级别的警报；如果他的心脏病发作，触发高级别的警报。如果你把这段代码放在传感器或警报组件中，领域就被混合了。所以，你可以把这段代码放在连接器中，让连接器的一端得到传感器事件，在另一端发送警报事件。总之，要避免某一段代码同时知道传感器和警报是不可能的，但你可以把这段代码放在连接器中，从而使组件保持绝缘。

在让开发人员去构建这个连接器之前，他更有可能的做法是去创建一个好的接口，然后用接口来描述连接器可能提供的事件。显而易见，这个接口会去识别心率和体温事件，然而，如果开发这个连接器，人们更可能识别出另一个必须要考虑的事件：传感器断开事件。如果你构建的只是一个向监护组件提供原始数据的简单连接器，很容易就会忽视传感器断开这个概念，因为，你不太可能会仔细考虑事件这个领域。这里的明智之处在于，如果你让连接器做一些实际的工作，结果会使连接器和领域都受益，因为，一方面领域做的事情会变得简单，另一方面你对每个隔离的领域理解得会更好。

在这个例子中，传感器领域和警报领域之间的信息转换比较简单，但在其他时候，这个转换可能会比较复杂。那么，当连接器变得庞大而复杂时，还能实现吗？答案是肯定的。你已经看到组件是如何细化从而显示其内部设计的过程的，连接器也可以使用相同的细化过程。实际上，连接器自身也可以用组件来实现，后续会更详细地对这个问题进行描述。例如，企业服务总线会确保一些复杂的属性，如持久性和按次序递交，其通信的基础架构是复杂的，所以实现中使用了很多分布式组件和数据存储。

在软件架构中，连接器应该具有与组件同等的地位。如果你只让它们做简单的工作，就是对不起你自己，而且，这么做可能会对组件造成破坏，因为让组件做了跨领域的事情，既损害了组件的内聚性，又增加了组件的耦合性。要发挥连接器的作用，有两个具体的策略，一个是给连接器分配目标，一个是用连接器来连接领域。

细化　连接器细化在本质上和组件细化是一样的。当你细化一个组件时，你把组件的边界模型和内部模型进行了关联。边界模型提供了外部可见的特性，这些特性会承诺，内部模型中一定有像端口、不变量、质量属性场景这样的东西。

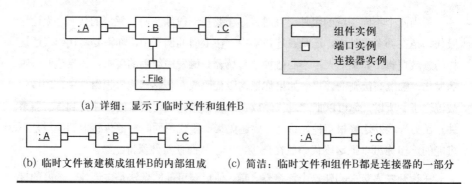

(a) 详细：显示了临时文件和组件B

(b) 临时文件被建模成组件B的内部组成　　(c) 简洁：临时文件和组件B都是连接器的一部分

图 12.8　几种对组件 A 和 C 之间的连接进行建模的方法，组件 B 和临时文件都是连接的中介

　　图 12.7 显示了复制连接器的细化，这个复制连接器就是图 12.6 中的那个连接器。回想一下，当组件被细化时，外部的端口必须是相同的(见 12.3 节)。在连接器细化中，必须保持相同的是角色。所以，早前在组件装配中看到的那些突起的端口在细化前后保持相同，在这里，你看到的是复制连接器上突起的源角色和退出角色，这些角色在细化前后也要保持相同。绑定显示了源角色如何对应到子组件中的角色。

　　这个图与本书中其他的图不同，因为它显示的连接器上有一个悬吊着的角色，即没有系在端口上的角色。其他的图都显示连接器被绑定到端口上，只是没有图形化显示角色而已。

　　建模的灵活性　　与组件一样，连接器也可以做实际的工作，并且可以通过细化来展示其内部的实现。这就为连接器建模提供了一些选项。考虑一下，比方说，图 12.8 中显示了组件 A 和 C 通信的三种方式。在选项(a)中，把组件 B 作为连接的中介，同时会写入一个文件。这个模型和持久式事件总线是一致的，持久式事件总线即使在中断电源的情况下也不会丢失消息。也可以像选项(b)所示的那样建模，文件被省略掉了。当然，文件仍可使用，但由于通信只经过组件 B，因此可以在组件 B 的内部模型中显示如何使用文件。选项(c)所示的就很简单了，文件和组件 B 都成为连接器内部模型的一部分。有一点很重要，三个建模选项，其设计都是相同的，只是选项(b)和选项(c)所示的设计隐藏了更多的细节。

　　像这样在建模选项中进行选择是比较困难的，同时，要想在没有上下文的情况下作出好的选择也不太可能。回想一下，架构模型其实有点像数学问题。当你听到这样的故事，即两列火车相向行驶，问它们何时相遇时，你会进行抽象，把细节从模型中去掉，因为它们对你回答这个问题没有任何帮助。换句话说，要决定哪个建模选项是最好的，得把目光聚焦在模型必须回答的问题上。

例如，如果 A 和 C 是外购组件，而你打算自己构建 B，看上去你肯定会选择能够把 B 展示出来的模型。如果需要对模型可能遭遇的安全威胁进行分析，那么你肯定想要看看中间文件(看看是否会被篡改)。如果分析这样一种结构，即组件 A 和 C 把组件 B 当做事件总线来使用，那么你可能会把 B 和文件都隐藏。

20 世纪 90 年代，面向对象编程正在成为主流，开发人员常常拿对象的本质开玩笑。"对象是什么？"他们会这样问，然后回答："你想要的任何东西！"一旦你做了一段时间的面向对象编程，这个玩笑不再好笑，因为，你逐渐培养出一种直觉，知道何时应该把某样东西建模成一个对象，何时应该简单地把它作为一个现有对象的属性。架构建模在逐渐成为主流的过程中，相同的提升也将会发生，开发人员不会一味打趣建模的灵活性，而是真正在构建能帮助他们回答问题的模型。

12.5 设计决策
Design decisions

当开发人员设计和构建软件时，会做很多设计方面的决策，有些决策比其他的更重要。也就是说，有些决策是关键性的决策。这些关键性的**设计决策**(design decisions)指导着前进的方向，同时约束着设计空间。这些设计决策不会被轻率地作出，开发人员常常有一个决策背后的说明。

开发人员每天都在做一些关于系统设计方面的决策，这些决策中的大部分对你理解系统的帮助都很有限。只有少数决策值得当做关键性的设计决策。你应该清楚，表达不太重要的决策，不管是落在纸上，还是口头讨论，都是在浪费时间。

突出关键性设计决策，可以帮助其他人理解系统为什么是现在这个样子。设计决策的说明将连接设计决策和塑造系统的各种力量，包括功能需求、质量属性需求及设计范围内的权衡。设计决策没有正式的结构，常常由决策和理论依据组成。在 Library System 的例子中，一个设计决策可能是这样的：

设计决策 系统构建将使用 Java 语言，因为团队有使用 Java 的经验，像这样一种高级的静态类型语言可以提高可修改性，这也是我们最看重的地方。使用 C 语言可能使系统难以演化，它在性能上的优势并非是我们优先考虑的，同时，(潜在的)指针问题可能影响系统的可靠性。

注意，决策除了影响系统的构建，提供对系统的洞察之外，本身也是很有趣的。在听说设计决策之前，你可能会觉得很奇怪，为什么这个团队不适用你最喜欢的编程语言。只知道使用 Java 这个决策，并不能回答你的问题。你也许仍然反对他们的选择，但当你有了决策说明时，至少会了解为什么会作出这个决策。

把关键性设计决策落到纸上，即使是只有一个设计，也是有帮助的。否则，别人看了设计或代码，也不能说出设计中的哪些决策是非关键性的，哪些是关键性的。非关键性的决策可以被改变，它们不会对设计产生基础性的破坏，而关键性的决策不能被改变。显式地表达设计决策，可以避免丢失**设计意图**(design intent)，正如 10.4 节中的讨论。

12.6　功能场景
Functionality scenarios

功能场景(functionality scenarios)描述系统行为。在其他的架构模型中，系统被描述为一个由组件、模块、端口、接口及部署元素等组成的集合。功能场景讲述了一个关于那些元素如何随着时间而改变，以及相互之间如何交互的故事。例如，图书馆系统的组件装配，如图 12.2 和图 12.3 所示，只显示存在了那些组件实例，而没有显示它们的行为。功能场景可以描述组件装配模型或其他模型是如何随着时间而改变的。功能场景可以用文字描述，如图 12.9 所示，也可以图形化表达，如 UML 时序图。

图 12.9 显示了图书馆中《白鲸》一书的生命周期。场景中显示了一条贯穿模型的行为路径，但无法显示出每一条可能的行为路径。例如，功能场景中没有提到，当借阅者丢失了借阅的图书时会怎么办。

另一种很流行的、描述行为的方法是**用例**(use cases)。用例与场景基本上是等效的，但也有一些重要的不同。用例是一些高级别的、对系统的用户可见的活动。用例常常被定义为系统外部的活动者想要完成的一个目标，所以，内部的系统活动不能算作是用例。功能场景是一条单一的行为路径，用例则可以包含可变的步骤，允许描述多条路径。由于这些潜在的差异，本书使用术语**功能场景**(functionality scenario)来描述路径，但只要你清楚那些潜在的差异，你也可以把它们称为**用例**(use cases)。

功能场景[1]和质量属性(QA)场景尽管名称相近，却大不相同。质量属性场景类似于功能场景中的某一步。术语"**质量属性场景**(quality attribute scenarios)"来

---

[1] 本书尽量不去改动现有的术语，毕竟这样做利大于弊。

名称：《白鲸》一书的端到端功能场景

初始状态：Larry 是一个图书管理员；Bart 是一个借阅者

活动者：Larry、Bart

步骤：

1. Larry 列出了所有关于"捕鱼"的书/未发现与之匹配的书。

2. Larry 向图书馆中添加了一本 Herman Melville 写的《白鲸》。这本书的记录也被添加了。

3. Larry 列出了所有 Herman Melville 的著作/返回了《白鲸》一书。

4. Larry 列出了所有关于"捕鱼"的书/返回了《白鲸》一书。

5. Larry(和 Bart 一起)为 Bart 办了《白鲸》一书的借阅。归还日期为 9 月 6 日。

6. Larry 列出了谁最后借阅了《白鲸》一书/Bart。

7. Larry 列出了 Bart 当前借阅的所有图书/《白鲸》。

8. Larry(和 Bart 一起)办理了《白鲸》的归还手续。

9. Larry 从图书馆中移除了《白鲸》一书。

图 12.9 一个端到端的功能场景，显示了一本书最初被添加进图书馆，被借阅，最后从图书馆中被移除。这个场景适用于图 12.2 中 Library System 的系统上下文图

自于 Bass、Clements 和 Kazman 的著作(Bass，Clements & Kazman，2003)。术语"**功能场景**(functionality scenarios)"(或只是**场景**(scenarios))来自于 D'Souza 和 Wills 的著作(D'Souza & Wills，1998)，这里提到的方法和技术都受到了书中的影响。当上下文很清楚时，你可以把功能场景就称为**场景**(scenarios)。

结构 功能场景很容易阅读，因为它很像一个故事，与小说很类似，但是，一个有用的场景并不是小说。它是结构化的，对其他模型的引用是可检查的。场景中的步骤 5，不能是"Larry 这个图书管理员从计算机中变出了一个精灵/精灵把 Bart 绑了起来"，因为，那(可能)不是图书馆系统可以做的，不过如果构建出那个系统应该很有趣。

在我们的例子中，故事是关于图书馆和书的，而不是关于精灵的。我们知道这一点，是因为其他设计模型已经定义好我们能在故事中使用的**词汇**(vocabulary)了，那些模型谈论的是书，不是精灵。其他的设计模型还会进一步约束故事中的**活动**(actions)，即像添加书籍和借阅书籍这样的活动，而不是把图书馆的顾客绑起来。要实现与其他设计模型的关联，一个功能场景需要由五个部分组成，即目标模型、场景名称、初始状态、活动者及步骤，如表 12.5 所示。

图 12.10 显示了功能场景的元模型，它对上面的描述做了形式化处理。图中显示，每一个功能场景都有一个目标模型和一个步骤序列。每一步都有一个对它进

表 12.5 一个功能场景的局部。功能场景引用目标模型，它由场景名称、初始状态、活动者列表及步骤组成。步骤可以分解为对步骤进行初始化的活动者、执行的活动、对模型元素的引用及一个可选的返回值

场景名称	场景名称可以是任何有意义的描述	
目标模型	场景适用的模型。功能场景常常应用于组件装配和端口类型模型，但也可以应用于任何其元素会发生变化的模型	
初始状态	初始状态描述了场景开始之前的模型状态。例如，初始状态可能描述图书馆的书目和当前的借阅情况	
活动者	与场景步骤有关或对场景进行初始化的活动者列表	
步骤	步骤由以下内容组成	
	活动者	每一步都有一个对步骤进行初始化的活动者。日程表或定时事件可以被建模为一个定时器活动者
	活动	每一步都代表着对一个被定义在目标模型上的活动的一次调用。例如，图书馆场景中的步骤 1，对应着一个 ListBooksAbout(topic) 活动
	引用的模型元素	每一步都可能会引用模型元素。例如，图书馆场景中的步骤 5 引用了"书籍"和"归还日期"，这两个元素必须在模型中定义
	返回值	每一步都有一个可选的返回值或响应，即斜线后面的描述，参见图书馆场景中的步骤 1

行初始化的活动者及一个被调用的活动。每一步都把模型从一个开始状态转变到结束状态。活动隶属于模型，并引用了一些模型的元素。

活动(action)到底是什么？每一个模型都会发生状态的变化，而活动就是维护模型状态的机制。对有些模型来说，活动是很明显的。当场景应用于包含接口的模块时，活动就是定义在接口上的操作。组件装配也是类似的，端口定义了行为。但有些时候，活动定义得不够清楚，而且可能还比较抽象。例如，某个场景可能在论述重新配置路由器，这是某人完成的一个步骤。开发人员编译代码可能也是一个活动，启动一个新的数据中心也是活动。如果模型已经清楚地定义了活动，就很容易写出精确的场景，但如果模型不太正式，那么，要写出一个好的场景需要更多的训练。

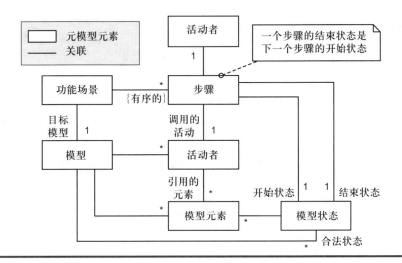

图 12.10 一个功能场景的元模型。功能场景是由一个步骤序列组成的行为路径。每一步都是一个活动事件，被一个活动者初始化，并使模型从一种状态转变为另一种状态

两级场景 场景应该在一致的抽象层级上进行描述，场景和目标模型的关系结构会强制场景遵循这一原则，因为场景只引用目标模型中的元素，而目标模型自身可能就是在一致的抽象层级上的。这看上去简洁明了，但也可能导致在关联两个不同抽象层级的场景时出现理解上的困难。例如，图书馆系统的功能场景可能引用了系统和它公开可见的操作(见图12.9)，但没有引用其内部组件。另一个场景可能引用了图书馆系统的内部组件。

要想看到这两个处在不同抽象层级上的场景如何进行连接，可以合并和关联这两个场景。图12.11 显示了早前场景中的前几步，后面又加了一列，描述内部子组件做了什么。第一列是比较抽象的场景，看不到图书馆系统内部的子组件。第二列是比较详细的场景，解释了子组件如何完成抽象场景中所描述的活动。

泛化功能场景 功能场景只是一条路径。这也意味着它只是一种可能的步骤序列。这个步骤序列涉及了模型、活动者及活动。你也许需要建立一个通用的模型来表达每一种可能的路径。例如，在文档化或者分析组件之间的协议时，通用模型是有用的。如果你正在发布供团队外部使用的组件，你想提供的也许不是一份只包括一些场景例子的文档。

名称:《白鲸》一书的端到端功能场景

初始状态: Larry 是一个图书管理员;Bart 是一个借阅者

活动者: Larry、Bart

步骤:

1. Larry 列出了所有关于"捕鱼"的书/未发现与之匹配的书	Library Presentation(LP)从用户表单中提取并检查输入数据
	LP 从 Library Core(LC)中查询关于"捕鱼"的书籍
	LC 查询 Inventory Database(ID),从 Book 表的所有条目中搜索主题包含"捕鱼"的条目。LC 返回图书对象列表给 LP
	LP 渲染作为结果页面返回的图书对象列表
2. Larry 向图书馆中添加了一本 Herman Melville 写的《白鲸》。这本书的记录也被添加了	LP 从用户表单中提取并检查输入数据
	LP 向 LC 中添加了《白鲸》
	LC 查询《白鲸》是否存在于 ID 中。ID 回复没有
	LC 向 ID 中添加了一个书目《白鲸》
	LC 向 ID 中添加了一本新书《白鲸》
	LP 渲染成功页面

图 12.11 两级功能场景的一个片段,对图 12.13 中场景的前两步进行了详细说明。右边的列引用了 Library System 的子组件: Library Presentation (LP)、Library Core (LC)、Inventory Database (ID)

描述通用的行为有很多种选项,包括状态图、活动图及时序图。注意,时序图一般用于描述路径,但也可以用一些注解,如"循环五次",对路径进行泛化。

通用行为模型构建起来既困难又昂贵。要使模型部分正确很容易,但要 100% 正确,包括异常路径,就很困难了。如果你想要严格地分析协议,或者提供严密的文档,也许需要这么做。如果仅仅因为想要得到分析上的便利,那么,通用行为模型可以只包括一个场景。本书建议尽可能使用场景,因为在很多情况下,它既经济又有效,并且,由于场景就像故事,无论是架构专家还是非专家,都会感到很亲切。

12.7 不变量(约束)
Invariants (constraints)

不变量(invariants)，也就是约束(constraints)，对系统进行了限定，要求它必须怎么做，或严禁做什么。架构风格的一个规定特性就是放置在系统中各个元素上的约束。例如，管道-过滤器风格，约束了管道中各项的次序，约束了管道和连接器如何连接的拓扑结构。

开发人员在他们的设计中强加了导轨(作为约束)，以便他们可以更好地理解设计。一个没有约束的系统可以做任何事情，因此也就不可能思考它可以做什么，不能做什么。看上去很简单的约束，如"严禁客户直接连到数据库，必须通过业务层来进行连接"，可以让开发人员更好地思考缓存和性能。简而言之，没有约束等于无法分析。

类图上的不变量写在 UML 注释中，也可以用对象约束语言(OCL)来写，把OCL 表达式放在花括号内。架构约束常常用文字来描述，与图是分开的。**静态不变量**(static invariants)处理结构，**动态不变量**(dynamic invariants)处理行为。

静态不变量　静态不变量限制了可创建实例(例如，对象、组件实例、连接器实例)的安排和数量。一个静态不变量的例子是，每一辆货车的轮子都是偶数。在这种情况下，你会有代表货车和车轮的类型，以及限制货车和车轮实例如何安排的不变量。另一个静态不变量的例子是，从用户处收集的数据至少会被记录在两块位于不同服务器机房的硬盘上。静态不变量可以在很多模型中，以不同的形式出现。在 UML 类图中，关联上的集数是静态不变量，可以当做像{sorted}这样的排序约束。

动态不变量　动态不变量限制了实例的行为。动态不变量的例子包括：只有这个打印驱动器才能给打印机发送命令，抽屉的每一次打开都伴随着一次关闭，用户提交的每一票都会导致一封响应邮件的发送。在实践中，你看到更多的是静态不变量，因为对人来说，思考静态不变量比精确地思考行为要困难得多。

12.8 模块
Modules

模块(module)是实现制品的集合，例如，源代码(类、函数、过程、规则等)、配置文件、数据库模式定义。它们只会出现在模块视图类型中。

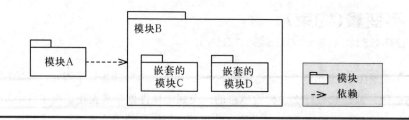

图 12.12　UML 模块图，模块 A 依赖于模块 B，模块 B 嵌套了模块 C 和模块 D

　　模块可以把相关的代码进行分组，只暴露接口而隐藏实现。在这一点上，模块和类相似，由于模块常常包含很多类和其他的制品，其规模比类的要大。模块的接口和内部的那些接口是不同的。

　　有些编程语言对模块提供了显式的支持，可以直接在编程语言中声明模块。例如，Ada 中的模块称为包，包的接口声明和包的内容体(即实现)是分离的。另一些编程语言提供隐式的支持，例如，C 语言。理论上，一个包的所有文件都被放在文件系统下的同一个目录中。

　　模块也有**属性**(properties)，属性应用在模块内的实现制品上，比方说，用什么语言来编程，遵循什么标准，是否已被评审，是否有测试工具，以及工作在什么平台上等。这些属性可以用 UML 版型显示在图上(例如，«Java» 或 «encrypted»)，或者，也可以使用你自己定义在图例中的符号。如果要在表格或列表中用文字来代表模块，可以直接添加各种属性。

　　模块可以**提供**(provide)或**依赖**(require)服务。例如，信用卡账单模块可以提供支付服务，但它依赖于信用卡提供商来完成这项工作。

　　模块可以**依赖**(depend)于另一个模块，依赖有很多种。最常见的依赖就是，一个模块内的代码调用另一个模块内的代码。另一个依赖的例子是，一个模块中的类依赖于另一个模块中的数据库模式，因为这个类的字段会被持久化到那个模式中。

　　一个模块可以被包含在另一个模块内，这个关系称为**嵌套**(nesting)，也可以称为包含。嵌套模块和其内容是否可以被其他模块访问，取决于它们的可见性。图 12.12 显示的 UML 图中包含了模块之间的嵌套和依赖。模块可以有选择性地透露内容，所以一个包含了三个类的模块可能只透露了其中一个类的部分方法，而其他两个都不可见。

　　架构上的模块概念比大多数编程语言中的模块概念要广泛，所以开发人员不得不通过编程风格来实现所有架构上的模块概念。例如，从架构的角度来看，每一个模块都有属性，但很少有编程语言可以直接地表达这些属性，所以程序员也许只能在代码注释中表达它们了。

层 分层系统会对模块进行组织，低层(layers)被作为高层的虚拟机。依赖一般都只能向下，高层可以使用和依赖低层，反之不能。分层式组织模块的一种特定风格将在 14.6 节中详细讨论。并不是所有的系统都遵循分层风格，但你偶尔会看到一些试图生搬硬套分层风格的图。简而言之，每一个系统都有模块，但不是每一个系统都有层。

12.9 端口
Ports

所有进出组件的通信都是通过组件上的**端口**(ports)来完成的。一个组件支持的所有公开可用的方法，以及要响应的所有公开事件，都会在组件端口中进行规定。如果一个组件要给另一个组件发送消息，要写数据库，要获取互联网上的信息，就必须要通过端口。

操作系统也有端口的概念，但没有必要在组件端口和操作系统端口之间建立联系。你可以对齐这两个概念，让它们建立 1:1 的关系，或者也可以把它们看做是完全不同的东西。

端口通过操作来透露行为。客户端常常必须以一种特定的次序或者协议来调用操作。端口可以是有状态的，这尤其便于跟踪协议的状态。也可以用属性来注解端口。本章中，很多图都包含了端口，包括图 12.2 和图 12.3。

提供的和依赖的端口 如何描述端口，有多种选项。最简单的选项就是对端口命名。端口可以分为两类：**提供的**(provided)和**依赖的**(required)。提供的是指为其他组件提供服务，依赖的是指依赖于其他组件提供的服务。

在图上，提供的或依赖的端口，可以通过端口的颜色或阴影来标示，也可以通过以 "p" 或 "r" 作为前缀的端口名来标示，如图 12.1 所示。提供的和依赖的端口常常成对出现，连接的一端提供服务，而另一端则依赖该服务。

当你看实际的组件时，简单的提供/依赖二分法可以快速地帮助你对端口进行分类，然而，大多数的交互并不是纯粹的提供或依赖。而且，提供和依赖服务只是端口的一个属性，其他的属性还包括：哪一端发起通信，数据流的主要方向，以及数据是否符合格式这样的质量属性。尽管存在这些问题，对端口标注提供的或依赖的，也常常是很有用的。如果你嫌这样的描述太粗糙，可以进一步指定。

多端口类型　尽管让一个组件类型通过一个端口类型来暴露所有的操作完全合乎规定，但很多组件类型还是使用了多端口。如果只有一个端口类型，那么就要求你通过这一个端口类型来路由所有的通信，相比而言，拥有多个端口更为可取，有这样几个原因：

● **职责**　当组件变得越来越大，单一端口的职责会变得越来越庞杂，所以，最好是拆分成多个更小、更简单、更易理解的端口。

● **协议**　由于端口可以是有状态的，使用单一端口，意味着混合了多个状态机，这很快会带来复杂的混乱。

● **耦合**　组件向每一个用户透露一个有限的视图，从而降低耦合。在图书馆系统的例子(见图 12.2)中，LibraryDesk 可以访问的操作比 WebPC 的多。因此，WebPC 和 LibrarySystem 之间的耦合就降低了。特别是，LibraryDesk 的操作改变时，不会影响 WebPC。

● **可用性**　提供更小、更简单的端口，可以简化用户对每个端口的理解。

● **兼容性**　每一个端口都有一个可以进行兼容性检查的类型。一个组件可能执行相同的计算，但一个端口提供的结果是 JSON 格式的，另一个端口提供的结果是 XML 格式的。相同的组件可以提供同一个接口的不同版本，以便支持到现有的所有客户。

通俗来讲，当一个开发人员看图或代码时，看到可读的端口类型名称，会得到一些被传递出来的、关于系统的知识(用了 10.3 节中描述的关于架构明显的编码风格)，所以，拥有多个端口，意味着拥有更多传递知识和设计意图的机会。

多个端口实例　一个端口可以有多个实例。例如，在图书馆系统中，很多WebPC 实例可能被连接到图书馆系统。这就带来了一些选项，如图 12.13 所示。在选项(a)中，每一个组件实例和服务器上的不同端口实例连接。在选项(b)中，所有组件实例都与服务器的单一端口实例连接。在选项(c)中，每一个客户端和服务器都有一个单一的端口实例，但它们使用多路(这里是三路)连接器，而不是两路连接器。

如何选择是否要共享单一端口呢？用多个端口实例来跟踪端口的状态是比较容易的，你应该默认使用这个选项。而共享端口是一种捷径，当连接器协议无状

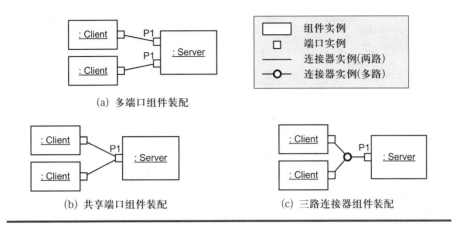

图 12.13 组件装配图，显示了处理多个客户端请求的三种选项。服务器可以选择(a)每个客户端一个端口，(b)多个客户端共享一个端口，或者(c)通过多路连接器连接到多个客户端

态时，像 HTTP，共享是一种好的选择，因为在这种情况下，不用担心存在数据可能通过连接器泄漏的安全问题。如果客户端正在使用同一个 API 中有所区别的操作，那么，从耦合性的角度来说，共享是一个不好的选择，因为，为一个客户端作出的改变，可能影响另一个客户端。你应该要意识到，可能还会有一些语义上的模糊之处，比方说，当组件从端口发出一个消息：这个消息是发往连接的所有组件，还是只发往其中的一个。

如何选择两路或多路连接器呢？安全问题再一次影响了我们的选择，因为保证两路连接器的安全，要比保证让事件安全地通过共享连接器容易。事件总线是一种特殊的多路连接器，当相同的一组事件被触发时，设计人员仍然可以很容易地添加或移除组件。在特定的情况下，使用其他类型的多路连接器也是适当的，比方说，查询多个服务器来得到具有共识的答案。多路连接器可以通过查询多个服务器来降低延迟和均衡负载。通常来讲，如果你看到一个组件必须管理与多个相似服务器的连接，要考虑这个连接器是否能更好地处理那些信息流。

端口和接口 尽管主流的编程语言都不直接支持端口，正如 10.3 节中讨论的那样，但你可以采用架构明显的编码风格来使它们可见。另一方面，接口是可以直接表达的。在编程语言中，接口常常只是简单的操作列表。端口和接口很相似，客户端更依赖于它们而不是实现，它们之间的区别在于，我们很少认为接口是有实例或状态的。另外，架构模型中有依赖的端口，但很少有编程语言支持依赖的接口。

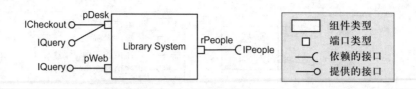

图 12.14 图中的 Library System 组件有两个提供的端口(pDesk 和 pWeb)，以及一个依赖的端口(rPeople)。这些端口都带有用 UML 球窝符号表示的提供的和依赖的接口

端口可以支持一个或多个接口。例如，Library System 有一个 pDesk 端口，它支持(即提供)ICheckout 和 IQuery 接口，正如图 12.14 所示。图中也显示了 rPeople 端口依赖于 IPeople 接口。

有状态的端口和协议 端口可以有状态，这常常是因为端口上有协议。例如，文件支持像 open()、cloase()、read()及 write()这样的操作，但客户端不会无序地调用这些操作。调用 close()之后再调用 write()会产生错误。

如果领域对用户来说是陌生的，那就值得把端口状态机画下来。图 12.15 显示了 Store 组件，它有一个 pCart 端口，提供了购物篮服务。这个端口支持几种操作：newCart()、addItem(Item)、removeItem(Item)及 checkout()。图中显示，这些操作有一个约束了执行次序的状态机。这个例子很简单，更复杂的可能包括过期后丢弃购物篮、结账期间移除商品等。状态机越复杂，就越值得把它画下来，不管是以图还是文字的形式。

如果你已经为协议发生错误的风险指定了优先级，那么，小心谨慎地对端口协议建模是一个好主意。如果你使用了面向对象的框架，就要确认你真的理解回调方法协议，因为这是一个很容易产生错误的地方，一旦出错，可能使你的应用崩溃。

端口类型模型 有很多理由支持你使用多端口，但一个重要的原因是，可以为特定的用户提供简单而有限的操作。一个组件也许可以理解复杂的领域，支持多个操作，而通过一个单一端口，可以只暴露一部分操作和一个简单的领域。通过端口可以对组件进行有效的封装，这个思想在 11.4 节中已做了描述。

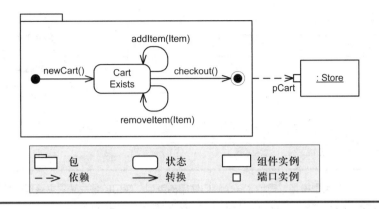

图 12.15　一个状态机，显示了一个端口上的操作使用协议。pCart 端口的用户可以先调用 newCart()，然后可以多次调用 addItem(Item) 和 removeItem(Item)，最后调用 checkOut()

图 12.16 显示了 Library Core 组件(之前显示在图 12.3 中)及四个端口。图中也显示了 pInventory 端口的类型模型。使用这个端口的客户端只需要理解三个类型：Library、Copy 和 Book。它们不需要理解 Library Core 通过别的端口透露的其他类型，包括 Loan 和 Borrower。使用 pInventory 端口的客户端需要理解一个 Copy 是否从 Library 中移除了，这可以通过 Copy 类型上的 is_removed 属性来表示，客户端不需要知道 Copy 的其他属性。

可以注意到，图中显示的 Library Core 组件有一个 UML 图标注解(版型)。UML 在类型和组件上使用同样的图元素(分类器元素)，但这不会带来混乱，因为你很少在一个图上同时看到它们。在图 12.16 中，由于同时有类型和组件，因此用图标来消除可能存在的歧义。

在大多数架构模型中，端口的类型模型一般不会展现端口进出参数的数据类型。如果想要展现它们，则可以为这些类型添加版型«interchange»，这意味着对用于交换的数据结构作出了承诺。15.9 节中讨论了在 API 级别上建立架构模型的优缺点。

绑定和附属物　当你嵌套组件时，应该很清楚外部的端口该如何映射到嵌套组件上的端口，这种方法称为**绑定(binding)**。图 12.17 显示了组件 B 和组件 C 嵌套在组件 A 中，组件 A 上的端口 P1 和组件 B 上的端口 P1 之间有一个绑定。子组件上的端口必须与包含组件上的端口兼容，所以，在这个例子中，P2 必须与 P1 兼

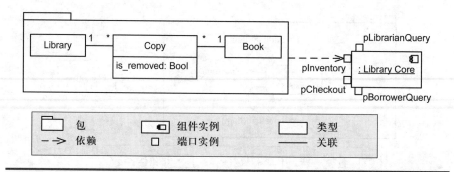

图 12.16 一个类型模型，显示了某个端口使用的类型。端口的客户端只需要理解该组件全部类型模型的一个子集。Library Core 组件实例也曾显示在图 12.3 中

容。P2 可以添加更多的操作，但它必须支持 P1 的所有操作，并且不能改变这些操作的含义。

总而言之，绑定不是连接器，绑定中也不会完成什么实际工作。绑定的存在保护了封装。组件 A 的用户甚至不知道子组件 B 和组件 C 的存在，也不知道端口 P2 的存在。

你的源代码实现，常常与组件装配图中看上去的有所不同，因为你的编程语言或许有可见性(例如，Java 语言中的公开和私有修饰语)方面的限制，这些限制能让你选择性地隐藏和暴露元素。源代码实现可以暴露那个对应于端口 P2 的接口，而隐藏组件 B 和组件 C 的实现。此时，端口 P1 可能没有运行时的存在，当然也没有绑定关系的存在。你可能这样来看一个绑定：绑定，使你可以显示哪些嵌套组件的端口是外部组件上的那些"突起"，并使该端口对客户端可见。

这里有两点需要说明。第一，在 UML 中，一个**委派连接器(delegation connector)**(即绑定)是一个连接器的子类型，尽管在它的描述中有这样的注释，即运行时的存在是不确定的。第二，偶尔你能看到，绑定会在运行时做一些工作，比方说，选择性地向几个内部端口路由消息。

端口可以被**系(attached)**于某个连接器的与端口相兼容的角色上。在图 12.17 中，端口 P3 被系在连接器的角色上。相反，端口 P1 则没有。

12.10 质量属性
Quality attributes

质量属性是一种超功能需求，也称非功能需求或非功能属性。术语"超功能 (extra-functional)"比"非功能(non-functional)"要好，因为，"extra"在语源上

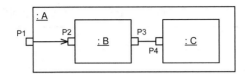

图 12.17 如果组件包含了多个嵌套组件，外部端口必须被绑定到内部端口。在图中，外部可见的端口 P1 被绑定到内部端口 P2，端口 P2 必须与端口 P1 兼容

比"non"更准确，我们的语境是，这些需求超越了功能需求，但不否定功能需求。大多数人看到挂在人工喷泉上的标志说"non-functional"，都解释为关闭，而不是解释为喷水量增加。

理解**质量属性**(quality attributes)，对软件架构工作是至关重要的，因为系统的架构将影响它所能实现的质量。工程中的大多数问题都很容易导致质量的降低，而不是提高。看上去很小的疏忽都可能会破坏质量(例如，安全性)，除非制订了仔细周全的计划，才能提高质量。

理想情况下，你可能会为你想要的质量指定一个可测试的条件，比方说，"信用卡交易在 95%的情况下都在 7 s 内被授权"。在实践中，很难对某些质量写出好的测试，特别是不太能量化的质量，如可用性、安全性、可修改性及可移植性。12.11 节讨论了如何写可测试的质量属性场景。

有些质量属性用某种特殊的视图类型或视图来进行分析是最合适的。我的朋友，Tim，曾经很生动地演绎了这一点，他把一批源代码列在表格里，然后找了很多人，让他们找出导致系统运行速度减半的那一行代码，都没有成功。相反，他通过查看执行路径(运行时视图)，快速地找到了元凶。

与功能正交　第一眼看上去好像有点违背直觉，但是，功能和质量属性，在大多数情况下，的确都是正交的关切，这也意味着，它们相互之间是无关的。你可以通过一个假定的问题来说服自己相信这一点：我可以构建一个特定的系统，比方说，文字处理器，让它慢或快？让它安全或不安全？让它可测试或不可测试？诸如此类。真正正交的关切相互之间是没有关系的，如颜色和重量。有些东西可以是红的或蓝的，也可以说是重的或轻的，它们之间没有联系。然而，大小和重量却密切相关，越大的东西总是倾向于越重。功能和质量属性只是在大多数情况下正交，因为它们之间还是有一点相互作用的。你可能选择了一个功能需求和一个质量属性需求，结果，满足这两者的需求是不可能的，比方说，对一个列表进行排序，要求排序算法比 O(n)还要快。但是，设计空间常常很大，功能和质量属性可以独立地变化。

表 12.6 常见质量属性的分类，质量属性也称超功能需求或"必需品"，通常与功能是正交的

视图类型	质 量 属 性	
运行时	性能	延迟
		吞吐量
		效率
		伸缩性
	可靠	有效性
		可靠性
		安全性
	安全	机密性
		完整性
		有效性
	可用	概念上完整、一致性
非运行时	可修改性	模块化
		互操作性
		可移植性
		可集成性
		概念上完整、一致性
		可扩展性
		可配置性
	可重用性	
	可支持性	
	可发布性	
	可测试性	

分类系统　尽管质量属性的分类可能非常广，比如性能，但你常常需要在分类时描述得更加具体。例如，吞吐量和延迟都是某种质量属性，但又各不相同。一个处理新办信用卡的系统期望提高吞吐量，但如果每次授权都有很高的延迟，这个期望将无法实现。表 12.7 显示了一些按视图类型组织的常见质量属性。大多数质量属性都可以被拆分成更合适的粒度。更全面的质量属性分类可以参见 SEI 技术报告 (Barbacci et al., 1995; Firesmith, 2003)。

表 12.7 Library System 的一个完整的质量属性场景。你可以忽略部分内容，但应该努力写可检验的场景

来　　源	系统利益相关者或开发人员
触发	希望变更 PeopleDB
环境	设计时
制品	代码
响应	在不改变 LibrarySystem 代码的情况下更换 PeopleDB
响应测量	3 天内
完整的 QA 场景	系统利益相关者希望用一个兼容的 DB 来替换 PeopleDB，变更在 3 天内完成，不能改变 LibrarySystem 的代码

12.11　质量属性场景
Quality attribute scenarios

质量属性场景(quality attribute scenarios，QA 场景)简明地表示了超功能需求。它是 ATAM(见 15.6.2 小节)和属性驱动设计(attribute driven design)过程(见 11.3.4 小节)的基本组成，更深入的描述参见 Bass、Clements 和 Kazman 的著作 (Bass，Clements & Kazman，2003)。

大多数项目上的开发人员，通常都十分清楚系统所期待的功能，但对于质量属性需求，常常只能推断或猜测。由于系统的架构强烈地影响着吞吐量、安全及其他的质量属性，因此没有 QA 场景或其他类似工具的开发人员不得不基于直觉来选择架构，而利益相关者可能很晚才能发现问题。开发人员会构建一个好的系统，好的地方各不相同：它可能是一个高安全性的系统，而不是一个高可用的系统，它可能有着出色的吞吐量，但难以修改。

结构　QA 场景和功能场景类似，都是在描述系统应该有怎样的行为。功能场景由一系列步骤组成，每一步都会改变系统，而 QA 场景只有一步。QA 场景至少描述了一个触发和一个响应。触发的例子包括用户按下按钮、侵入者攻击系统、提交的批处理及利益相关者要求修改。响应包括生成数据、管理员收到攻击提醒、任务完成及变更集成进系统。

QA 场景的完整结构包括来源、触发、环境、制品、响应及响应测量。表 12.7 显示了 Library System 的一个 QA 场景。

可验证性　即使是写最简单的 QA 场景，你都应该努力使之做到可验证。如果 QA 场景是不能进行验证的，你就不能确定它是否可用(或不可用)。系统应该"对用户友好"，但谁来判断这一点呢？最好是引入一种测量响应的方法，这可以迫使你让输出做到可验证，因而也是可测试的。

对于像吞吐量这样的可量化的质量属性，写可验证的 QA 场景是比较容易的，而对于像可用性和可修改性这样的 QA 场景，就很困难了。当你写性能 QA 场景时，一定要尽量设想系统有可能出现的行为。比方说，每秒钟提交 100 个查询，90%都在 1 s 内响应，不能有超过 5 s 的响应。另一方面，当你像上面这样写可修改性场景时，写起来更像是一些特殊案例，而不是本质。例如，想象一个系统能处理三到四个可修改性场景是很容易的，但要再想增加几个场景就非常困难了。尽管看上去不那么完美，但一个可验证的 QA 场景总是比"对用户友好"这句话要强。

发现场景　通常来讲，要想认识你自己的文化，最好的办法是去旅行，多感受别人的文化。质量属性也是如此。如果你总是在开发 IT 系统，你就只能积淀自己对各种质量属性权重的思考，你作出的权重排序可能与那些系统、Web 及嵌入式开发人员积淀的不同。看看其他类型的系统，会帮助你认识自己正在构建的质量属性，或许也能帮助你重新考虑各种质量属性的权重。

如果你不去探寻 QA 场景，你就无法发现它们，而探寻总能有所收获。如果你的架构对项目是一个巨大的风险，那么你更应该孜孜不倦地去探寻。注意，人们更擅长评论一个稻草人而不是一张白纸，所以，你可以先努力写出自己觉得最合适的 QA 场景，然后拿给利益相关者，让他们提意见，然后再对场景进行修改，通过这种方式，或许可以从他们那里引导出更好的答案。像质量属性讨论会(见 15.6.2 小节)和架构权衡分析方法(见 15.6.2 小节)这样的结构化流程，这些是征求 QA 场景更正式的方法。

架构驱动元素　架构驱动元素(architecture drivers)是对利益相关者至关重要的 QA 场景，实现起来并不容易。它也可以是功能场景。它代表了那些最难以实现的场景和最重要场景之间的交集。正因为如此，它也是你在设计系统时最应该关注的场景。

你的架构需要支持特定的需求，这些需求很广泛，所以你常常很难集中思想。通过列一份简短的架构驱动元素表，你既可以集中思想，又可以确保你的架构能支持那些最困难的、最重要的需求。

架构驱动元素是从现有的 QA 列表和功能场景中提取的。利益相关者会为每个场景的重要性打分，常常分为高(H)、中(M)、低(L)三个级别。另外，开发人员对实现每个场景的难易程度打分。结果就像(H，M)这样的数组。架构驱动元素常常是(H，H)数组，即利益相关者觉得很重要，而开发人员觉得难以实现的场景。

架构驱动元素是由来自 SEI 的作者们(Bass, Clements & Kazman,2003)命名的，因为他们提倡使用架构驱动元素来驱动架构设计过程(在属性驱动设计中也是如此，见 11.3.4 小节)。本书提倡使用风险来辅助架构选择活动，两者有点类似，但并不完全一样。风险驱动模型有助于回答这个问题："我的团队应该做哪些活动，应该何时停止？"架构驱动元素更好地回答了另一个相关问题："我的架构必须具备哪些技术方面的质量？"因为有些场景可以被看做风险，比方说，系统无法处理大量事务的风险，所以，两者之间有一定的交集。然而，并不是每一个风险都可以被归为一种场景。例如，与新框架的集成，这可能是一个风险，但显然不是一个 QA 场景或功能场景。

12.12 职责
Responsibilities

当你在设计一个系统的时候，会为系统元素分配职责。你可以为每一个视图类型中的每一个模型元素分配职责。例如，用户界面模块(模块视图类型)负责展现用户界面，组件实例(运行时视图类型)负责科罗拉多州雇员的数据，位于阿灵顿的设施(部署视图类型)负责离线备份。元素的名称通常暗示了它的职责。

系统元素可以同时具有功能和质量属性方面的职责。开发人员倾向于先考虑功能方面的职责，但是，质量属性方面的职责也不应该被忽视。数据库可能负责存储科罗拉多州雇员的数据，可能也负责在半秒内完成查询，以及保证 99.99%的可靠性。

意图链 职责分配和架构意图链的思想紧密相关(见 2.1 节)。意图链帮助你决定需要给元素分配哪些职责，以及你可以把元素开放给任何合理的实现。

这里有一个例子，显示了最高级别的架构意图如何进入职责分配。想象一下，系统架构驱动元素之一是处理 1 s 内的查询，你决定使用三层架构风格、用户界面、业务逻辑及持久层。由于你需要确保查询在 1 s 内完成，你把性能开销分配给各层及连接器，使其往返时间落在 1 s 之内。在每个元素上的性能开销就是从架构驱动元素来的职责分配。

相反，你**不会**(not)去做的是针对每一个质量属性来为每个元素分配职责。在本例中，系统没有安全方面的架构驱动元素，因而不会去分配安全职责。所以，除非你的架构意图链给你一个为模块分配安全职责的理由，否则就不要进行分配。当然，如果你正在看组件的细节，并且认为它应该具有安全职责，而你还没有一个安全方面的架构驱动元素，说明你可能缺失了一个架构驱动元素。

通用的和列举的职责　职责分配是约束，被写下来(或考虑过，或口头交流过)的职责决定了约束有多强。职责可以是通用的，也可以是列举的(即内涵式的或外延式的，正如 10.1 节中的讨论)。考虑下面的通用(内涵式)职责分配：

(a) 所有输入的校验都应该在 UI 层完成。

这个职责跨越了所有元素，并且表明只有 UI 层应该做输入校验。这是一个通用规则，即使系统中添加了新的层，也应该禁止其他层做输入校验。比较一下通用职责分配和列举(外延式)职责分配：

(b) UI 层检查信用卡校验和及整数范围。

当前这一条也许覆盖了所有的输入校验，所以(a)和(b)看上去是等效的。然而，由于(b)是列举的，没有针对以后新层增加后会怎么样。它没有说在一个不同的层里面添加的特性是否可以执行校验检查。

通用职责分配是一种更强的约束，这可能是你想要的，也可能不是。然而，如果你想要更强的约束，你应该让它通用化，如(a)，而不是让其他人猜测是否应该从列举中推断一种模式，如(b)。

12.13　权衡
Tradeoffs

在质量属性之间常常需要做权衡。如果你设计一个系统，要求它的响应时间尽可能地快，此时，你可能发现自己牺牲了可修改性、可移植性或安全性。有时，这种权衡是固有的，但更多的时候，权衡依赖于特定的设计。

如果你研究一下设计空间(所有可能实现功能需求的设计)，你会发现设计或多或少影响着质量属性。你可能面临的是一大堆杂乱的设计。当你发现了一个权衡，你就从混乱中理出了一点头绪，简化了一些你对问题的理解。你可能找到这个，"通常来讲，平台依赖(可移植性)和速度之间存在着一种权衡。要让系统更快，必须使用平台相关的 API，而这使移植变得困难"。这些权衡就像是金块：简化了你正在着手解决的问题。

除质量属性外，还有一些其他方面的权衡。比方说，在一个更关注细节的层级上，设计决策可能在损失了一些特性的基础上，开发了一些新特性。在更高一些的层级上，质量属性可能和业务决策之间存在权衡。例如，有些公司为了生产高可用的产品，只提供了很少的特性。添加特性可能不被看好，因为增加了复杂性。权衡可能是关于系统最精简的知识，所以，如果说有什么关于系统的知识被文档化了，首先应该是权衡。一个新加入的开发人员，只要读一份简短的权衡列表(体现设计空间)，就可以从中看到系统和它所在的领域。

12.14 小结
Conclusion

本章介绍了架构建模中会用到的一些重要的模型元素。这些元素被用在架构模型中，如系统上下文图、模块图、分层图、部署图及组件装配图中。第 7 章描述了如何把模型元素放入模型的标准栈中。第 9 章概述了设计模型。本章进一步扩展了这 2 章的内容。本章和下一章分别覆盖了模型元素和模型关系，是非常有用的参考材料。

你应该不会力求在架构模型中使用每一种建模技术。我曾经不得不维护某人写的一些 C++代码，这家伙刚刚读完了一本关于 C++的书，代码中充斥着多继承和其他一些编程上的小技巧。那不是你想要的。作为一本书，我们不得不花很多笔墨在复杂的概念上，但不要因此产生误解，以为你也应该要在系统和模型中突出这些东西。简单的概念，比方说，组件和功能场景，才是更容易受控的。当然，偶尔也会出现需要用 N 路连接器(或其他复杂的概念)来建模的情况，不过，现在你也知道该怎么做了。

第 13 章

模型关系

Model Relationships

纵览本书，你应该已经看到了模型之间的各种关系。例如，领域模型、设计模型及代码模型的标准模型结构使用了指定和细化关系。细化也被用于边界模型和内部模型之间的关联。视图随处可见。不过到目前为止，我们看到的这些关系还只是直观的和非正式的。

然而，在某一时刻，你会想知道这些关系是不是有着牢固的基础。本章帮助你更精确地理解关系，但是为了增强可读性，也不会每一处都做到那么正式。在你第一次阅读本书时，可以跳过本章，以后再回来看。

充分理解模型关系，可以补充你的架构概念模型，也有助于找到模型中的缺陷。贯穿于本书的概念模型作出了一些建模方面的选择，尤其是使用封闭式细化语义及主模型，而不是视图。在本章结束时，你将要理解为什么会这样选择，并且已能开始阅读那些基于不同选择的模型。

建模关系比软件架构或统一建模语言(UML)更加具有普遍性，所以，这里你只能看到其中很少的一部分。而且，我们使用了房屋这个具体的例子对这些关系进行解释，例如，把实际的房屋和建筑蓝图关联，把房屋的平面布置图和三维模型关联。

下面的章节讨论了模型之间的九种关系，即投影(视图)、分割、组合、分类、泛化、指定、细化、绑定及依赖，如表 13.1 所示。本章以一个例子结束，显示所有的关系是如何放在一起使用的。下面，我们从投影开始，这也是最经常使用的关系。

表 13.1　本章描述的关系列表

关　系	从……到……	描　述
投影	模型—模型	全部细节的子集，可以做转换
分割	模型—模型	对模型细分
组合	多个模型—模型	组合模型
分类	类型—实例	实例的分类
泛化	超类—超类	归入某种分类关系
指定	现实世界/模型—模型	模型之间的对应
细化	模型—模型	从低细节化到高细节化
绑定	模型—模型	遵循一种模式
依赖	模型—模型	改变一个模型导致另一个模型变化

13.1　投影(视图)关系
Projection (view) relationship

制图学中，有很多把地球曲面投射在平面地图上的投影法。每一种投影法都依赖于一个数学函数，在球面和平面之间建立映射关系(即投影)。也许最著名的是发明于 1569 年的墨卡托投影，它有一个特性，即所有的经纬线都会在某个角度上相交。在地球的表面，这样的交叉点只出现在赤道，因此，墨卡托投影会使离赤道比较远的区域变大，格陵兰岛看上去比非洲要大。这种投影有个好处，就是那些想要从一个地方到另一个地方的海员可以在两点之间画根直线，然后按照指南针指向的方位航行就可以了。Gall-Peters 投影尝试表现国家面积的准确大小，但牺牲了便于导航的特性。

投影(projection)，或者说视图(view)，不太正式地讲，就是某样东西从一个特殊的角度看上去的样子。正式一点来说，投影显示了一个模型细节的已定义的子集，显示的内容有可能经过了一些转换。投影可以抛弃细节，比方说，忽略了国家边界的地图。投影也可以对模型进行一定的转换，正如墨卡托投影和 Gall-Peters 投影，它们都进行了转换，一个是为了更好地导航，一个是为了展现更准确的区域。然而，投影不能添加不存在的信息——当把地球投影到一张纸上时，发现了一个新的大陆，这就太令人感到惊讶了。

创建房屋的建筑蓝图，会使用投影。当设计了三维的房屋时，房屋的二维图也就产生了。每一个二维图都是整个房屋的一个投影，如图 13.1 所示。

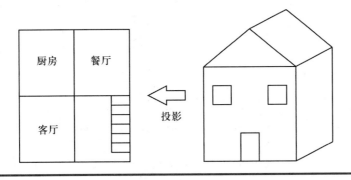

图 13.1 三维(3D)房屋模型的二维(2D)楼面视图(即投影)

考虑一下计算机辅助设计(CAD)程序，它存储了房屋的三维表示，并可以计算出任意的二维视图。这看上去违反了一个原则，即"投影并不会添加任何不存在的信息"，因为在三维的内部表示中，不会存在每一种可能的二维视图。但这对 CAD 程序来说，并没有什么问题，它会把内部表示进行转换，然后显示出一个视图，这要求做一些计算，然后显示一个横切面。规则禁止的是，视图不可能从三维的内部表示中派生出来，比方说，一个新房间或者一个车库。

尽管你在工作中会用到大量的图形化视图，但有时，最有用的却是文字或表格类的视图。图 13.2 显示了列出各项成本的房屋视图。你可以画图，但是这里更好、更简单的还是使用电子制表程序。

13.1.1 视图间的一致性
Consistency across views

当拥有多个视图时，将带来一个极具挑战性的问题：如何维护多个视图的一致性。如果你用三维 CAD 程序编辑了一个三维对象，不会出现视图不一致的情况，因为程序会为你计算出视图，一般不会有什么错误。然而，设计师常常用二维视图来进行工作，他们常常用自己的大脑来保证各个视图的一致性。

我的兄弟从事建筑工作，在一个项目中就碰到了这个问题。他在建一所学校的时候，学校的前视图显示有落水管，他也是按照设计来施工的。然而，当他开始用顶视图来看的时候，发现设计中的落水管有几英尺是在地下，而不是在外面。当发现不一致的时候，他动用了推土机——你一定希望尽早发现这种不一致吧。

屋顶	$17
地板	$12
⋮	⋮
车道	$35
总计	$100

图 13.2 许多视图都可以被临时创建，比如房屋建筑成本的表视图

在软件架构中，保持视图的一致性是难题之一(见16.1节)。你可以用一些技术手段来检查特定的视图对之间的一致性，比方说，二维平面图和二维侧视图，但是，特定对的数量会随着视图的不同组合而大幅增长，所以，你一定希望尽可能采用更通用的技术。

由于保持视图一致性是一个难题，因此使用视图，一定要有一个好的理由。视图帮助你应对两个主要的问题：复杂性和规模。视图显示一个包含全部细节的模型的子集，视图必定会减少你需要理解的东西。视图通常只突出模型的某一个**关切**(concern)，如速度、气流或可操纵性。专家会使用视图，而不是整个模型，例如，电工会使用连线图来跟踪电路。我们将在 15.2 节中回到视图一致性这个话题。

13.1.2 什么的视图？

A view of what?

让我们从房屋的两个视图开始，即图 13.3 中的视图。如果你观察这两个楼面图，会注意到楼梯并不匹配。第一个楼面视图右边有楼梯，而第二个楼面视图左边有楼梯。当你建立多个视图时，或早或晚都会碰到视图冲突的问题。

要解释冲突可能是比较复杂的，因为会有多种理解。或许，这些视图是固有的需求，所以，冲突意味着，只有等需求改变，房屋才能往下建。或许，是因为设计师犯了一个设计错误，而他自己还没有认识到。下面的章节描述了对视图的三种解释：是需求，是主模型的投影，是现实世界的投影。

需求视图 一种方法是，把每个视图都解释为在表达需求。整个视图集代表了系统的所有需求。例如，当设计房屋的蓝图时，建筑师可能把浴室放在厨房的上面，这样水管比较容易排，同时要求主卧朝东。他可能为这样的每一个需求建

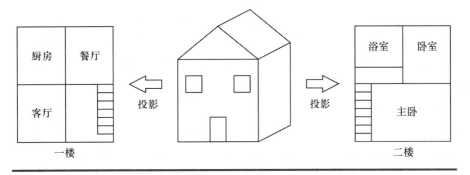

图 13.3 同一个主模型可以有多个视图，分别关注主模型的不同部分。楼面视图把楼梯放在了不同的地方，这产生了一个问题：哪一个是错的，是视图还是房屋主模型。

立一个视图，从而约束房屋的设计。视图也可能来自于不同的利益相关者，例如，一个视图表达了将来的业主对房屋成本的限制，另一个视图表达了城市对房屋尺寸的限制。

让我们将这个方法称为**视图即需求**(views-as-requirements)。由于每一个视图都表达了方案的需求，你可能想知道，是否可以设计一个模型(然后建造房屋)，能满足所有来自视图的需求。在图 13.3 所示的情况中，方案存在于每一个视图中，而不是在组合视图中。我的朋友 Dean 用下面的例子说明了这种冲突需求所带来的挑战：“我想要把 20 英寸(1 英寸=2.54 厘米)的显示屏放入我的口袋中。”

主模型　另一个解决视图不一致问题的方法是，把每一个视图都解释成设计师脑袋中完整设计的一个投影。我们将这个称为**主模型**(master model)方法，因为它假定设计师有一个完整的主模型，所有视图都是从主模型派生出来的。如果视图不一致，说明设计有缺陷。你可能把房屋楼面视图上的矛盾之处解释为设计师头脑中的主模型有缺陷。我们都经历过这种情形，我们相信计划或模型是很清楚的，直到具体做了，才发现那些早就潜伏在那里的错误。

主模型必须包含投影那些视图及设计出实际制品所需的全部细节。在实践中，设计师通常在自己的头脑中有一个主模型，然后有选择地制作一些视图。例如，设计师通常只画房屋的二维视图，而不是三维模型。然而，如果你问他们的话，他们可能会根据头脑中的主模型，给出你需要的二维视图。

实体投影　视图的第三种解释是，它们并不是任何模型的投影，而是现实世界中人工制品的投影。按照这种解释，房屋楼面视图是即将建成的房屋(使用视图即需求的方法)的投影，也可以是实际房屋(使用主模型方法)的投影。这种解释结合了投影和指定的想法，就像有经验的数学家会在工作中跳过或合并好几步一样。

本书使用**主模型**(master model)方法，在图中显示主模型投影的视图。这种方法避免了为那些还没有方案的东西创建视图集的可能性，你可以凸显在模型和现实世界之间进行对应的这一步。

13.1.3　视图辅助分析
Views aid analysis

一个适当的视图有助于分析模型，这种分析通常是非正式的、可视的。如果你正在试图为房屋安排各个承建人的工作，可能会从承建人列表及他们的时间安排开始看起。如果这份列表是无序的，安排上的冲突就很难看出来，但如果你把他们放在一个时间图表中，就不太会出现冲突的安排，因为在看这个图的时候，你的大脑很容易找到冲突的地方。使用人类擅长的技能去做架构分析工作才是有效的，这个话题会在 15.6.1 小节中详细讨论。

其他的一些分析工作可以用算法让计算机去做。如果你的新房屋要基于面积、窗户数量及能源利用来缴纳本地税，那么可以用一个特殊的视图来计算各种设计导致的税负。你雇用的每一个承建专家，如供暖承建人、电气承建人，都可以使用房屋的一个定制视图来进行特定的分析。

13.1.4　把视图归入视图类型
Grouping views into viewtypes

在 9.6 节中，你已经了解到，视图是可以基于其相似性进行分组的。房屋的所有物理视图都可以与三维设计对应。另一方面，你也可以从不同的角度来看你的房屋：税款债务、房屋下面的采矿权、是否可以在后院养鸡。这些视图很难与三维物理模型对应，不过，你也许可以对你所在的地区建一个模型，从而让它与这些附加的视图对应。这些视图分组就称为**视图类型**(viewtypes)。视图类型的一个特点就是很难和其他视图类型对应。在软件架构中，标准化的视图类型是模块视图类型、运行时视图类型及部署视图类型。

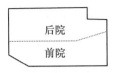

图 13.4 分割把一个整体分成了几个没有相交的部分。我的父亲不关心我和弟弟如何分割院子，只要我们能完成修剪草坪的工作

13.2 分割关系
Partition relationship

长大以后，我和弟弟不得不做的一件家务就是修剪草坪。草坪很大，而且我们用的是割草机，所以，我们把草坪**分割**(partition)成前院和后院，然后轮流修剪。完成了这两块地方的修剪，整个院子的修剪工作就完工了。父亲不关心我们怎么分工，只关心整个院子的草坪是不是都修剪好了。顺便说一句，这正是分割的特性：被分割的部分合起来就是整体，它们之间没有相交。

如果你喜欢钻牛角尖，可能会想："如果我做一个视图，只显示前院，另一个视图只显示后院，这不就是分割吗？"实际上，这些视图可能产生与分割相同的结果。但是，每一个分割都要求不包含与其他区域的交叉，而投影没有这个要求。

13.3 组合关系
Composition relationship

组合(composition)几乎就是分割的反面。分割拿到一个模型，然后描述如何把它分为一些更小的模型；组合是拿到更小的模型，然后创建一个更大的模型。不同之处在于，通过组合并在一起的部分不一定是整体的组成部分。所以，我可以把前院、后院及邻居的院子(即不是我家院子的一部分)组成一个大院子。在建模中，如果你有一些模型的部分内容愿意共享，例如，前端和后端共享的数据类型，这种方法就很有用。

13.4 分类关系
Classification relationship

分类系统(system of classification)让你能选取一些东西，并决定它们属于什么类别。使用源自柏拉图的定义，一个理想的分类系统有三个特性(Bowker & Star，1999)。第一，它不是模棱两可的。第二，每一样东西都可以，并且仅能归为一类。

第三，每一项都可以被分类后放进一个类别。与很多柏拉图的理想一样，比如，完美的几何形状，你几乎从来看不到一个能严格遵循这些特性的分类系统[1]。

尽管有柏拉图规则，但人们还是很喜欢同时把东西归为多个类别。房屋的干式墙螺丝钉既属于紧固件类，又属于磁性类。按照柏拉图所说，由于东西只能落在一个类别中，所以它们不能放在相同的分类系统中。你可以建立两个分类系统来解决这个问题，一个按照功能来分，一个按照电磁特性来分，或者简单地放弃这种"一个且仅有一个"的分类要求。

本书使用**类型**(type)来指代类别，用**实例**(instance)来指代东西本身，并且允许一个实例有多种类型。**分类**(classification)是类型和实例之间的关系。分类关系可以应用于组件类型和实例、类和对象，或其他成对的类别和属于该类的东西。

你不应该混用**类**(class)和**类型**(type)，一个是对东西进行分类的概念(type)，一个是面向对象编程语言中分类概念的实现(class)，混用会带来一些困惑。注意，在大多数面向对象编程语言中，一个对象只有一个类，虽然那个类可能是从多个其他的类派生出来的(多继承)。

13.5　泛化关系
Generalization relationship

分类描述了类型如何对实例进行归类，而**泛化**(generalization)描述了类型如何归入另一个类型。我的房屋(房屋的实例)可能归为时尚房屋，同时也意味着它是简约房屋，如图 13.5 所示。它同时也是房屋，因为房屋是简约房屋的泛化，简约房屋又是时尚房屋的泛化。更通用的类型称为**超类型**(supertype)，而没有那么通用的类型则作为**子类型**(subtype)。

利斯科夫替代原理(the Liskov Substitution Principle)(Liskov, 1987)提供了一种对泛化的简单测试：子类型一定可以用它的超类型替换。如果时尚房屋是简约房屋的子类型，那么你可以睡在时尚房屋里面，也可以睡在简约房屋里面。注意，在面向对象编程中，你会碰到**子类**(subclasses)，它不能通过这种子类型(subtyping)测试。

---

[1] 另一个分类的办法是，定义一个类别，并通过举例的办法给出一个**原型**(prototype)，然后根据与那个原型的相似性来决定原型是否包含在这个类别中。Elanor Rosch 的经验研究表明，这与大脑的工作方式很像：比如，我们都认为，鸟就是一种体型较小、移动迅速、会飞翔的东西，就像麻雀。鸵鸟和企鹅让人有点头痛，人们花了不少时间才把它们归为鸟类。乌鸦则是一种很典型的鸟，知更鸟更加典型。在分类系统中，类别不是简单的"是或不是"，而是某种程度上的包含(Rosch & Lloyd, 1978)。

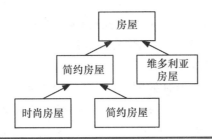

超类型和子类型也可以被组织成一个层次结构,称为**分类系统**(taxonomy),如图 13.5 所示。常见的例子包括几何形状,以及对生物进行分类的林奈(Linnean)分类系统。

分类系统无疑是很有用的,但是使用时有几个需要注意的地方。一般的经验是,刚开始建立分类系统时,是比较容易的,但随着类型逐步增加,开始变得越来越困难。分类系统随着时间的推移也不稳定,因为被分类的实例会发生改变,使用分类系统的方法也会改变。许多有用的类别,是对已经建立好的分类系统进行横切,例如,鸟、虫子、蝙蝠、双翼飞机都是可以飞行的东西。最后要注意的是,分类系统都是主观的。回想一下干式墙螺丝钉,它按照目的可以分类为紧固件,也可以根据能不能被磁铁吸住进行分类。

我们已经描述了一个类型如何泛化另一个类型。一个类型也可能再对另一个类型进行分类。在学校里,当你用图来表示句子的时候,把句子的内容分为名词和动词,你就是在进行分类。时尚房屋、简约房屋及房屋这些类型相互之间通过泛化关系关联着,与此同时,它们又都是分类关系中的名词类型。在模型范畴中,这称为**元模型建模**(meta-modeling)。UML 有一个定义好的元模型,称为元对象设施(Meta Object Facility),它对 UML 中的矩形框和线条进行了分类。

13.6 指定关系
Designation relationship

指定(designation)让你在两个域之间建立桥梁,例如,在现实世界和问题域模型之间。用砖建造的房屋可以为你遮风挡雨,而用笔在纸上画了一个叫做房屋的矩形框,可什么也遮挡不了。然而,你的目的其实是想表示,领域模型中的矩形框对应着现实世界的砖瓦房。指定,标识出这两样东西,并声明它们是对应的。指定也可以显示两个模型之间的对应,例如,在问题域模型和设计模型之间的对应。

你不需要对模型中的每样东西都进行指定。你应该指定尽可能少的东西，Michael Jackson 将这种做法称为**窄桥**(narrow bridge)(Jackson, 1995)。而其他的部分，你可以进行**定义**(define)。所以，如果你指定房屋模型如何与实际房屋对应，那么你可以定义房屋墙的安排如何决定面积，或者决定如何缴纳税款。你可以认为，指定的东西是作为模型基础的最小变量集，就好像那些电子数据表中录入的原始数据。而电子数据表中的方程式是定义，它们基于输入的数据，完成剩余部分的计算。

由于计算机系统常常用于记录现实世界发生的事情，因此指定关系非常常见。一定会有一个真实存在的东西，以及这个东西在计算机中的表现形式。你过去可能曾经碰到过，很难说服办事员或客户服务人员，让他们相信指定关系发生错误了。他们或许认为你还居住在以前的地址，或者还欠了他们一笔钱。混淆现实中的东西和模型中指定的东西，是很多错误产生的根源。

13.7　细化关系
Refinement relationship

同一样东西会有高细节和低细节两种表现形式。**细化**(refinement)就是这两种表现形式之间的关系，如图 13.6 所示。房屋的素描可以被细化为一张逼真的照片。另一个关于细化的定义就是，在细化关系中，高细节模型中所有的结论，在低细节模型中也是真的。

不要纠结于高细节和低细节这两种表现形式哪一个先创建，因为细化只是这两者之间的关系。你可以先有一个低细节版本(也称**抽象**(abstract)版本)，然后在此基础上增加细节，或者你也可以反着做，例如，先画房屋的草图。不管怎样，你最终都会有同一样东西的两种表现形式——高细节和低细节。

更高细节的表现形式，并不一定总是更有用。考虑一下，简报和所有文件，会议摘要和整个会议的录制，架构模型和 1000 万行代码的实现。

细化地图　如果两种表现形式都代表同一样东西，那么两种表现形式中的元素应该是有对应关系的。房屋草图中的屋顶和模型中的屋顶是对应的。这些对应的集合称为**细化地图**(refinement map)。细化地图并不总是被画下来，因为大多数对应都是很简单的。

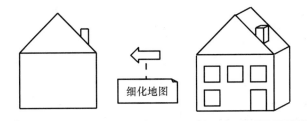

图 13.6　细化是同一样东西高细节和低细节表现形式之间的关系。在图中，细化用于在房屋的高细节表现形式(右图，三维)和低细节表现形式(左图，二维)之间建立关联。更高细节的表现形式并不总是更有用。细化地图很少被画下来，它关联了不同表现形式中的元素

13.7.1　开放和封闭的细化语义

Open and closed refinement semantics

如果你建立了一个抽象模型，使用者需要知道他们可以信赖的是什么。例如，如果你给某人看一张房屋图，像图 13.6 中左边的那个，图中没有车库，那么，他们可以假定更详细的模型也不会有车库吗？你希望在细化的模型中添加更多的细节，但也得向其他人保证，什么样的新细节是被允许引入的。你可以用开放或封闭的细化语义来传递自己在这方面的意图。

开放语义　在使用**开放语义**(open semantics)的细化时，细化可以引入任何新的项，添加一个新的车库或楼层都是允许的，也可能还有鸡笼和风车。

封闭语义　与开放语义相反，**封闭语义**(closed semantics)通常会列出不能改变的项目类型，从而严格限制了可以被引入的新项目。

在房屋的例子中，使用了封闭语义，你的细化被明确限制了，所以，不能引入新的车库和楼层。你没有在列表中提到的东西则可以被引入，如新窗户或壁炉，所以，你还可以有添加更多细节的机会。一种常见的选择是，已经在低细节模型中显示的项目类型不能再添加属于该类型的项目。例如，图 13.6 中左边显示了一个烟囱，封闭细化语义会禁止添加更多的烟囱，而由于窗户没有显示，那就可以添加任意数量的窗户。图 13.7 显示的房屋例子中，既有开放语义，也有封闭语义。

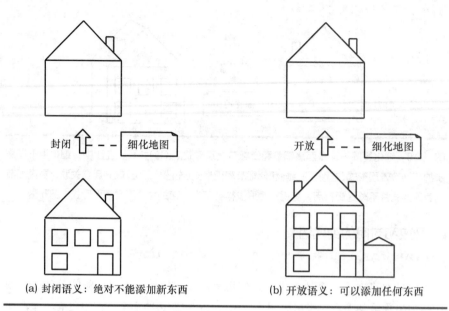

(a) 封闭语义：绝对不能添加新东西　　　(b) 开放语义：可以添加任何东西

图 13.7　细化语义的类型决定了哪些细节可以被引入。在本例中，封闭语义明确限制了细化，因此，新车库、烟囱或楼层都不能被引入。而使用开放语义，则没有这样的限制。在软件架构中，最好遵循封闭语义，禁止添加新端口

13.7.2　嵌套
Nesting

在架构模型中，细化的两种常见用法是，模型嵌套和细节放大与缩小。嵌套(nest)时，你建立元素的边界模型(例如，组件、模块、环境元素)和内部模型。它们之间的关系就是细化，因为两个模型都针对同一样东西，只是详细程度不同而已。元素的这两个模型都有相同的接口/API，包括操作、不变量及质量属性。不同之处在于，内部模型显示了更多的细节，换句话说，显示了内部设计。回到房屋这个例子，你可以使用嵌套来显示房屋的两个模型，一个包含内部的房间，一个不包含。

13.7.3　细节放大和缩小
Zooming in/out from details

使用细化的另一种方式是与细节保持一定的距离，这样你可以思考更通用、更抽象的问题。如果你在思考 Barbara 有 5 个苹果，Ralph 有 3 个苹果，你根本

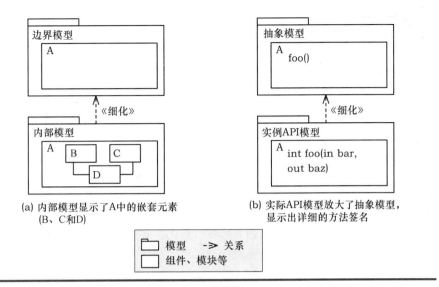

(a) 内部模型显示了A中的嵌套元素
　　(B、C和D)

(b) 实际API模型放大了抽象模型，
　　显示出详细的方法签名

图 13.8　细化可以用于嵌套(显示隐藏的内部元素)及放大缩小(显示额外的细节)

不需要关注苹果，就可以知道他们一共有多少苹果。细化和细节保持距离，从而可以更清楚地看到问题的本质。

　　一个忽略细节的著名例子是关于柯尼斯堡桥的例子。普雷格尔河流经柯尼斯堡，1735 年，河上的七座桥梁连接着两个小岛。柯尼斯堡的人试图找到一条路，可以一次且仅有一次走过每座桥梁。欧拉证明了并没有这样一条路。他做了抽象，忽略了不必要的细节，比如，城市叫做柯尼斯堡，甚至桥本身，结果，他创立了图论。

　　图 13.8 显示了细化过程中的嵌套用法和放大缩小用法。在左边，显示了边界模型如何显示一个组件(或模块、环境元素等)，而内部模型显示了组件和它的内部设计，子组件 B、C、D。在右边，显示了用于关联两个模型的细化，一个组件 A 的缩小模型，以及该组件的放大模型，放大模型包含了更加详细的 API。

　　本书中的例子使用细化来缩小细节。你将注意到，组件和模块上的 API 要比源代码中的更抽象，场景中的每一步都没有详细到足以成为一个方法调用。

13.7.4 挑战和优势
Challenges and advantages

无论何时使用细化，都要面对缺失细节所带来的负面影响。第一个负面影响是面临着这样的风险，即当你添加全部细节之后，就无法进行设计了。欧拉通过缩小细节(忽略细节)取得了成功，而其他人则可能陷入困境。Josh Bloch 发现了一个缺陷，在过去 50 年里面，几乎所有的快速排序实现(Bloch, 2006)都存在着这个缺陷。这个缺陷问题是这样的，在伪代码中，像(x+y)/2 这样的表达式会得到平均值。但在实现中，同样的表达式，当变量变得很大，以致超过精度位数时，就会发生溢出。解决这个风险的标准方法是，找到导致这个问题的细节，然后把它们放到更抽象的模型中。你的抽象模型将变得更加详细和复杂，而旧模型对于解决这个缺陷问题来说，有点太缩小了(太忽略细节了)，就像在信封背面做做计算，就想要完成登月计划一样。

第二个负面影响就是，抽象模型不能再作为 API 级别的文档了，当然，如果你需要，没什么能阻止你构建更详细的模型。在实践中，由于改变一次代码，模型就会过期，因此 API 级别的模型并不常见。管理模型——代码一致性的策略在 10.2 节中已做过讨论。

使用细化的最大优势正是贯穿于本书的架构思想：它可以作为降低复杂性和缩小规模的武器。你的思想是有限的，很难完全理解一个庞大而复杂的系统。只有对庞大而复杂的问题做些转化，使之可以放进你的头脑，你才可能去构建更庞大、更复杂的软件系统。细化让你简化问题的复杂性、压缩问题的规模，从而使之变得易于处理。

13.8　绑定关系
Binding relationship

地区和房屋都遵循一定的模式。例如，某些地区有一些小道，车库可以建在房屋的后面，而另一些地区没有这样的小道，车库直接对着前面。类似地，房屋的架构风格可能要求提拉窗或移动式窗户。再小一点来说，电器插座遵循电气规程中制定的模式。

在所有这些例子中，都有一个通用的模式，那就是每一个元素都与模式中的占位符绑定。两个模型之间的**绑定**(binding)关系就是拉出来源模型中的概念，并将目标模型中的元素和源模型概念中的占位符相关联。

想象一下，你有一个模型(源模型)，里面有房屋和车库。在这个模型中，你可以随意安排车库。车库可以面对着前面、面对着小道，或者放在侧面。接下来，想象一下这个地区的模式，车库和房屋是紧邻着的。好，现在这个模式有三个元素：

(1) 一个约束，即车库必须和房屋相邻；

(2) 一个车库占位符；

(3) 一个房屋占位符。

当你把这个模式与你的源模型绑定，两个占位符分别绑定房屋和车库，模型中还有一个"相邻"的约束。结果就是，在新的模型中，房屋必须与车库相邻。

明确地写出绑定的细节可能是很乏味的，但感觉很清楚。当你正在绑定一个**模式(pattern)**或**风格(style)**的时候，必须描述模式和源模型之间那些相互对应的内容。最终的模型包括了模式和源模型中的所有元素和约束。

13.9　依赖关系
Dependency relationship

一个模型的改变会导致另一个模型发生变化，这就是**依赖(dependency)**关系。例如，建造房屋的估算价格和原材料的当前价格之间，就可以用依赖关系来表示。

13.10　使用关系
Using the relationships

本章描述了所有的关系，你已经看到了怎样独立地使用关系，但如果把它们放到系统上下文中，它们的应用就会更清楚。图 13.9 显示了在房屋和车库这样的系统上下文中的大多数关系。每一个模型都显示在一个与文件夹类似的图标中。

在右边，房屋和车库的二维模型，通过**指定(designation)**关系被映射到现实世界。换句话说，现实世界中的房屋和车库，与模型中的元素是对应的。接下来，二维模型**被分割(partitioned)**，分别显示了车库和房屋。在上面，车库模型和卷帘门风格(一种模式)存在绑定关系，车库模型的元素和卷帘门模式中的元素相关联。房屋模型被**细化(refined)**(使用**封闭语义(closed semantics)**)到一个更详细的三维模型。三维房屋模型被**投影(projected)**，显示了底楼楼面视图。楼面视图显示了：厨房，标记为 R1；客厅，标记为 R2；餐厅，标记为 R3。R1 和厨房之间是一种**分类(classification)**关系，即类型-实例关系，实例称为 R1，厨房是类型。这个楼面模型引用了房屋的**分类系统(taxonomy)**，表明厨房、餐厅及客厅都是某种房间。

很容易就可以看出这张图该如何被扩展。如果有人问起车库的更多细节，那么你可以对车库建立一个更详细的模型，细化其中显示车库的那块区域。类似地，通过投影，还可以显示不同角度的视图及便于分析的视图。

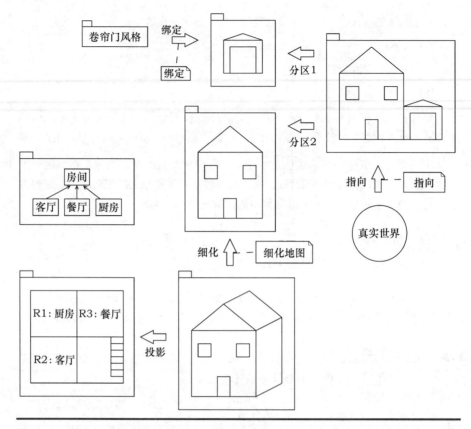

图 13.9 这个概要图显示了本章中讨论的大多数关系。现实世界对应于完整的模型，所以这是一种指定关系。它被分割为车库模型和房屋模型。房屋模型被细化，显示了更多的细节，然后通过投影，显示楼面视图，楼面视图由几个房间模型组成

13.11 小结
Conclusion

本章涵盖了建模过程中使用到的各种关系：投影(视图)、分割、组合、分类、泛化、指定、细化、绑定及依赖。你很可能已经不太正式地使用过这些关系了。通过逐个解释，你现在应该对它们有了更好的理解，从而可以避免建模过程中的一些错误和困惑。你应该理解有一些你必须要选择的选项：开放或封闭语义，以及主模型或视图即需求。

图 13.9 中的例子显示了一种常见的情形，即一组相互有关联的图。了解了本章中所介绍的各种关系，有助于你把这些图融会贯通地放在一个既清楚又易于理解的模型中。

13.12 延伸阅读
Further reading

Jackson (1995)提供了关于多个关系的详细讨论，包括投影、分割、定义及指定。Desmond D'Souza 和 Alan Wills 基于催化方法，围绕着细化关系，讨论了它在分析、设计及编码中的应用。细化是架构建模的一个主要部分，Moriconi、Qian 和 Riemenschneider(1995)提供了一种调整架构细化的正式方法。

第 14 章

架构风格

Architectural Styles

模式(pattern)是一种为解决重复发生的问题而提炼出来的可复用的解决方案 (Gamma et al., 1995)。模式可以应用在低级概念上，而且可以包含很多细节，比如，编程语言中的**惯用语法**(idioms)，也可以应用在中级概念上，比如，表达设计中常见的对象和类模式的**设计模式**(design patterns)，还可以应用在更高级的概念上。**架构风格**(architectural style)是一种模式，它发生在架构层面上，应用于像组件和模块这样的架构元素。架构风格定义了一种由元素和约束组成的语言。

架构风格，通常简称**风格**(style)，定义了一组可以使用的元素类型(比如，模块、组件、连接器及端口等)。遵循某种风格的系统必须要使用某些类型(有时只能使用这些类型)，这就限制了设计空间。风格还进一步定义了一组如何使用这些类型的约束，比如，系统的实时拓扑结构、模块之间的依赖、穿过连接器的数据流方向及组件的可视性等。风格也许还定义了元素的职责。

一些行业标准也可以被认为是某种风格，例如，由一个规范和几个供应商的实现组成的 Enterprise Java Beans(EJB)。它定义了一组元素，比如，beans、应用程序容器及它们之间的关系。

风格最早在运行时视图类型中被识别出来，到今天为止，这种视图类型中被识别出来的风格数量还是最多的，但是，风格的概念已经逐渐扩展并覆盖了模块和部署视图类型。

本章提供了一份风格目录，目录中的大多数风格都可以随处使用。目录中的描述强调了你所强加的约束和你所能得到的系统特性之间的联系。然而，在进入这份目录之前，本章还介绍了风格的优势、实践中的风格(体验式的风格)与目录中的风格(柏拉图式的风格)之间的差异、风格和以架构为中心的设计之间的联系，以及架构模式与风格之间的区别。

14.1 优势
Advantages

约束就像导轨(回顾 2.2 节),指明了你希望系统往哪儿去。例如,为了提高 Web 系统的安全性,你可以建立约束,要求所有的输入都必须经过审查。

在风格的约束下进行工作是比较困难的。你(或其他人)昨天制定的约束,今天可能就不再适用。一旦系统被建立在一种风格之上,再要改成另一种风格,就要付出相当大的努力。如果你事先能很容易地决定哪一种风格是最好的选择,那也可以,但要做到这一点很难。一旦你强加了约束,系统维护起来就会变得更加困难,因为你不得不去找那些不太明显的、受到那么一点儿风格约束的设计。那么,你为什么还应该要考虑加上约束或使用风格呢?

预制约束集 你可以把风格当做预制约束集,这个约束集既有优点也有缺点。如同任何一种预制品一样,你为自己节省了设计和调试的工作。预制品也许不能完全被调整到符合你的需要,但它的优点是,已经做好了,而且特性是已知的。

一致性和可理解性 风格约束带来的一致性可以促进系统干净地演化,这也使维护变得更简单了。不是一大堆随意的、不同的好主意都被实现了,而是一个好主意被贯彻实施了。

沟通 开发人员之间的沟通得到了改善,因为风格的名称都很简单,如分发-订阅,设计意图可以被简单明了地传达给其他开发人员。这就好比那些已被命名的设计模式(例如,工厂、观察者及策略等),知道模式名称的开发人员可以进行更加有效的沟通。

设计重用 当你使用风格时,就是在重用预制约束集。因此,任何用这种风格编写代码的工程师都可以重用那些来自于资深工程师的设计知识,正是这些资深的工程师发明或选择了这些知识。你可以更进一步,把这些风格的约束放入运行时的代码,这称为架构托举。例如,NASA/JPL 任务数据系统(MDS)项目设计了一组组件和关系,它们很好地连接了系统工程和软件工程。他们把这个风格托举到实现中,从而强加了风格约束(Barrett et al., 2004)。结果,任何在这个项目上的工程师都可以重用那些资深工程师的设计知识了。

确保质量属性 没有约束的、任意的代码可以做任意的事情,这是一个问题。如果你需要代码具备一定的质量,比方说,可维护性、可伸缩性或安全性,你就必须对它进行约束。例如,我平常使用的一款软件,可以用客户化插件进行扩展,插件是用脚本语言编写的。我可以下载很多这样的插件,它们却很少能运行起来。为什么?因为这个软件能运行在多个平台上,而没有约束插件,没有要求插件使用跨平台的库。没有约束的插件总是引用特定平台上的内容,如C:\TEMP,这就导致插件不能在其他平台上工作。简而言之,如果这个软件希望插件可以跨平台运行,就必须要对插件代码进行约束。

分析 没有约束的、任意的代码带来的另一个问题是,你无法对它进行分析。如果有人问你 COTS 系统是否可以与你的系统集成,而那个系统没有约束,那么你就需要拼命去看代码了。另一方面,如果你知道那个系统使用了与你的系统相同的架构风格(也许是客户端-服务器风格),同时,它的消息格式与你的一样,那么,你就应该能很容易作出决定(即分析)。简而言之,没有约束就意味着无法分析。

14.2 柏拉图式风格对体验式风格
Platonic vs. embodied styles

如果你读过《设计模式》(Gamma et al., 1995)一书,你可能已经注意到,实际工作中的代码与书中理想版本的模式是不同的。这没有什么奇怪,在这里,架构风格和模式与理想版本的也不会相同,差别可能还很大。

模式和风格为了实现几个目的。一个目的是用于解释,在整个设计过程中都需要用模式名称进行沟通。另一个目的是提供设计能力,比如,管道-过滤器风格使过滤器的重新配置成为可能。对模式或风格作出的改动可能也仍然需要在整个设计过程中进行沟通,同时要让改动减小对设计能力的影响。带着这个想法,来看一下两个思考架构风格或模式的截然不同的方法。

柏拉图式风格 柏拉图式架构风格(Platonic architectural style)是一种理想化,即柏拉图式的理想,像完美的圆。这些风格和模式是你在书中可以找到,而在源代码中很少看到的。

体验式风格 体验式架构风格(embodied architectural style)出现在实际的系统中。它常常违背柏拉图式风格中那些严格的约束。违背常常是出于一种权衡:你不再依赖于风格特性了，因为那些特性派生于约束。有时，体验式风格也是柏拉图式的，就像 NASA/JPL 任务数据系统(MDS)风格那样。

一些例子强化了两者之间的不同，而且凸显了权衡。在管道-过滤器风格中，强加了这样的约束，即过滤器都是独立的，它们只能通过管道来进行通信。然而，在实践中，你经常会碰到管道和过滤器链，在这条链上的第一个和/或最后一个过滤器会违背那个约束。有时，第一个过滤器从管道以外的某个地方读取数据，有时，最后一个过滤器控制了整个链。这些违背影响了风格特性和过滤器的可重配置性吗？也许是的，但违背的仅仅是第一个或最后一个过滤器，其他的过滤器还是可以重新配置的。这些违背影响了风格名称的解释价值吗？也许不。

第二个例子与客户端-服务器风格有关。柏拉图式风格要求服务器不知道客户端的存在，这带来了解耦的好处，即对客户端的改变不会影响服务器。然而，你可能会碰到这种风格的体验式版本，即服务器偶尔会自发地推送数据给客户端。根据具体如何实现，有可能发生服务器依赖于客户端的情况。

14.3 约束和以架构为中心的设计
Constraints and architecture-focused design

柏拉图式架构风格和以架构为中心的设计(见 2.7 节)在概念上是相关的。以架构为中心的设计意味着你正在依靠架构来降低风险，实现某些特性或确保质量，即你正在有意识地依赖架构去实现某个目标。当遵循以架构为中心的设计时，你可以发明一个架构去实现你的目标，也可以使用一个已存在的架构风格，这个已存在的架构风格对系统质量的影响是已知的。

依赖架构去确保系统质量，与柏拉图式风格及体验式风格都是相关的。严格遵循柏拉图式架构风格中的约束，也可以产生已知的特性，但你可能更愿意用以架构为中心的设计方式去做。你甚至可能选择对风格的一部分内容进行托举(见 2.8 节)，从而强制使用这些约束。

相比之下，如果你遵循架构无差别设计(见 2.6 节)，那么可以使用体验式风格，即风格约束不会被严格遵守。尽管有一些偏离，系统还是有可能会获得一些期望的质量。那些命名的风格还是可以提供一些灵感或者指导的。像这样使用体验式风格没什么错，但你应该心中有数，违背风格约束，却仍想得到其好处，这可能是比较鲁莽的。

14.4　模式对风格
Patterns vs. styles

区分**架构模式**(architectural patterns)和架构风格是有好处的。模式针对的层面比风格针对的层面要小一些。模式在设计中随处可见，在同一个设计中，可以出现多种模式。相反，一个系统通常只有一个主导的架构风格。例如，如果系统是客户端-服务器风格的架构，你可能期望在顶层的设计视图中看到客户端和服务端组件。该系统也可能会使用架构模式，例如，使用 REST 模式来限制客户端和服务器之间的消息交换格式，也可能会使用目录模式，使客户端可以查询服务器地址。

架构风格和架构模式之间的区别有时并非那样清晰，你肯定可以找到一些两者难以区分的例子。系统的规模越大，所谓"系统的系统"就很常见，即独立的系统会成为更大系统的一个组成部分。原先独立的系统有自己的架构风格，但现在却从属于一个更大规模系统的架构风格，在这种情况下，自己原先的架构风格不是很有可能降格成为一种架构模式了吗？所以，不要担心应该把某些东西归类为一种术语、一种设计模式、一种架构模式，还是一种架构风格，为了保险起见，你可以把它们都称为模式，或许，你还可以把架构模式和架构风格当做同义词。

14.5　风格目录
A catalog of styles

以下的章节描述了一些最常见的架构风格。这些风格跨越模块视图类型、运行时视图类型和部署视图类型。架构风格应用于设计模型和实现模型，而不是领域模型(**分析模式**(analysis patterns)(Fowler, 1996)应用于领域模型)。大多数架构风格都已经在前面的章节中介绍过了，这里对它们进行再次介绍有两方面的原因。首先，提供架构方面各种主题的全方位展示，否则你可能总是在困惑到底哪些才是最常见的架构风格。其次，强化约束与因约束而导致的质量属性之间的联系。

表 14.1 显示这些风格的总览。图中描述了哪一种视图类型是每一种风格都可以适用的、它的元素和关系、它的约束及它带来的质量属性。后续章节中会有详细的文字描述，更深入地描述风格的变体和例子。

14.6　分层风格
Layered style

分层架构风格也许是最常见的，常见到让很多开发人员认为所有的系统都是

表 14.1　本章中架构风格描述的浓缩版。要了解更多的元素、关系、约束及质量属性，可参见正文

	视图类型	元素和关系	约束/导轨	质量提升
分层	模块	层、使用关系、回调通道	只能使用相邻的下一层	可修改性、可移植性、可重用性
大泥球	模块	无	无	无，反而有很多损害
管道-过滤器	运行时	管道连接器、过滤组件、读写端口	独立的过滤器，增量式处理	可再配置性(可修改性)、可重用性
批量顺序处理	运行时	阶段(步骤)、作业(批量)	独立的阶段，非增量式处理	可重用性、可修改性
以模型为中心（共享数据）	运行时	模型、视图、控制器组件；更新和通知端口	视图和控制器只能通过模型进行交互	可修改性、可扩展性、并行
分发-订阅	运行时	分发和订阅端口、事件总线连接器	事件生产者和消费者都是做过即忘的	可维护性、可发展性
客户端-服务器和 N 层	运行时	客户端和服务器组件，请求-响应连接器	不对称关系，服务器独立	可维护性、可发展性、现有代码集成
对等	运行时	对等组件，请求-响应连接器	平等的对等关系，所有的节点既是服务器又是客户端	可用性、系统弹性、可伸缩性、可扩展性
Map-Reduce	运行时和部署	Master 、 map 和 Reduce Workers，本地和全局文件系统连接器	可拆分的数据集供 map 和 reduce function 使用，分配拓扑	可伸缩性、性能、可用性
镜像、农场和支架	部署	多样化	多样化	多样化:性能、可用性

```
┌─────────────────────────┐
│          第3层          │
│     ┌───────────────────┤
│     │       第2层       │
├─────┴───────────────────┤
│          第1层          │
├─────────────────────────┤
│          第0层          │
└─────────────────────────┘
```

图 14.1　分层架构风格的一个例子，这种风格也是模块视图类型的一部分。它由一个有序的层栈组成，每一层只能使用相邻的下一层。图中，第 3 层可以使用第 2 层和第 1 层。低层不能使用高层，除非使用了回调

或应该是这种分层风格。你可能也碰到过，系统文档说自己是分层系统，而这些层都是生拉硬拽出来的。分层风格应用于源代码元素，所以它是**模块视图类型**(module viewtype)的一部分。

元素和约束　分层风格最主要的元素是**层**(layer)，最主要的关系是**使用**(uses)关系，使用关系是一种特定的依赖关系。分层风格由一堆层组成，每一层对上层来说都像一个**虚拟机**(virtual machine)(见图 14.1)，它们的排序形成一个有向非循环图。在一个简单的分层风格中，一个层仅仅使用它的下一层。这种约束意味着，更低的层是隐藏的，层的接口为它上面的那一层定义了一个虚拟机。考虑一下 Java 虚拟机(JVM)：运行在虚拟机上的程序不会去使用更低的层，因此，与硬件和操作系统是无关的。

质量结果　分层风格约束会直接带来质量属性的提升，即**可修改性**(modifiability)、**可移植性**(portability)和**可重用性**(reusability)的提升。由于每一层仅仅依赖于它的下一层，再往下的层可以被替换或模拟。层的栈越高，替代的机会就越多，这些替代可能会产生一定的有效执行(**性能**(performance))方面的开销。例如，开放系统互连(OSI)参考模型定义了计算机网络的层栈，而一个分层的实现本质上比不分层的实现要慢。

变体　分层风格的变体，使约束不再那么呆板，从而使一个层可以跳到更低的层。例如，HornetQ 消息总线运行在 JVM 上，但却使用了非阻塞输入/输出(NIO)库。然而，当它检测到自己正运行在 Linux 上时，会使用内核异步输入/输出(AIO)库，从而使性能得到改善。注意，在这种情况下，它既解决性能方面的问题，也维护了可修改性、可移植性及重用性，因为它依赖于 JVM 中的标准 NIO 库。

你将看到的另一个变体是**共享层**(shared layers)，每一层都使用这些共享的，或者说**垂直的**(vertical)层。这种用法使层的定义濒临瓦解，因为这样的共享层和

一个任意的、无约束的模块有什么不同呢？

如果你把这些共享层解释为，在显示对共享模块依赖时看上去比较好，而不是把它作为一个不同类型的层，那么这个变体就比较能讲得通了。例如，如果系统中的每一个层都依赖于 C 标准库(libc)，同时，你认为要把它显示在图上是一件很重要的事，那么你可以把它显示为一个共享层。

注释　对于分层风格来说，其柏拉图式的形式和体验式的形式区别很大。上面提到的柏拉图式的形式，从它的约束中能获得非常清晰的质量属性方面的好处。然而，在实践中，分层风格会违背它的约束，你可能看到层与层之间的跳跃，或者低层使用高层，这对质量属性带来了负面的影响。还是那句话，即使使用了比较随意的形式，层也会为开发人员带来好处，因为层把模块按照清晰的功能进行了分组。

如果使用了回调机制，低层可以与高层进行安全的通信。考虑一下常见的用户界面层和核心功能层之间的通信。用户界面可能需要基于核心的工作来更新显示，也许是根据任务完成的情况更新进度条。核心模块可以定义一个回调接口，用于报告任务的状态。为了保持层的调用完整，UI 层必须初始化回调，要求核心模块报告它的状态，并将 UI 层作为一个参数传入。由于 UI 层实现了一个由核心层定义的回调接口，因此核心层不知道 UI 层，也不依赖于 UI 层。

分层风格在 Clements 等人(2010)、Buschmann 等人(1996)及 Shaw 和 Garlan(1996)的论著中都有描述。

14.7　大泥球风格
Big ball of mud style

如果分层风格是最经常被期望实现的风格，那么**大泥球**(big ball of mud)风格可能是实践中最常见到的(Foote & Yoder, 2000)。可以这么来讲，大泥球风格就是没有任何清楚的结构，或者是一个坏结构的遗迹。典型的表现就是，随意共享信息，随意全局化数据结构。尽管模块视图类型、运行时视图类型及部署视图类型都是一团糟，但它常常是从模块视图类型开始乱的，然后到处扩散。修补和维护总是应急的，都是一些简陋的补丁，而不是优美的重构。没人去做一些努力，来保证概念上的完整性和一致性。技术债就像一个天文数字。

大泥球源于原本应该被抛弃的代码，这些代码的存活时间比预期的要长，常常由于它们有点用处，因此被不断地维护着。另一个因素是短期和长期利益之间的权衡。出于短期利益，你打了应急的补丁，而没有做开销比较大的重构。

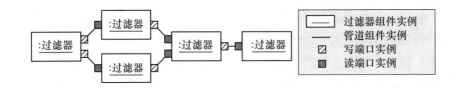

图 14.2　管道-过滤器架构风格的一个例子，这个风格是运行时视图类型的一部分，显示了五个过滤器和五个管道。每一个过滤器必须增量式地处理输入、写入输出。因此，几个过滤器和管道也许可以并行处理

　　毫无疑问，这样的系统**可维护性**(maintainability)和**可扩展性**(extensibility)都很差。让人忍不住想把这种风格作为地地道道的反面模式抛弃，但是，Brian Foote 和 Joseph Yoder 进行了一次引人入胜的争论，在 Richard Gabriel 的经典著作中有一个观点，即**更坏即更好**(worse is better)(Gabriel, 1994)，而这种风格阐述了软件工程中**刚刚好**(good enough)的策略(Bach, 1997)。作者提请大家注意，"并不是每个后院的储藏室都需要大理石的栏杆"(Foote & Yoder, 2000)。

　　推动系统变成大泥球的力量有一种奇怪的稳定性。一旦系统成为了一个泥球，有些开发人员就从中找到了安全感和威信。原因很简单，成为少数几个能理解这个泥球，并能往前推动它的人，就能得到安全感和威信，而那些憎恶烂泥(也许还可以清理)的人都跑掉了。结果就是，泥球会越滚越大，很少能被理清楚。

14.8　管道-过滤器风格
Pipe-and-filter style

　　在**管道-过滤器**(pipe-and-filter)架构风格中，数据从管道流向过滤器，过滤器会对数据进行处理，这与化学处理厂中的液体流经管道的情况类似。这种风格的一个关键特征是，整个管道-过滤器**网络**(network)持续地、增量式地处理数据。它与批量处理架构风格(见 14.9 节)的区别在于，后者在每个阶段都对数据进行完全的处理，然后交给下一个阶段。一个管道-过滤器系统的例子，见图 10.2 中的语言处理系统，另一个例子如图 14.2 所示。管道-过滤器风格可以应用于运行时元素，所以也是运行时**视图类型**(runtime viewtype)的一部分。

　　元素和约束　管道-过滤器风格由四个元素组成：**管道**(pipes)、**过滤器**(filters)、**读端口**(read ports)及**写端口**(write ports)。工作时，过滤器从一个或几个输入端口读取数据，进行一些处理，然后写入一个或多个输出端口。重复进行直到结束。过滤器可以补充、细化或转化数据，而管道则仅仅按照一个方向和次序来传输数据，不会改变数据(Garlan, 2003)。你可以认为每一个过滤器就是在输入上应用了一个**函数**(function)。

在最简单的管道-过滤器网络中，即线性的网络，数据从一个**源**(source)流经管道和过滤器，直到进入一个**槽**(sink)。源和槽通常都是文件，但也可能是其他流式的源或目的地。当有多个输入或输出端口时，网络会变得比线性的要复杂，但数据还是按照某个方向从源到槽。网络内的循环是比较少见的，通常也是禁止的。

管道-过滤器风格要求过滤器独立。过滤器相互之间不会交互，甚至连间接的交互也没有，除非通过管道，它们相互之间不会共享状态。过滤器不能假设上游和下游发生了什么。为了强化独立过滤器的思想，你可以把过滤器看成一个办事员，他在一个上锁的房间里，接受从一扇门下塞进来的信封，他和房间外部的人和事不存在任何联系，他对信进行处理，然后把处理好的消息放入另一个信封，再从另一扇门下面塞出去。

过滤器应该增量式地读它接收到的输入，然后对输入进行处理，再增量式地写入输出。这个约束的意图是，保证在任何时候，当数据流经它时，管道-过滤器网络都可以工作，而不会出现过滤器中的数据堆积，而下游的过滤器却根本无事可干。然而，这个约束很难做到精确。例如，对一个过滤器来说，读两个输入，然后把两个中更大的那一个写入输出，可行吗？也许是可行的，因为在它写一些增量输出之前，不能容许大量的数据堆积。但也有例外，有些事情不是增量式的，比如，解析。一个过滤器读了多少个符号，才算识别了一个表达式呢？在这种情况下，可能会允许在写入输出之前，将很多数据，也许是所有的数据都进行堆积。你应该对这个约束进行评估，看看你使用管道-过滤器网络的意图，这个约束可能很重要，或者也可能是一个你可以遵循或打破的规则。

正确的管道-过滤器网络在并行工作下也应该是正确的。无论你是否使用并行方式来实现，给定的输入总是应该产生相同的输出。

质量结果　管道-过滤器风格使网络的延迟(再)组合((re-)composition)成为可能。例如，在 Linux 中，你可以在命令行上建立管道-过滤器网络[1]，像这样：

```
cat "expenses.txt" | grep "^computer" | cut -f 2-
```

这条命令抓取了文件中所有以"computer"开始的行，然后输出其他的列。有很多现成的过滤器供选择(比如，这里看到的 **grep** 和 **cut**)，用户可以马上创建一个网络，计算出他们期望的结果。这是**可修改性**(modifiability)和**再配置性**(reconfigurability)的一个例子。你可能永远不会自己来建立这样的网络，而只是使用现成的、其他人已经装配好的过滤器。这些过滤器可以**被重用**(reused)。使用

---

[1] 然而，要注意的是，通过 sort 过滤器来输出，打破了增量式计算的风格约束，因为，sort 在输出前，必须看到整个输入流。

这种风格，还有机会使用**并行**(concurrency)处理，因为每一个过滤器都工作在自己的线程或进程中。通常来说，管道-过滤器网络对交互式的应用不太合适。

变体　有时，网络被限制为线性的。网络通常是定向无环图，但仍要注意可能会引入循环。过滤器既可能从输入端口拉取数据，也可能把数据推送到输入端口。

注释　当实现管道-过滤器网络时，你需要注意应该怎样停止的问题。你可以关闭网络，也可以封掉进程，但你怎么知道处理已经完成了呢？有时，答案来自于领域，比方说，输入数据(例如，文件)已经到达了结尾。另一种方式是发送一个内部的、表示到达流的结尾的令牌，让它沿着管道流动。还有一个选项是显式地关闭管道，然后让过滤器进行测试，看管道是否还开着。

理论上，管道是无限快和无限大的。但在实践中，管道的缓冲是有限的，这可能会对系统的性能产生影响。过滤器都在同一个内存空间，或者分散在多个机器上，这两种情况下，性能是有差别的。如果运行在多个机器上，对于 CPU 使用比较集中的网络，性能会比较好，而网络传输比较集中的网络，在单台机器上可能运行得更快。

将两个角色区分开是有意义的，尽管这两个角色可能都是同一个开发人员，区分角色是为了澄清过滤器被独立出来的含义。一个角色是过滤器开发人员。当开发一个过滤器时，开发人员根本不用考虑上游和下游，从大的方面来说，这个过滤器角色很像一个上了锁的房间内的办事员。第二个角色是管道-过滤器网络开发人员。这个开发人员负责把现有的过滤器组装成能够实现整个系统目标的网络，他具有全局的知识，包括每一个过滤器上下游分别是什么。

管 道 - 过 滤 器 风 格 在 Clements 等 人 (2010), Taylor、Medvidović 和 Dashofy(2009), Buschmann 等人(1996), Garlan(2003), Shaw 和 Garlan(1996)的论著中都有描述。

14.9　批量顺序处理风格
Batch-sequential style

在**批量顺序处理**(batch-sequential)架构风格中，数据流从一个阶段到下一个阶段，被增量式地处理。然而，与管道-过滤器风格相比，其每一阶段都将完成所有的处理，然后再写入输出。在阶段之间流动的数据可以采用流的形式，但更常见的是写入磁盘上的文件。批量顺序处理系统的一个例子，如图 14.3 所示。批量顺序处理风格应用于运行时元素，所以，它也是**运行时视图类型**(runtime viewtype)的一部分。

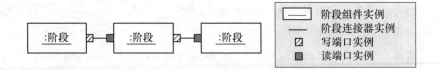

图 14.3 批量顺序处理架构风格(运行时视图类型的一部分)的一个例子,显示了三个阶段。每一个阶段都读取整个输入,同时把所有内容写入输出,它不是增量式的。因此,每一个阶段都顺序执行

元素和约束 在批量顺序处理架构中,负责处理的组件有一些不同的名字,有时称为**阶段**(stages),有时称为**步骤**(steps)。阶段之间的连接器没有标准的名字,也许是因为抽象太过于跳跃,当你看到一个磁盘文件时,却要将它当做连接器,这有点让人难以接受。批量顺序处理系统中的单个任务称为一个**批作业**(batch)或者**一次作业**(job)。一个阶段可能有一次或多次读端口和写端口。

批量顺序处理风格,有着与管道-过滤器风格类似的约束。特别是,每一个阶段也都是独立的。一个阶段依赖于放入的数据,但不依赖于之前的阶段。阶段相互之间没有交互,除非通过输入和输出的流或文件。阶段完全处理它们的输入,接着终止,然后,下一个阶段开始做相同的事情。

批量顺序处理系统通常是阶段的一个线性序列。连接器不做什么事情,只是简单地把数据从前一个阶段的写端口传送到下一个阶段的读端口。批量顺序处理系统作为有向图结构,并不太常见,但这么做却创造了可以让各个阶段并行运行的机会。

质量结果 批量顺序处理系统带来了与管道-过滤器风格相同的质量属性,特别是**可修改性**(modifiability),因为阶段相互之间是独立的。一个不同之处是,管道-过滤器系统增量式地产生输出,而批量顺序处理系统的最终输出既可能为空,也可能不为空,这将影响系统的**可用性**(usability)。另一个不同之处在于,由于阶段不能**并行**(concurrency)执行,因此并行处理的机会更少,除非有多个作业都是贯穿整个系统的。批处理系统在概念上更加简单一些,因为在一个给定的时刻,只有一个阶段在运行。它们可能有更大的**吞吐量**(throughput)。

注释 批处理风格在 Taylor、Medvidović 和 Dashofy(2009), Garlan(2003), Shaw 和 Garlan(1996)的论著中都有描述。

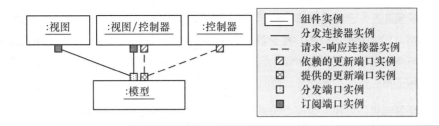

图 14.4 以模型为中心的架构风格(也是运行时视图类型的一部分)的例子显示了模型、一个接收模型变更消息的组件(视图)、一个更新模型的组件(控制器)及一个兼做两者的组件(视图/控制器)。视图和控制器只通过模型进行交互

14.10 以模型为中心的风格
Model-centered style

在**以模型为中心**(model-centered)的架构风格中，独立的组件只与一个中心模型(也称**数据存储**(data store)或**数据仓库**(repository))进行交互。这也被认为是**仓库风格**(repository style)、**共享数据风格**(shared-data style)或**以数据为中心的风格**(data-centered style)。这里起了一个新的名字，因为其他几个名字可能会让开发人员误以为，一定需要一个关系型数据库之类的东西。这种风格可以使用关系型数据库，而更常见的是使用内存数据库。图 14.4 显示了一个例子。这种风格应用于运行时元素，所以是**运行时视图类型**(runtime viewtype)的一部分。

例如，在现代的集成开发环境(IDE)中，一个中心模型代表了被编辑程序的状态，包括源代码和已被解析的表现形式。这个模型呈现给用户很多视图和控制组件。视图和控制组件相互之间是独立的，但全都依赖于中心模型组件。如果用户编辑源代码，就会改变中心模型。中心模型将变化通知给源代码的编译组件，然后重新编译，并更新这些已解析代码的中心模型。中心模型的改变会发送给显示方法名列表的视图。

这个架构风格与几种设计模式相关，包括文档-视图、模型-视图-控制器(MVC)及观察者模式(Gamma et al.,1995; Schmidt & Buschmann, 2003)。

元素和约束   每一个以模型为中心的系统都有一个**模型**(model)组件，一个或多个**视图**(view)、**控制器**(controller)、**视图-控制器**(view-controller)组件。这些组件的名称是多种多样的，这取决于使用了哪种以模型为中心的风格。连接器的类型也同样是多种多样的。如果模型实现了观察者模式，那么连接器会把变化通知给视图，而视图也可以对模型进行裁剪。如果使用了关系型数据库，就可能用触发器来通知更新。

视图和控制器都只依赖于模型，它们相互之间没有依赖。有一个单一的、共享的模型，同时有很多视图和控制器。在模型-视图-控制器(model-view-controller)中，一些特别的视图和控制器可能有一个绕过了模型的短回路，并进行直接通信，这破坏了独立性，其好处是，性能可能得到了提升。

质量结果 以模型为中心的系统具有很强的**可修改性**(modifiable)，因为视图和控制器组件都是独立的，它们之间的依赖性很小。由于信息的生产者和消费者被解耦，可修改性得到了提升。由于视图和控制器今后可以很容易地添加，因此系统也是**可扩展的**(extensible)。由于状态都集中在模型组件上，因此可以很容易地对它进行管理和持久化。由于视图和控制器可以运行在它们自己的线程或进程中，甚至运行在不同的硬件上，因此**并发**(concurrency)也没有什么问题。

注释 这种风格的一些变体包括黑板、数组空间及连续查询数据库。一个重要的变化点就是，模型是否事先已被结构化。一些变体可以使用一大堆非结构化的数据，它通过视图和控制器，渐进式地对这些数据进行清理。另一些变体可以使用结构化的数据，但它不知道数据将如何被视图和控制器使用。

由于这种风格具有可修改性和可扩展性，因此当你不知道将来的系统配置时，它是很有用的。以模型为中心的风格在 Taylor、Medvidović 和 Dashofy(2009)、Schmidt 和 Buschmann(2003)，Clements 等人(2010)，Shaw 和 Garlan(1996)的论著中都有描述。

14.11 分发-订阅风格
Publish-subscribe style

在**分发-订阅**(publish-subscribe)架构风格(又称基于事件架构风格)中，分发事件和订阅事件的组件是独立的。分发组件不知道事件为什么被分发，订阅组件不知道谁在分发事件，以及分发的原因。当然，设计系统的开发人员对分发者和订阅者如何安排是清楚的，例如，一个组件分发了"新雇员"事件，另一个订阅该事件的组件把这个新雇员录入计算机中。图 14.5 所示的是一个分发-订阅系统的例子。分发-订阅风格应用于运行时元素，所以是**运行时视图类型**(runtime viewtype)的一部分。

元素和约束 分发-订阅风格定义了两种端口，即分发端口和订阅端口，以及一个连接器，即**事件总线**(event bus)(即分发-订阅)连接器。无论何种类型的组件，只要使用了分发(或订阅)端口，就可以分发事件(或订阅事件)。事件总线是 N

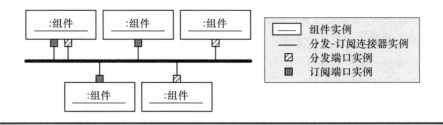

图 14.5 分发-订阅架构风格(也是运行时视图类型的一部分)的一个例子，显示了五个组件通过分发端口和订阅端口系在分发-订阅(pub–sub)连接器上。订阅者只依赖于事件，而不是事件的发布者，发布者"发出并遗忘"事件，并不依赖于其他组件的响应

路连接器，可以连接很多端口，而不是像两路连接器那样，只能连接两个端口。因此，一个组件可以发布一个事件，而很多组件都可以订阅这个事件。注意，这种架构风格中的连接器是一个"摇滚明星"，连接器负责处理大量的工作，而不是由组件来处理。

事件总线连接器负责递交事件。分发事件的组件相信这些事件会被递交给订阅者，而订阅者也相信可以接收到它们订阅的事件。

订阅者依赖于事件，而不是事件的发布者。如果系统开发人员用一个兼容的事件发布者替换之前的那一个，或者把事件发布者拆分成两个，只要分发的事件是相同的，订阅者就不会受到任何影响。

类似地，事件发布者并不关心事件的消费。无论事件是否被接收，还是根本没有组件来订阅事件，事件发布者都必须一样地做好事件发布工作。你可以想象用一个事件总线来模拟过程调用：一个组件分发事件，另一个组件接收这个事件，然后通过第二个事件来返回响应。在这个模拟中，由于第一个组件期待回复，因此这违背了发过即忘的约束。

质量结果 分发-订阅风格最大的好处是，对事件的生产者和消费者进行了解耦。因此，系统具有更强的**可维护性(maintainable)**和**可发展性(evolvable)**。考虑一下这个情况，如果一个新组件需要基于某个事件来工作。它可以简单地订阅那个事件，同时，系统不需要做任何改变，尤其是事件的发布者也不需要做改变。类似地，可以在不影响系统的情况下添加一个新的事件发布者，之后，组件(新的或现有的)就可以开始订阅那些事件了。

事件总线在事件的生产者和消费者之间加了一个间接交互层。这个层会损害系统的**性能(performance)**。然而，可重用的资源相比于临时定制的资源，其背后的工程(性能调整)活动更少：考虑一下 COTS 关系型数据库背后的工程活动，对比于一个定制的基于文件的仓库，其结果不言而喻。对于一个事件总线，你可以买商用的实现，也可以使用现成的开源实现，所以，这个风格在性能上的缺陷可以被事件总线代码的成熟度所抵消。

变体 有些分发-订阅风格的变体会要求订阅者注册或注销事件。另一些则使用了声明式模型，订阅者只需要简单地指定自己要接收事件，例如，使用编程语言注释或配置文件。这又与另一个变化点相关，即动态创建事件类型、分发者及订阅者。当风格变体允许运行时改变，这就是动态架构的一个例子(见 9.7 节)。

事件总线支持的属性也是多种多样的。有些是**长期的**(durable)，可以确保任何接收到的消息都可以从灾难(例如，电源切断)中恢复。它们常常将事件写入可靠的存储中，至少是临时性的，从而确保这些事件不会丢失，但这也带来了与**延迟**(latency)的权衡。它们也可以确保事件的无序分发，或者按照优先级来分发。有些事件总线允许事件被成批处理，从而避免类似事件的大泛滥。

分发者和订阅者定义了事件词汇表。所以，如果一个分发者生产了事件A，同时，一个订阅者在监听事件B，那么系统的词汇表就由事件A和事件B组成。系统允许对词汇表进行管理，例如，把事件 A 转换成事件 B。

注释 从软件维护和发展的角度，分发-订阅风格对事件的分发者和消费者进行了解耦，但不要因此使系统开发人员的知识和意图变得让人难以理解。如果你正在设计分发-订阅系统，你会特意这样介绍：这是"新雇员"事件的分发者和它的消费者。需要注意的是，不要让这些知识和意图从你的图中丢失。人们总是想简单地显示事件总线，然后把所有的组件都系在上面。可是在这样的图中，你怎么能说清谁在和谁进行通信？因为图中只显示了任何人可以和任何人通信。

分发-订阅风格在 Clements 等人(2010)和 Shaw、Garlan(1996)的论著中都有描述。它也在 Taylor、Medvidović 和 Dashofy(2009)的论著中有所描述，并被称为**基于事件**(event-based)风格，但要注意，他们用**分发-订阅**(publish-subscribe)这个名字描述了另一种风格，即本书中的**以模型为中心的**(model-centered)风格。

14.12　客户端-服务器风格和多层
Client-server style & N-tier

在**客户端-服务器**(client-server)架构风格中，客户端向服务器请求服务。请求通常是同步的，并且通过一个请求-响应连接器，但也可能通过其他的连接器。客

图 14.6 客户端-服务器架构风格(也是运行时视图类型的一部分)的一个例子,显示了一个服务器和两个客户端相连。客户端可以初始化通信,而服务器不能。服务器只有在客户端与它联系后,才知道客户端的身份

户端和服务器是不对称的,客户端可以请求服务器做工作,反之则不成立。图14.6显示了一个客户端-服务器系统的例子。这种风格应用于运行时元素,所以是**运行时视图类型**(runtime viewtype)的一部分。

元素和约束 客户端-服务器风格包含了客户端和服务器组件,通常还有一个请求-响应连接器和一些端口。客户端可以发起通信,而服务器不能。服务器在和客户端建立联系之前,不知道客户端的身份,但是客户端必须知道服务器的身份,以及如何访问服务器。

变体 客户端-服务器风格有几个变化点,包括:连接器可能是同步的,也可能是异步的;客户端或服务器的数量可能是有限制的;连接可能是无状态的,也可能是有状态的(即会话);系统的拓扑可能是静态的,也可能是动态的。

这种风格的一个变体,即在第一次和客户端建立连接后,允许服务器向客户端发送后续的更新。IMAP 邮件协议就是这样的例子,客户端和服务器建立联系,然后打开一个连接器,当电子邮件到达服务器时,客户端就会得到更新。但即使在这种变体中,如果没有第一次客户端的请求,服务器也不会联系客户端,服务器和客户端的通信天生就是受限的。

客户端-服务器的另一个变体是**多层**(N-tier)风格。这种风格使用了两个或多个客户端-服务器风格实例,形成一个**层**(tiers)的系列,如图 14.7 所示。请求必须单向穿越系统。一个常见的情形是三层系统,其中,用户界面层作为业务逻辑层服务器的客户端,业务逻辑层又作为持久化层服务器的客户端。在这种风格中,层都有各自专门的功能职责,例如,用户界面层专门负责用户交互,持久化层专门负责保存持久化数据。多层风格被描述成运行时视图类型和部署视图类型的混合,因为层通常(并非总是)与不同的硬件有关。硬件上可以放两个或多个层。**层**(tiers)的定义有很多种,但一致的观点是,它们都是功能上的逻辑分组(就像组件),可以被部署在硬件上。

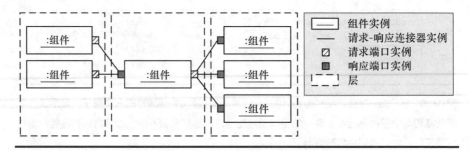

图 14.7 一个多层架构风格(也是运行时视图类型和部署视图类型的一部分)的例子,显示了三层结构。每一层都定义了职责,比如,第一层处理用户交互,第二层处理业务逻辑,第三层处理持久化。层通常被部署到不同的硬件上,但硬件也可以放置多个层

质量结果 客户端-服务器风格在客户端和服务器之间建立了一个不对称的关系,因为只有客户端才能发起一次处理过程。然而,由于服务器提供服务,因此常常是服务器的影响力更大。一个组织要改变业务流程或规则,只需要改变服务器上的实现,而不用改变很多客户端上的实现,这提高了系统的**可维护性**(maintainability)。另外,集中控制也有利于系统的**发展**(evolvability)。客户端-服务器风格也可以与现有的系统进行**集成**(integrate),只要在现有的系统上创建一个外表面(facade),然后把它当做一个服务器就可以了。

注释 客户端-服务器风格和以模型为中心的风格有点类似,但是以模型为中心的风格有一些额外的约束,即视图和控制器组件不能进行交互。在实践中,尽管客户端-服务器系统中的客户端之间很少进行交互,但这种风格并没有禁止这么做。对等风格和客户端-服务器风格也有点类似,只不过在对等风格中,客户端和服务器是对称的,每个对等点都可以既是服务器又是客户端。

14.13 对等风格
Peer-to-peer style

在**对等**(peer-to-peer)架构风格中,节点之间的通信都是对等的,不能存在分层关系。每个节点都有能力(但不是必需的职责)既作为客户端,也作为服务器。结果就产生了一个由对称操作的节点组成的网络,其中,每一个节点都可以请求服务,也可以向其他的节点提供服务。对等风格应用于运行时元素,所以是**运行时视图类型**(runtime viewtype)的一部分。

元素和约束 对等风格中的元素与客户端-服务器风格中的元素有点类似。然而,客户端-服务器连接器(通常是请求-响应连接器)的两端,被强制分为客户端角色和服务器角色,对等连接器的两端是相同的角色,既允许请求,也允许响应。

对等系统主张平等，而客户端-服务器风格是分层级的。对等网络中的节点可以作为其他节点的服务器，可以向其他节点发送请求，但这并不意味着每一个节点都必须与其他所有的节点相连。在任何一个特定的时刻，一个节点通常是连接到所有节点的一个子集，当系统运行时，可以加上一些连接或者关闭一些连接。

对等风格并不是简单地放宽客户端-服务器不对称约束后就可以得到的，相反，是对不对称约束进行了特定的禁止，因为对等风格的质量在于减少不对称的发生。认识这一点很重要。

质量结果　对等网络通常用于提供对资源的访问，例如，BitTorrent 网络中的文件，该网络会在多个节点上持有文件的冗余拷贝。一个节点可能向任何节点请求文件，或者请求文件的一部分。由于在 BitTorrent 网络中，即使其中的一个节点离线了，文件仍然是可用的，因此，**可用性**(availability)被提高了。由于单个节点的失败对系统没有太大的损害，因此，系统的**弹性**(resiliency)也提高了。

与客户端-服务器风格相比，一个真实的对等网络不会因单点而失效，也不需要集中的基础设施。其网络是高度**可伸缩的**(scalable)和**可扩展的**(extensible)。有些对等网络[1]已经成长到具有几百万个节点，包括 BitTorrent 和 Skype。这些系统在发布以后，可以不断地扩大规模，同时，不需要改变代码，也不需要开发人员做些什么。

注释　对等网络的一些优点，来自于节点的互连，如果节点成团地离开主网络，成为孤岛，这些优点就会受到打击。为了避免孤岛的产生，可能需要做一些事，违背方针的严格定义，比方说，指定一些众所周知的主节点，并通过这些主节点把新的节点连入主网络。

14.14　map-reduce 风格
Map-reduce style

map-reduce 架构风格适合处理巨大的数据集，例如，像搜索引擎、社交网络站点这样的互联网规模的系统，要处理其中的数据，就比较适合用这种风格(Dean & Ghemawat, 2004; Oreizy, Medvidović & Taylor, 2008)。概念上并不复杂的程序，如排序或查询，如果只能使用一台计算机，在处理大数据集时，也会执行得很慢。而 map-reduce 风格允许把计算分布到多台计算机上。当使用的计算机数量不断增长时，部分机器宕机的可能性会增加，而使用这种风格，可以让系统从这种失败中恢复。在 map-reduce 系统中，元素的通常排列方式如图 14.8 所示。map-reduce 风格应用于运行时元素，也依赖部署元素的特殊配置来实现它的可伸缩性，所以，

---

[1] 注意，这些特定的例子并不是纯的对等系统。BitTorrent 除了允许对等交换，还包括追踪器，Skype 采用超级模式和其他的非对等机制来避免形成网络中的孤岛。

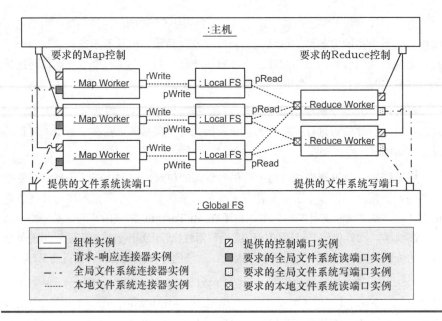

图 14.8 一个 map-reduce 架构风格(分别是运行时视图类型和部署视图类型的一部分)的例子, 包含了三个 Map Workers 和两个 Reduce Workers。Master 负责协调和给 Map Workers 分派工作, Map Worker 处理从全局文件系统(FS)中读取的部分输入数据集, 然后写入本地 FS。Reduce Workers 读取这些结果, 并做合并, 然后把输出写到全局 FS 中

它分别是运行时视图类型(runtime viewtypes)和部署视图类型(allocation viewtypes)的一部分。

大的数据集被拆分成小的数据集(称为 splits), 然后存储在一个**全局文件系统**(global filesystem)中。一个或多个这样的数据集由一个 Map Worker 组件进行处理(即 mapped), 中间结果被写入**本地文件系统**(local filesystem)。中间结果和 Map Workers 都是独立的, 所以, 一个 Map Worker 不能读另一个 Map Worker 的输出。Reduce Worker 组件从多个本地文件系统读取本地结果, 然后进行合并(即 reduces), 产生一个最终的结果, 这个最终的结果被存放在全局文件系统中。与 Map Workers 一样, Reduce Workers 也是独立的。Map Workers 和 Reduce Workers 在一组计算机上执行, 每一台计算机上都有本地的文件系统。Master Worker 负责实例化其他的 Workers, 分配 splits 给 Map Workers。它也监控 Workers 的健康, 当 Workers 出现问题时, 会重新对工作进行安排。

使用这种风格的开发人员只需要知道单机处理的正确性就好了。大量并行计算会到来, 但开发人员不需要关注, 他们只要简单地确保单个 Map 或者 Reduce Worker 能正确实现功能就好了。

元素和约束 map-reduce 系统有一个 Master Worker 组件，以及多个 Map Worker 和 Reduce Worker 组件。Master Worker 通过 Worker 控制连接器以与其他的 Worker 联系。Map Worker 可以用本地的文件系统连接器将数据写入本地文件系统，而 Reduce Worker 则用相似的方法从本地文件系统中读取数据。当然，它们也都会使用全局文件系统连接器。

这种风格所涉及的大部分工作都被托举进一个标准的实现库(或者框架)，程序员可以不必考虑其复杂性及对约束的严格遵守。如果要写程序，开发人员必须提供一个 map function 和一个 reduce function。如果拆分原始输入数据的函数在创建相同块(例如，尺寸或复杂度)上效率不高，会使某些 Map Worker 运行得比其他的 Worker 慢，而这也会拖慢整个系统。

在确定了需要使用的 map functions 和 reduce functions 之后，甚至是在灾难恢复的时候，并行计算与串行计算没什么两样。

质量结果 map-reduce 提升的主要质量属性是**可伸缩性**(scalability)。用单台计算机不可能进行计算的任务可以被拆分到多台机器上，从而提升了**性能**(performance)。一旦程序用 map-reduce 风格编写，它就可以运行在拥有一台或 1000 台机器的集群上。map-reduce 也提升了**可用性**(availability)，当机器发生故障时，将工作分配到另外的机器上，从而使系统能够从这种故障中恢复。

注释 这种风格的性能会受到数据局部性的严重影响。中间结果需要被存储得离 Map Worker 组件和 Reduce Worker 组件很近，这样才能避免占用更多的网络带宽。所以全局文件系统通常是一种分布式的、冗余的文件系统。

map-reduce 常常与批量顺序处理风格一起使用，一个 map-reduce 作业的输出就是另一个的输入。每一个 map-reduce 作业都是批量顺序处理网络中的一个阶段。这两种架构风格(或模式)的组合可以把不适用 map-reduce 解决的问题转化为适合用 map-reduce 解决的。

在 Oreizy、Medvidović 和 Taylor(2008)的论著中，map-reduce 被描述成一种架构风格，而更有价值的一篇论文是由 Dean 和 Ghemawat(2004)撰写的。Hadoop 是一个 map-reduce 的开源实现，在 Hoff(2008b)的著作中和 Apache 软件基金会的网站上有介绍。

14.15 镜像、支架和农场风格
Mirrored, rack, and farm styles

至此，架构风格已经覆盖了模块视图类型和运行时视图类型。部署视图类型的风格可能更多的是网络工程师(或架构师)讨论的话题，而不是软件架构师讨论的话题。这里有一些简单的例子，可以让你感受一下分配风格是什么样的。

　　镜像　在**镜像**(mirrored)风格中,同样的硬件有两份,而且并行运行。政府一直以来统一管理着陆上电话业务,并强加了正常运行时间方面的要求。要让单台计算机(一个电话交换机就是一台连接了很多外围设备的计算机)做到完全可靠,是很困难的,更不用说还要加上需要线下更新软件这件事。因此,电话交换机常常由两台镜像计算机组成。通常,它们会锁步运行,即把工作进行复制,如果一个宕机,那么另一个会继续。而对于软件来说,可以在一台计算机上先更新,然后再更新另一台。由于每台计算机的可靠性是一样的,现在有两台计算机,因此失败的几率是原先的两倍。从这个角度上来说,电话交换机的**可靠性**(reliability)降低了,与此同时,**可用性**(availability)却上升了,因为现在同时出现宕机的可能性降低了。

　　支架　在**支架**(rack)风格中,商用服务器为了减少占用面积,都被放置在一个垂直的栈中。支架中所有的计算机都接入同一个网络。然后,这个网络再通过一个或多个上行链路接入互联网。比起上行链路网络,支架网络连接通常更快,或者带宽约束更小,所以,在相同支架上的两台计算机之间的通信速度,比不在同一个支架上的两台计算机之间的通信速度更快。Google 在他们的机房中有一些独创的计算机支架,支架的密度让人印象深刻:没有箱子,只有计算机主板和硬盘。即使是使用了箱子,在增加服务器机房计算机**密度**(density)方面,在为这些计算机提供**高带宽**(high bandwidth)方面,支架风格也是很有效的。

　　服务器农场　在**服务器农场**(server farm)风格中,许多(通常是同类的)计算机都被放置在同一个房间中。计算机之间的互联是各种各样的,同时,这个农场可能由很多支架组成。相比于另一些提法,比如,委派、与应用绑定的特殊配置的计算机,农场这个概念更容易让人理解。农场可以被认为是一种可以寄存任何应用的大规模的资源。注意,应用可能会被做一些限制,才能运行在农场中,比如,要求应用必须是无状态的。一个农场可以很容易地进行**伸缩**(scalable),只要在农场中添加同类的硬件就可以了。农场常常用于三层系统的用户界面层和中间层,其中,Web 服务器农场处理用户界面,另一个农场处理中间层。

14.16　小结
Conclusion

　　架构风格是架构层面上产生的一种模式,它可以应用于一些架构元素,如组件和模块。而模式的应用范围则更广,从编程语言的惯用语法,一直到架构层面的风格。架构风格是主导架构的模式。它们提供了众所周知的一组元素、关系及约束。

这些约束限制了元素如何被使用，比方说，系统的运行时拓扑结构、模块之间的依赖、数据流经连接器的方向及组件的可见性。

风格的使用促进了架构中各种元素的一致性和可理解性，提高了开发人员之间的沟通密度和沟通的准确性，同时，也推动了设计重用。但也许最重要的是，通过它们的约束，使你的架构得到了提升，甚至能够保证质量属性，并使你有能力去对架构进行分析。

本章中提到的风格，你最好把它们当做是一种柏拉图式的理想。当你看到实际系统时，可能会碰到一些体验式的风格，它们有时会违背柏拉图式风格的严格约束。如果约束违背得太厉害，风格有可能丢失提供预期质量的能力。

风格和以架构为中心的设计之间有着很强的关联。以架构为中心的设计，意味着你在有意识地依赖架构去实现一个目标。以架构为中心的设计有两种方法。一种方法是，设计一个定制的架构来达到预期的质量。另一种方法是，使用现成的架构风格，得到相同的质量。当你遵循以架构为中心的设计时，你常常会倾向于使用柏拉图式风格，因为打破约束会带来达不到预期质量的风险。

本章讨论了模块视图类型、运行时视图类型及部署视图类型中的架构风格。模块视图类型风格包括分层风格和大泥球风格。运行时风格包括管道-过滤器风格、批量顺序处理风格、以模型为中心风格、分发-订阅风格、客户端-服务器风格及对等风格。map-reduce 风格和多层风格跨越了运行时视图类型和部署视图类型。镜像风格、服务器农场风格和支架风格则来自于部署视图类型。

14.17　延伸阅读
Further reading

早期提及架构风格的，包括 Perry and Wolf (1992)的论著，以及 Shaw 和 Clements (1997)写的《A Field Guide to Boxology》。Shaw 和 Garlan (1996)的论著也覆盖了架构风格，包括本章提到的大部分风格，但在组织分类上有所不同，比方说，数据流风格。Clements 等人(2010) 把这些风格组织进视图类型，并提供了关于每种风格的元素、关系及约束的全面叙述。

架构风格和模式都包括在 Buschmann 等人(1996)的论著中，其中还有低级别的设计模式和术语。最近业界关于模式和风格的著作包括：Taylor、Medvidović、Dashofy (2009)的作品，以及 Fowler (2002)关于企业架构模式的论著。

第 15 章

使用架构模型
Using Architecture Models

在某一时刻，你将精通架构模型的细节，从而可以把模块和组件分开，可以写出正确的功能和质量属性场景，可以回想起每一个架构风格。但是，这些都不是你的目标。你会想要更进一步，即把模型真正用起来，从而使自己成为更优秀的工程师。你会用主模型的不同视图来凸显不同的细节，而同时对架构仍然有一个条理清楚的认识。你会想要构建高性能、高安全的系统，所以，你还需要能够分析自己构建的模型。

本章提供了一些指导，这些指导超越了画模型图的语法，从而能让你更高效地使用模型。与本书的其他章节比较，本章的话题非常广泛。它覆盖了这样一些内容，包括：理想的模型特性(像精度和准确度)是什么，如何更有效地使用视图，如何画有效的图，何时开始进行测试和验证是适当的，如何分析架构模型，架构不匹配有哪些危险，如何做用户界面，描述现有系统的模型和将来系统的模型对比，以及关于如何对现有系统进行建模方面的一些提示。

15.1 理想的模型特性
Desirable model traits

好模型有什么特性？又有见解又很实用的模型和平庸的模型差别在哪里？本节讨论好模型常见的几种理想特性。其中，有些特性是后天努力得来的，比如，低成本、细节之上的一致性层等。另外一些特性，比如，准确性、促进理解的能力等，则是先天就有的。这份理想模型特性列表综合了来自 David Garlan、Grady Booch

及 Bran Selic 的想法，他们都曾发表过类似的列表。

也许让人感到有点意料，**完整性**(completeness)并不总是一种理想的模型特性。在某些特殊的情况下，因为分析上的需要，你会建立一个完整的模型。然而，作为工程师，你必须在构建模型的成本和模型带来的好处之间取得平衡。平衡的结果，通常是作出一个折中的、不那么完整的，但是有用的模型。接下来的章节讨论与模型相关的精确性、准确性、预言、可理解性、细节及成本。

15.1.1　充分精确
Sufficiently precise

有两种流行的图形建模方法。第一种是建立粗略的模型，第二种是建立精确的模型。

草图　在一些设计讨论期间，常常会听到"我有一个初步的想法"，然后就看到很多矩形和线条组成的图。如果模型的作者比较坦诚，可能会说，这些图都是**草图**(cartoons)，不是那么正式。然而很多时候，模型的作者并不能认识到模型的不精确性。这些粗略的模型可能一蹴而就，也可能用很酷的三维效果做出来。如果你问这样的问题："两个矩形分开或者紧挨着，分别代表着什么含义？"或者"为什么有些线是蓝色的，而有些是红色的？"可能没人会理睬你。而最为有害的草图就是那种看上去充分精确，但其实根本不是十分精确的。

蓝图　精确的模型通常基于众所周知的一些形式化语义，比如，集合论或者 Petri 网。作者希望你能够理解，这不是一个粗略的草图，而是可以信任的。模型可能对某些东西作出详细的解释，而对其他的东西一笔带过，这可能会让你产生这样的疑问：作者是不是正在光线好的地方找钥匙[1]，而不是在真正遗失钥匙的地方寻找它？因为有些想法的确更容易被形式化，或者能被更好地理解。精确模型需要花费很长的时间来构建，因为要想得到好东西，总是要付出代价的。

你可能觉得这两个图形化建模方法都不太好，肯定还有更好的方法。这个想法只能说是对了一半，因为这两个方法都可以是好的，也可以是不好的，好不好得根据上下文才知道——你需要知道的只是如何作出相应的选择。本书的一个主题就是，做工程上的权衡，因为你选择精确的模型，就会消耗时间(或金钱、精力等)，你必须权衡成本和利益。

决定模型应该具备怎样的精确度的最好方法就是，事先想好模型必须帮助你回

---

[1] 这源自于一个笑话：某人看见另一个人在公园的一盏路灯下寻找车钥匙，他说："你真幸运，钥匙正好掉在路灯下面，找起来方便多了。"另一个人回答道："其实我把钥匙掉在别的地方，不过这里的灯亮。"

答哪些问题(正如 6.6 节中讨论的)。一旦你知道那些问题，就可以选择能够回答那些问题的、最经济的模型。通常，一个粗略的模型就可以回答那些问题，但有些时候，只有最精确的模型才能回答你的问题。要当心回溯原则，即产生了一个精确模型，然后才出现只有这个精确模型才能回答的问题。

如果选择了错误级别的精度，则可能会对你的项目造成伤害。一种可能是，描述或者设计非常模糊，以致评审者无法提出反对意见。你的模型必须回答一个隐含的问题："一个评审者、利益相关者或主题专家，是不是可以充分理解，从而可以标识出缺点，并且提出反馈？"

如果你不知道你的模型需要回答什么问题，第一个念头就应该是避免建立模型。然而，如果是因为你不熟悉领域而找不到问题，那你可以根据领域标准来构建模型。

当你构建架构模型时，项目的类型也会影响模型的详细级别。例如，从来没有做过的软件开发项目(即构建全新的软件)与你已经做过的项目(即扩展一个现有的系统)相比，会有不同的风险。

15.1.2 准确性
Accurate

模型的**准确性**(accuracy)是个很明显的理想特性，因为没人想要那些由于不准确的模型而带来的错误。然而，一个模型可能在某些方面(例如，准确的性能评估)是准确的，而在其他方面是不准确的(例如，给出了不准确的成本估算)。试想，牛顿力学的模型在描述我们日常生活方面是有用的，但它的确没有量子力学那么准确。

准确性这个术语，在表达某些理念时，用得很广泛，这些理念包括与现实世界的一致性、模型内的一致性、引用完整性及可证伪性。缺失这些特性的模型可能是没什么用的，同时，如果这种缺失让你产生了错误的结论，可能还会起反作用。

与现实世界的一致性　当使用模型时，基本的流程是：首先，建立现实世界到模型的映射；其次，在模型内做一些工作；最后，把模型的输出映射到关于现实世界的一些结论中(见图 6.1)。**与现实世界的一致性**(consistency with the real world)要求模型有来自现实世界的指定，现实世界被作为输入(见 13.6 节)，模型的输出又必须与现实世界保持一致。

内在一致性和引用完整性　内在一致性要求模型内部没有矛盾之处。内部矛盾的例子见图 13.3，在楼面图中，一楼和二楼的视图在楼梯位置的问题上出现了一个冲突。除了内在一致性外，模型可以具有**引用完整性**(referential integrity)，这意味着，模型只能引用模型中的元素，而不能去引用模型中没有提到的东西。

可证伪性　可证伪性(falsifiability)要求你能够作出判定，模型作出的结论到底是真的还是假的。非正式的架构模型，有时也称**市场用架构**(marketecture)或**幻灯片架构**(PowerPoint architecture)，是无法证伪的，因为它们都太模糊了，不可能告诉你它们是否呈现了真实的系统。开放式细化语义(见 7.3 节)也使模型很难被证伪，因为细化可以随意改变很多细节，很少有东西是确定的。

15.1.3　预言
Predictive

工程师总是在努力构建**预言式的**(predictive)模型，它们会告诉你将来的一些事。预言通常预见了行为，如"这些进程将会死锁"。另一种有价值的预言是关于可构建性或可适用性的。尽早知道两个组件是不兼容的，比在实现时才发现要好。没有预言能力的模型很少有机会能降低工程上的风险。

在软件架构中，通常要求建模专家创建一个预言式的模型，以及与使用者技能相关的模型工具。正如 6.5 节中讨论的，许多人可以学习模型的语法，也有能力去创建它，但是，要选择创建哪些模型，并能够使用那些模型来增强你的分析能力，则要求一个有技能的、有经验的工程师。

15.1.4　促进理解
Promote comprehension

有了准确性，再来提模型应该**促进理解**(promote comprehension)，就是一件很自然的事情了。使问题变得更加难以理解的模型必须要提供很多其他的好处，才能做到平衡。

限制细节　要让一个模型更好地被理解，最显著的方法是排除细节。这样，一个大的问题可以更容易被塞进我们有限的头脑。通过排除适当的细节，你可以有效地化解问题。

集中注意力　另一个促进理解的方法是集中注意力。Herb Simon 推广过这种想法，世界正变得越来越复杂，而你的注意力是有限的(Simon, 1981)。模型通过把我们的注意力放在适当的细节问题上，可以促进我们对问题的理解。你可能已经注意到，专家可以快速地把注意力集中在一些重要的细节上，而对于非专家来说，就很难做到。

在构建模型及有选择地暴露细节的过程中，你对细节的选择可以为读者提供一些有价值的专家意见。这和计算机辅助设计(CAD)程序形成了对比，CAD 程序可以基于正在构建的设计产生无穷多的视图。你选择呈现一个特殊的视图，例如，连接器的吞吐量和可靠性让读者的注意力聚焦在某些细节上，而忽略其他的细节。如果模型的作者像 CAD 程序那样随意产生视图，那反而会阻碍读者的理解。

合适的格式和符号 并不是所有的模型都同样易于理解。通常来说，模型的本体可以表达成不同的形式，有些形式比其他形式更易于理解。面向对象编程之所以变得流行，可能就是因为对象这种抽象更容易被大多数程序员的思想所接受。尽管函数编程也有很多好处，但大多数程序员可能都认为思考对象比思考函数更容易。

无论这个推测是否正确，你都应该当心自己的模型，要确保它们对读者是有帮助的。如果你发现某个特定的模型总是会给读者带来问题，就应该调查一下，看看是不是还有其他更容易理解的模型。正如15.6.1 小节讨论的，人的大脑有很多硬件，分别用于各种专项分析，特别是视觉和语言方面的，所以，要慎重地选择一种可以充分利用这些硬件的模型。

多层级故事 一种促进对模型理解的方法是，把模型结构化成一个**多层级故事**(story at many levels)(见 11.1 节)。大多数复杂的东西都被设计成有内部结构的，这样，每个部分都可以被独立地理解，而在对整体进行理解时，也不需要知道各部分怎样来完成各自工作的。设计的顶层组件，不需要打开子组件就应该可以理解；每个子组件，不需要打开它自己的子组件就应该可以理解。

15.1.5 细节的一致性级别
Consistent level of detail

有着更多细节的模型并不总是比有着较少细节的模型好。事实上，模型应该力争实现细节的**一致性级别**(consistent level of detail)，而不是追求某些部分比其他部分更详细。细化可以用于有选择性地展示模型中较多或较少的细节。有着细节一致性级别的模型可以被细化，从而展示和选中部分有关的额外细节。

有着多个细节级别的模型可能会使读者感到困惑，因为细节级别不同可能由不同原因引起。一种解释是模型还没有完成。另一种解释是，因为不知道某些细节，所以模型中遗漏了它们。最后一种解释是，因为某些细节不重要，所以模型故意忽略它们。如果你必须创建一个细节级别上不一致的模型，就应该在模型上放一个注释，解释这样做的理由，从而减少读者的困惑。

另一个不希望模型中出现不同级别细节的原因是，为了避免出现"越俎代庖"的现象。额外细节的产生是因为读者想要，而不是因为模型作者自己想要把它们暴露出来。一个提供了全部细节的模型，在某些地方的描述肯定比在其他地方的描述更深入。大多数读者发现，先通过一个简单的模型来理解全貌会比较容易，以后，再有选择性地根据需要或者好奇心来探索更多的细节。

如果你希望显示那些选中部分的额外细节，则可以先在细节的一致性级别上构建一个模型，然后构建一个细化模型，更详细地展示选中的部分。这样，既保证了细节级别的一致性，又避免了困惑，同时，在适当的时候，你仍然可以提供额外的细节。

15.1.6　单主题视图
Monothematic views

最好、最有用的模型都是有意识地对信息进行取舍后得到的。当呈现一个模型的视图时，最好用**单主题视图**(monothematic views)。这种视图可以有选择性地、一致性地显示模型中的分类信息。

例如，一个视图，显示了组件的装配，上面注释了连接器的吞吐量。像这样的一个单主题视图，非常适于对吞吐量进行分析，读者不会受到其他细节类型的干扰，比如，安全性和实现语言。

"**单主题**(monothematic)"这个名称强调了在展示单个事物时保持视图一致性的想法，但并不意味着，这种视图只显示了单一类型的信息，所以，完全可以同时展示吞吐量和可靠性。信息细节级别的不一致是很让人沮丧的，例如，某些连接器上做了注释，展示出它们实现时使用的技术，而其他的连接器上没有注释。在同一个视图上，散落着不同类型的信息，同样会使事情变得一团糟。

15.1.7　经济性
Inexpensive

本书的一个中心主题是，应该根据感受到的风险来决定工程上的投入。所以，使用一个**经济性**(inexpensive)模型，更易于判断是否值得进一步构建。模型可能有一些**细节旋钮**(detail knobs)，让你调整从粗略草图一直到精工瑞士手表那样的细节级别。由于收益曲线通常在成本曲线的前面，因此应该先去找解决风险的最经济的模型。例如，创建一个组件和连接器的文字列表很简单，而采用这份简单的列表，比根本没有模型要强得多。

15.2 和视图一起工作
Working with views

我们现在将进一步展开讨论，从视图的理想质量，到如何更好地使用它们。如果仅仅从主模型、单一视图类型或单一视图来理解系统是比较容易的，你可能会想要这样做，不去考虑多个视图的存在，因为，要构建和整合多个视图的确是一个挑战。然而，即使是中等规模软件系统的单一模型，也可能是难以理解的。另外，由于主要的细节可能混杂在无关的内容之中，因此也很难对这样的单一模型进行分析。

分而治之 正如你已经看到的那样，这个问题的解决方案是，将大模型作为主模型(见 13.1.2 小节)，同时，显示这个主模型的视图，每个视图只暴露选定的细节。理论上，系统只有一个包含了所有细节的单一主模型。你可以对这个主模型进行分解，最开始把分解的内容放入三个主要的视图类型中，以后再进一步把它们细分到特定的视图。例如，一个视图可能仅显示一个组件装配或一个模块。把你的主模型分片分块，放到更容易用的视图中，就是一个**分而治之**(divide and conquer)策略的例子。

了解了基本策略，还有一些其他的问题。你应该创建哪些视图呢？使用分而治之策略时可能碰到什么问题呢？是不是有一些你应该避免的反面模式呢？

一个视图对应一个关切 如何决定要创建哪些视图？一个答案是，为每一个**关切**(concern)构建一个视图。一个关切就是一个观察你感兴趣的问题或系统的维度。例如，如果有一个与安全相关的架构驱动元素，你也许可以从暴露系统安全细节的视图中得到好处。

一些工程领域有其标准的关切集。例如，在卫星的设计中，标准的关切是机械结构、推进、保温、压力、动力及流体/空气动力。专攻热分析的工程师绘制专门的卫星视图，帮助他们解决和热相关的问题，并检测设计上的错误。热分析需要的细节不太可能与压力分析需要的细节一样，因此，压力分析需要不同的视图。每一个工程专家都需要一个视图，从而使他能够对自己的关切进行定性、定量分析。在软件领域中，关切常常会同时考虑质量属性和功能性。

与其他领域的工程师一样，大多数软件开发人员，在他们的职业生涯中，都需要学习一些与关切相关的特定技能。例如，有些开发人员作为安全领域的专家，另一些则作为电信方面的专家，但这些技能并不能作为任何领域都适用的标准。

15.2.1 可能碰到的问题
Problems you will encounter

通常来说，把大问题分解成小问题是一种好的策略。然而，由于每一个视图都有自己的焦点，而有些问题却会落在这些焦点之间，因此还是可能会碰到一些困难的。

特定视图产生窄焦点　当你看着特定的窄视图，很难在心里把这些窄视图放到一起，从而想象出主模型或者整个系统。你的窄视图有点像盲人摸象的故事，一个说大象是柱状的，像一棵强壮的树，一个说它就像蛇一样灵活，而另一个说就像一张纸一样平。把这些窄视图放回到对整个大象的理解中是一个挑战，不能只理解它的腿、它的鼻子和它的耳朵。

当你带着希望去构建视图，希望读者能够把它们再次装配起来去理解系统时，你可以使用一个局部解决方案，也即为每一个视图类型创建一个视图、模块视图、运行时视图及部署视图。

一些问题落在视图之间　一个窄的特定视图不包括无关的细节，这样，你可以专注于特定的关切。创建这样的视图有助于你对关切的理解，但成本也随之而来。如果一个视图是单主题的，只显示一个关切，那么，你把关于关切交互方面的知识放在哪里呢？例如，内燃机设计中有一个权衡：你可以扩大汽缸来提升马力，但这么做的话，就降低了汽缸之间的空间，产生了热和压力的问题。这个权衡可能在单一的热视图或机械视图中都看不到。

在软件系统中，开发人员每次换一个项目就要去了解一个新的领域，所以不可能非常了解太专业的领域知识。一个方案是去创建关切混合的视图，即显示了与两个或更多关切相关的细节，这样，你可以记录下那些关切之间的交互，这些交互通常作为权衡或变体。

视图之间的不一致　当你创建系统的多个视图时，就打开了视图不一致的大门。本书支持这样的观点，即有一个**主模型**(master model)，所有的视图都是这个主模型的投影。主模型方法表明，矛盾之处是可能发生的，因为，主模型本身可能有缺陷，在画主模型的视图时也可能会犯错。所以，当你发现视图存在矛盾之处时，就要往回追溯，看看是因为主模型中有缺陷呢，还是在创建视图的过程中有缺陷？

视图拆解的每一样东西都必须被放回到一起，这样，系统才能被构建起来。考虑一下来自其他工程领域的例子。例如，一个热力工程师的分析显示，卫星的一部分可能会变得过热，于是，他重新做了子组件的设计，去解决这个问题。这个改动基本上会被更新到所有其他的视图上，否则，机械、电子和其他领域的工程师就可能工作在一个过期的视图上，白白浪费时间。如果这些视图要求卫星的天线同时在两个地方，并且在没有看到这个不一致的情况下，就开始建造卫星，最后只能发现卫星是做不出来的。

15.2.2 你应该避免的反面模式
Anti-patterns you should avoid

反面模式是很多人都在重复冒出来的想法，它们看上去是个好想法，但以后会发现这是个应该被抛弃的想法。当处理视图时，一些开发人员偏爱某个特殊的视图，这也许是因为这个视图过去曾经对他有帮助，也许是因为他们想尝试创建包罗万象的单一视图。

反面模式：喜欢的视图　尽管解决不同的问题需要不同的视图，但是，开发人员很容易沉迷于他们喜欢的"宠物"视图，即使这些视图对解决手中的问题是不合适的。也许，他们最近的一个项目是通过分层来组织的，所以，他们被分层的模块视图所吸引，即使这个项目使用了对等风格。

一直使用一个喜欢的视图来思考系统通常是可行的，只是比使用更合适的视图或视图类型要困难一些罢了。例如，开发人员可以看看源代码就能发现违背协议的地方，但如果用了状态模型，这件事做起来可能更容易。一般来说，你应该使用与问题相匹配的视图和视图类型，而不是硬要使用自己喜欢的视图。

反面模式：一张图定了所有的规则　想用单一视图，就是想试图用一张图服务于所有的目的：**一张图定了所有的规则**(one diagram to rule them all)。这常常是因为图的作者[1]还没有认识到，视图类型之间其实是很难或不可能进行对应的，同时，也不可能把每一个细节都塞在一张图上。

---

[1] 图(图片)和视图(模型的投影)这两个词是可以互换的。这里使用图(diagram)而不是视图(view)，是因为这里所说的图并不局限于作为主模型投影的视图所附带的语义。

因此，单一视图不可能讲清楚，两个矩形之间的一根线是代表两个模块之间的依赖，还是代表两个组件实例之间的运行时通信。你甚至可能发现图的作者同时在讨论模块的依赖(在模块视图中见到的)和运行时通信(在运行时组件装配图中见到的)。

因此，试图在一张图上显示代码组织、运行时结构、硬件上的部署，图会变得非常拥挤，而且让人难以理解。图的作者可能忽略某些细节，因为这些细节很难在这张图上表达，而不是把这些细节画在另一张很容易表达的图上。

15.3　改善视图质量
Improving view quality

现在，你可能有点担心自己能否处理如此多的架构视图。甚至你可能还会想，分而治之的策略到底是不是一个好注意。幸运的是，有一些技术可以帮助你管理视图，检查视图间的不一致，然后使它们变得一致。这里讨论了三个技术：写功能场景、想象场景、写行动规范。功能场景技术强化了 12.6 节中给出的建议。

15.3.1　功能场景串联视图
Functionality scenarios stitch together views

功能场景把隔离在各个视图中的内容装配成一个整体，就像用一根线把很多布片缝合成一床被子一样。领悟到这一点，对于深刻理解 Philippe Kruchten 的 4+1 架构视图非常重要，那个+1 视图，就是串联起其他四个视图的场景。一个场景可以使用不同视图中的元素，甚至是不同视图类型中的元素，因而可以帮助读者把碎片关联起来并理解整个模型。

最常见的用法是，一个功能场景应用于一个视图中的一个模型，例如，用于一个领域模型、一个端口、一个分配模型，或者一个组件装配。然而，写一个跨模型，甚至跨视图类型的场景也是很容易的。例如，一个打包和发布源代码的场景，可以描述它如何被编译(模块视图类型)、测试(运行时类型)及分发到服务器上(部署视图类型)。严格来说，一个场景只应用于一个模型，所以，当你用场景来串联几个视图时，这些视图必须都基于同一个模型，这个模型也许是主模型。

不管你如何随意地编写，功能场景总是具有这样的优点，即读起来像一个故事。然而，如果你注意对它们进行结构化，它们就会更有效地串联起视图。本节描述了你该采用的结构和严密性。当你开始领会结构为什么存在时，就会更多地感受到好处，而不是负担。

非正式对话 这里是一个关于如何保持场景和模型之间紧密联系的例子。如果你正在写一个图书馆系统(见第 12 章)的场景，你内心里的一段对话，或者是和其他人沟通的一段对话，可能像这样：

好吧，这个步骤是处理借阅者如何归还图书的。有这样一个定义在端口上的操作吗？是的，有，叫做 Return()。所以，借阅者 Bart 会通过 pDest 端口"归还《白鲸》"。实际上，可能得说是 Bart 和 Larry 两个人，因为只有 Larry 这个管理员可以使用 pDesk 端口。然后系统要看下，这本书是不是有一条借阅记录。当然，Bart 不知道这个借阅标识，所以，系统会去看看借阅记录，然后改变借阅状态，从……嗯，我还没定义借阅状态呢。

这只是一个对话片段，但它能给你一些感觉，那就是应该如何来写场景，从而能让你沉浸在目标模型的细节中。这有点像在写代码的感觉。

检查单 作为一个参考，在帮你了解如何写好场景方面，检查单时很有用的。下面是你可以用的一个检查单，这个检查单在写场景时可以用，以后在检查时也可以用。

- **活动者** 发起每一个步骤的活动者应该是明确的，这个步骤的接收者也应该是明确的。为了确保这一点，步骤的描述总是使用现在时态，从而避免句子中看不到发起者是谁，比如，"这个副本被检入"。当你考虑发起这个步骤的活动者时，要确保他已经知道被作为参数传入的那些数据。另外也要考虑，这个活动者是否被允许发起这次活动。活动者必须要有和接收者进行通信的路径，所以，可能还需要有连接器、依赖或通信通道。

- **活动** 每一个步骤都必须和定义在目标模型上的某个活动清晰对应。一个好的场景有跨步骤的单一抽象级别。例如，如果一个步骤是"Larry 为图书馆添加了一本《白鲸》"，那么另一个步骤应该是相同级别的细节，而不是"Larry 键入了他的姓名和口令"。场景中的活动名称应该尽可能地和目标模型中的活动名称相近，但如果是能改善可读性的话，则也允许有些小的差异。

- **引用** 场景中的步骤会引用模型元素，比如，传入的参数或者返回值。场景应该没有不确定的引用，所有的引用都必须定义在目标模型中，包括联系、属性、状态(或其他与模型类型相关的细节)。然而，场景应该避免引用"东西里面的东西"，所以，系统边界场景不应该引用系统内的子组件。

● **目标模型** 每一个步骤都应该使目标模型发生变化，从一种结构形态或状态，变成另外一种结构形态或状态。非法状态的例子包括：图书馆里的图书数量是负数，或者发生了一次借阅，但没有相应的借阅者。你应该确保的是，每一个步骤都会导致目标模型发生一次可见的变化。如果没有，你也许需要一个包含更多细节的模型，或者写一个细节级别不太高的场景。有一个例外是查询操作，查询很少会改变模型。另外，步骤不应该导致模型上的不变量或约束被打破。

● **总而言之** 总而言之，写场景有意义吗？它是不是会错过什么步骤或难点？场景中任意一个活动者"仅仅知道"某些东西在哪里吗？或者"仅仅知道"那些能够找到并进行联系的对象或活动者吗？它忽视了某些难以描述的启动或关闭步骤吗？而当你写一个场景步骤时，会想："这真的是一个正确的词吗？它和模型中其他内容是不是匹配呢？"当然，你也可以从一个空的目标模型开始，然后使用场景来进行组装，逐步添加你在场景中提到的那些项。

即使是对引用不太在意的的场景描写，也有助于对设计进行理解和文档化，而经过仔细结构化的场景，还可以帮助你在描写时抓住错误或疏漏，可以帮助你思考视图该如何组合起来去展现整个设计。

15.3.2 让功能场景动起来
Animating functionality scenarios

你已经了解了如何通过描写结构化的功能场景来捕获问题。而当你描写了场景之后，模型还会发生变化，所以，你可能希望再回到前面重新对场景进行检查。本节描述了如何**让场景动起来**(animate scenarios)，从而帮助你检查模型中的问题。

为了调试程序，开发人员通常会在头脑中让程序动起来。他们一行一行地遍历程序，考虑每一行可能有什么影响，以及可能产生什么缺陷。最后，他们得到了没有什么缺陷的高质量代码。

让场景动起来和让程序动起来类似，感觉上差不多。让场景动起来，意味着开发人员得遍历场景，让它一步一步在心里动起来。每一步，他们都想象发生在模型上的变化。生动性使你和模型建立了一种心理上的联系，这也是一个帮助你捕获不一致和疏漏的视角。

要让场景动起来，最简单的做法是使用简单的语法和引用检查，但你也可以做更多的工作。这要求你使用场景来检查自己对系统的理解。回想一下建模能力的金字塔顶峰(见图 6.3)。开发人员使用模型去增强他们的思考能力。场景中的每一步骤，都可以作为一个检查系统是否合理和完整的上下文。下面列出了一些问题，当你让一个不仅仅只具有简单语法检查的场景动起来的时候，可以问问自己。

通信 活动者是否可以选择使用哪一个端口或连接器？是不是应该添加一个端口？端口或连接器的属性对于发送的消息类型(例如，不安全的通道或日常批处理)是合适的吗？活动者知道(或应该知道)如何与接收者联系吗？要知道如何选择正确的接收者吗？

之前和之后 活动应该发起什么别的消息吗？是否有什么东西返回或应该返回？模型的状态改变看上去应该是什么样的？这个步骤是不是依赖于前面必须发生的什么事情？活动者和系统已经访问了要求它们传入的数据吗？

超越场景 这个场景步骤有变体吗？这个变体是不是对系统更有挑战性？在涉及启动、关闭、空集及删除元素时有什么特别的行为吗？需要多少场景才能确定系统的行为？考虑每一个元素的行为，是不是有理由给它分配这样的职责？

可能不需要场景，就可以回答这些问题，但是，场景所在的具体上下文有助于揭开这些问题的面纱，从而可以打开新的思路。如果只是基于简单的检查，比如，这些连接器是否具有**合适的**(appropriate)属性，那么，这些问题的答案并没有对和错。所以，开发人员使用场景来进一步强化分析。当你抱着检测问题的意图让跨模型的场景动起来的时候，你会发现，阅读任何一个步骤都是一项很丰富的心理活动，这种心理活动加强了模型之间的天然联系。

15.3.3 编写活动规范
Writing action specifications

把模型串联起来的第三种方法是使用**活动规范**(action specifications)。活动规范和功能场景一样，也是用相同的方法串联起不同的视图。考虑一下这个活动，check_out_copy，描述了借阅者从图书馆借出一本书。

```
void check_out_copy (Copy c, Borrower b)
    前置条件: c没有下架, c当前没有借出
    后置条件: new Loan l, 连接到b和c, out = today, in =
    null, due = c.library.loanLength + today
```

阅读这份活动规范可以让你了解系统必须做到：书可以从图书馆中移除，有借阅记录，一些借阅是"当前"，借阅识别了书目和图书，还有一个标准的借阅时间范围。

你可以用活动规范来限制模型的规模，让模型只包含活动规范中要求的细节。你可能很想在模型中包含图书购买时间的信息，但活动规范中并没有提到或要求，所以你可以忽略它。

活动规范对模型提出了特别的要求。这份活动规范要求，以下术语是事先定义好的：拷贝、借阅者、借阅及图书馆。有些术语具有附加属性：当前借阅、出库、入库、预约及借阅时间。有些状态被引用：下架的书和当前借阅。一个完整的模型会描述所有的状态、状态之间的变迁，以及活动是如何造成状态变迁的。它应该也会描述属性与状态如何关联，例如，一个 Copy 有一个对应着状态的属性 isRemoved。你可能期待看到，这个活动在至少一个用例中被作为一个步骤。

尽管很有用，但编写活动规范是需要花时间的，也是比较昂贵的，所以，本书不鼓励你不加选择地在模型中使用它们。活动规范蕴涵着这样一个思想，那就是模型的所有视图都是有关联的，所以，知道活动规范怎么做可以提高你的建模能力。以后，就算你不去编写活动规范，也可能会下意识地想："我是不是已经定义了所有的条款，从而满足前置条件和后置条件了？"

15.4　提高图的质量
Improving diagram quality

这里有两件很容易做到的事，可以通过它们来对你的图进行改进：一个是在图上加上图例，一个是别去关心箭头。我是从 David Garlan 那里了解到这些内容的。

15.4.1　在图上加图例
Put legends on diagrams

除非是在白板上随便画画，否则，图总是需要图例。考虑一下本书：你可能已经匆匆翻过很多页，也瞥到过几眼那些标题和插图。即使书中的符号惯例用法是一致的，但如果只在第 15 页上对它们做过一次描述，那么，当翻到第 200 页时，你可能就很难理解那一页上的图了。如果你曾经把包括图在内的内容装订在一起交给别人，别人也是随手翻翻，没有图例很可能会让他们感到困惑。

如果你正在使用一种标准的符号，像 UML，你可以在图上加一个注释来进行说明，但你也要认识到，不是每个人都知道 UML 箭头中那些依赖和继承的差异。不管怎样，从老的图上拷贝一个图例是很容易的，通过拷贝，可以让每张图都有图例。

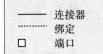

图 15.1　左边的图例非常简洁准确。右边的图例提供了设计者的想法，以及所使用的抽象

你也会注意到，图例会迫使你在使用符号时加倍小心，因为，图例概括总结了你在图中所使用的元素和关系。例如，如果你打算用圆角矩形来画组件，就必须在图例中对圆角矩形进行定义，这样会迫使你思考这个符号的含义，并最终由你来决定是不是值得这么做。

并不是所有的图例都是好的。考虑一下图 15.1 中的两个图例。左边的那个做了一件很小的事，就像一个小孩子告诉他妈妈说："是的，我已经打扫过房间了。"右边的那个，即使不看图，也能通过它对架构有所了解。它显示出，开发人员没有考虑交互的最小公分母，即组件 A 连接组件 B，但是思考了通信的本质，并基于这一点，考虑了如何获得像性能或可修改性这样的质量。

15.4.2　不要画连接器上的箭头
Avoid arrowheads on connectors

像很多软件架构方面的书一样，本书也不在连接器上放置箭头。为什么？知道组件 A 发送数据到组件 B，而不是反向发送，当然是很重要的。同时，知道 B 发起了连接也是很重要的。另外，知道 A 可以服务于连接是很重要的。诸如此类。但糟糕的是，这么多属性你都想表达在图上，但仅仅只有一个箭头可用。

不用箭头其实也有一些语义上的考虑：假设连接器 A 请求来自 B 的数据，然后 B 会返回大量的响应数据。在这种情况下，箭头应该是从 A 指向 B 呢(因为开始的时候数据是从 A 传出来的)，还是从 B 指向 A 呢(因为更多的数据是从这个方向来的)？

最糟糕的是，读者总是以为他们知道图中箭头的含义，但他们很可能猜错了。使用箭头的一个替代方案是，用不同的端口和连接器图形来展现一部分这方面的细节，正如你在右边详细图例中看到的那样。此外，其他的一部分细节用文字来描述，它们被作为端口和连接器的特性。有少数读者会根据具有不同阴影的端口来推断箭头的方向，例如，灰色阴影端口是一个事件输出端口，这样，他们看图例就可以得到这方面的正确解释。

使用箭头，无关对错，这只是一种形式。然而，如果使用了箭头，就应该在图例中表达出箭头的含义。

15.5 测试和证明
Testing and proving

你可能已经知道测试(testing)和证明(proving)之间的差异，但这里还是值得提一下，因为在使用模型时，对这种差异的认识很重要。简单来说，测试可以证明缺陷的存在，但不能证明缺陷已经没有了。根据模型需要回答哪些类型的问题，测试和证明都可能是适用的。

用好的数据来测试模型　如果测试是适用的，你需要为模型提供正确的数据。开发人员的手边通常有一些具体的测试用例，用来创建各种候选模型。如果模型无法表达测试用例中的数据，就必须进行改进或弃用。例如，在第 4 章家庭媒体播放器系统的例子中，模型作者使用 Prince 的歌曲来测试通用模型。

一旦模型通过了这些用例测试，就应该基于更广泛的具体数据进行评估。例如，我曾经用一些小例子构建了安全授权模型。然后，在公司内收集了来自于很多部门的实际数据，包括各种不同的平台和操作系统上的数据，并尝试确保模型基于这些数据仍能工作。当然，这个模型无法很完美地工作，因为实际数据常常出人意料。

用解析模型来证明　有时，你需要一个模型具有某些特性，如隔离、没有死锁、性能或安全。通常这些特性都是自然产生的，在简单模型中思考这些自然产生的特性，比在复杂模型中思考要容易。你可能需要为解决问题而简化你的模型，并证明(也就是说服你自己)你知道这些自然产生的特性是什么。为了证明这些属性，你可能需要一个**解析**(analytic)模型而不是一个**类比**(analogic)模型，正如 3.5 节中的讨论。当使用分析工具去证明特性时，大多数的模型都需要被转换成工具能够识别的形式，下一节我们将对此展开讨论。

15.6 分析架构模型
Analyzing architecture models

你可能有这样的印象，用一种精确建模语言来表达架构，其好处是，可以用复杂的分析程序来分析你的模型，而且可以找到人类无法找到的问题。如果你这么想，可能要扫兴了，因为主要的分析工具其实都在你的两耳之间。本节将描述一些复杂的分析程序，但想要传达的讯息却是，最有价值的分析工具其实是你的大脑加上清晰的模型。

合适的视图可以避免复杂的分析。考虑一下这个简单的日历。如果你想知道1965 年 12 月 26 日是周几，你可以翻日历，然后看它落在哪里。实际上，你也可以做一些很巧妙的动作，就像找下一个星期三那么简单，简单得几乎不觉得是在做计算。但是考虑一下你不得不写的程序，可能要通过计算闰年来解答同样的问题，你可以和前面那个仅仅需要翻翻日历的答案做个比较。

本节将调查一些用来分析设计和架构的技术。其中许多技术都采用"信封背面随手画画"来评估。当然，它们仍然是可以被定量的，如果你投入时间，则其中的一部分是可以被转成正式的评估。我们将从一些非正式的技术看起，然而再看那些正式的技术。

15.6.1 人作为架构分析工具
Humans as architecture analysis machines

如果可以通过计算来进行分析，就很容易忽视自己动脑分析模型。人脑在信息处理方面是非凡的，但极度依赖于信息的形式。想象一下用地图来导航，这个地图不是那种传统的二维地图，而是国家街道的列表。这种地图表现形式让人类困扰，但是计算机很容易就能找到路。人类有强大的可视化处理能力，这种能力可以帮助他们在地图上寻找路径。地图总是画得比较适合人的能力，例如，把主干道画得比次干道粗一些，人们一眼就可以看到。

架构模型也可以构建得适合人的能力。如果你查找系统中失败的点，只看源代码，会感到很困难。然而，当你看一个部署视图时，发现所有的请求都通过一个负载均衡器，也许很快就能跳出这个坑。

标准视图类型 但是，标准部署视图、运行时视图、模块视图为人们提供了发挥内在分析能力的表现形式了吗？对这个问题没办法给出一个可以反驳的答案，但是通常的经验是肯定的，标准的架构视图是好的，但还不够理想。

如果有必要，你应该用别的视图或视图类型来对标准视图类型进行增强。例如，Philippe Kruchten 的 4+1 视图，它包括了一个流程视图，如果你的系统有多个线程或进程，这种视图就会很有用。标准的架构视图具有通用目的，对几乎所有的领域都有帮助。但这样做的另一面就是没有提供领域特定的支持。再来看日历的例子。一个日历，作为领域特定的视图，有一个很棒的特性，那就是所有的星期一都在相同的列上。这种领域特定的信息，你是无法从标准架构视图中获得的。

花哨和实在 下次你想把花里胡哨的斜线放在架构模型上时，最好停下来想一想，它是有帮助的，还是阻碍理解的。它可能只是浅薄地给模型加点花哨，提高它在会议室里的关注度，但一定要确认，这些花哨不会伤害任何人理解它的能力，因为人脑通常就是分析机器。

15.6.2 非正式的分析技术
Informal analysis techniques

有几种非正式的技术可以用来分析架构，包括质量属性讨论会、架构检查列表、架构和设计的评审及架构权衡分析方法。

质量属性讨论会 项目的生命周期中的不同的阶段需要不同的分析技术。**质量属性讨论会**(quality attribute workshops)是一种发现和排列系统质量属性场景的技术，一般在开始设计前使用(Barbacciet al., 2003)。一个讨论会的负责人向一些利益相关者征求质量属性场景，每一个场景都描述了系统对外部触发的可测量的响应。比如，一个简单场景是，"当系统接收到一个请求，响应时间必须小于200 ms"。质量属性讨论会提供一个按照优先级排列的场景列表，通常可以用来识别风险。一些场景对于利益相关者非常重要，但系统实现并不困难。然而，如果场景很难实现，这种做法就可以帮助我们识别出失败的风险了。

架构检查单 **架构检查单**(architecture checklists)在设计或评审期间使用，用来确认已知的风险是不是都已经被考虑过了。有具有几种通用目的的检查单，比如，现状检查单(Maranzano, 2005; Meier et al., 2003; Rozanski & Woods, 2005)。领域特定的检查单可以捕获更专业的问题，比方说，Web 应用中的跨站点脚本攻击，这在通用的架构检查单上是看不到的。

架构和设计评审 **架构评审**(architecture review)包括向那些没有参与设计的评审者做一次关于架构草案或设计的报告(Maranzano, 2005)。评审流程提供了评审者，即那些领域专家和软件架构专家，以及一次识别潜在设计风险或缺陷的机会。然而，参与者可能都已经注意到，只要对评审做些简单的准备，就可以让他们全方位挑战设计，从而让大多数问题都可以在实际评审前被捕获。

评审者可能采用设计风险驱动的评估方法，即考虑怎样设计可能会导致失败。他们可能建议采用一些技术来解决新识别的风险，也可能标识出一些容易实施的技术。

架构权衡分析方法　架构权衡分析方法(architectural tradeoff analysis method，ATAM)是一种架构评审方法，用来评估一个设计草案是否适用(Bass, Clements & Kazman, 2003)。架构被提议后，必须要做架构权衡分析，因为，ATAM 能调查和发现特殊架构中需要权衡的地方。知道了质量属性权衡，开发人员就有机会改变架构，作出更好的权衡。

ATAM 也会指出一些方向，即当架构不能达到预期质量属性场景时该怎么做，这是一种特殊类型的风险。如果架构专家和领域专家一起来识别风险，ATAM 会话就会做得更好。ATAM 会话既费时又昂贵，在小型的项目中很难采用，但是，ATAM 的核心想法可以适用于简单的开发过程。

15.6.3　正式的分析技术
Formal analysis techniques

除了非正式的技术，还有一些可以用来检查模型的正式技术及相应的工具。在大多数情况下，这些工具并不能直接在模型或源代码上工作，所以，它必须被转换成一种可以被工具处理的格式。下面，我们首先来看看转换过程，然后再讨论特定的分析、形式化及工具。

为了分析而转换模型　用一个特殊工具来分析架构模型，其过程会相互依赖，但做一些归纳也是可能的。下面是对基本过程的简单归纳，无非是循环往复地通过一个工具(包括把模型转换成工具可以读的格式的工具)得到答案，使用工具进行检查，以及使工具输出有意义的结果。

● **简化模型**　你的模型可能需要简化，简化后的模型具有较少的元素和关系。工具分析程序通常在小模型上处理得很快，也许只要运行几秒钟或几分钟。但大规模的模型由于其计算的复杂性，可能要花几个小时，甚至不能在合理的时间内完成。简化模型和原始模型之间必须有一种细化关系。这样，你在简单模型上了解的内容在包含更多细节的模型上也是真的。

- **映射到工具词汇表** 你的模型必须是适配的，这样才可以用能被工具理解的元素来表达。一些工具只能理解定向图或数组，而另一些能理解集合这样的数据结构。这有点类似于把故事问题转换成数学抽象，即把两列火车的速度转换成方程式中的变量。这种转换去掉了模型中领域相关的细节，你不用关心火车的颜色、旅行的时间，甚至是火车这样的事实。

- **用工具语言来表达模型** 你的模型必须用工具语言来表达。这有点类似于在伪代码和特定语言的具体语法之间的转换，这种转换甚至可以是自动进行的。

- **设计一个检查断言**。你必须设计和表达一个断言(陈述性的)来对形式化进行检查。有时断言是隐含的，就像速率单调性分析所证明的那样："这些进程可以被安全地调度。"另一些断言是领域特定的，例如，"Open 的调用之后总是会调用 Close"。断言必须从自然语言转换为工具理解的形式，这比想象的要难。例如，线性时态逻辑，有一些像 next、always、eventually 这样的操作，常常用来表示断言。

- **用工具来检查断言** 用工具来分析你的模型和断言。工具提供了不同的结果，但通常还会提供一个对断言陈述的保证，以及一个模型如何违背断言的反例。

- **工具输出反转映射到有意义的答案** 你必须转换分析结果到模型所在的领域。当结果是肯定的，如"模型不会死锁"，解释起来会比较容易。有时工具可能报告了一个问题，这个问题在真实系统中不可能存在，只是因为在简化模型时去掉了某些约束。在这种情况下，你可以修改模型，把这些约束加回去，否则，就需要让模型换一种表现形式了。

你自己来做以上这些步骤，可能是一项繁重的工作，而如果使用建模工具来进行分析，就节省了很多工作量。下面的章节按照质量属性来分类，描述如何分析。

安全分析 安全是个很难实现的质量属性，因为，即使是很短的一段代码，也可能会导致整个系统的安全漏洞。如果要让系统变得安全，开发人员通常会使用检查单，按照这份检查单来查看已知的攻击类型，并检查代码，确保系统不易被攻击。

通过把系统建模成一个数据流图(DFD)，并建立从源代码中抽取相同内容的程序分析器，系统有可能实现安全分析的形式化和自动化(Abi-Antoun，Wang & Torr, 2007)。可以通过分析 DFD 来查找病毒，并确保源代码没有产生会导致问题的偏差。

安全也提出了设计挑战，因为你总是可以采用更安全的度量和要求。每一个额外的度量都带来了成本，同时，也很难让利益相关者知道哪些度量对他们来说是最优的。Shawn Butler 的安全过程指导利益相关者理解他们的需要，从而能更有效地进行选择(Butler, 2002)。

可靠性分析 软件中的可靠性通常是通过代码质量和架构来实现的。对代码级别的评审可以把缺陷降到最低，而过程可以确保从一开始就具备高质量的代码。之所以在可靠性分析时引入架构，是因为，即便是最好的代码，也可能会失败。所以，为了实现高可靠性，可以采用这样几种模式的架构，比如，稳定状态模式和退化模式。如果碰到问题，宇宙飞船可能转换到安全模式，把天线朝向地球，等待更多的指示。会发生单点失败的架构对可靠性来说是危险的，你可以不断地检查运行时视图类型模型和部署视图类型模型，来找到可能发生单点失败的地方。

因为动态机制很难考虑，所以高可靠性的架构大多是静态的。例如，高可靠性系统的设计者可能使用**速率单调性分析**(rate monotonic analysis)来确保系统不会负载过重。

性能分析 通常，性能分析都比较粗糙。例如，要分析延迟，你可能用在系统的运行时视图上做些注释，上面标注数字，对应着每个元素要花多长的时间的方法来进行处理。估计的延迟时间是某一条执行路径上的处理时间总和，也许涉及从用户界面，一直到业务逻辑层和数据库。

通过拆分每一步而不是只有一个总的延迟时间，通过在运行系统上放置度量，可以使估计更加准确。在某个时刻，你接触到**排队论**(queueing theory)，这是一种可以用来评估延迟和其他属性的数学形式，或称**蒙特·卡罗法分析**(Monte Carlo Analysis)，这是一种数字分析方法，当系统有多个自由度时非常适用。

准确性、完成度及其他分析 Model Checkers 是用断言来评估模型的工具。Spin(Holzmann, 2003)和 Alloy(Jackson, 2002)也是很流行的工具。它们都是通用目的的检查器，所以，为了分析，你需要像上面描述的那样转换模型。基于有限状态处理(FSP)(Magee & Kramer, 2006)的系统变化分析器(LTSA)，把系统建模

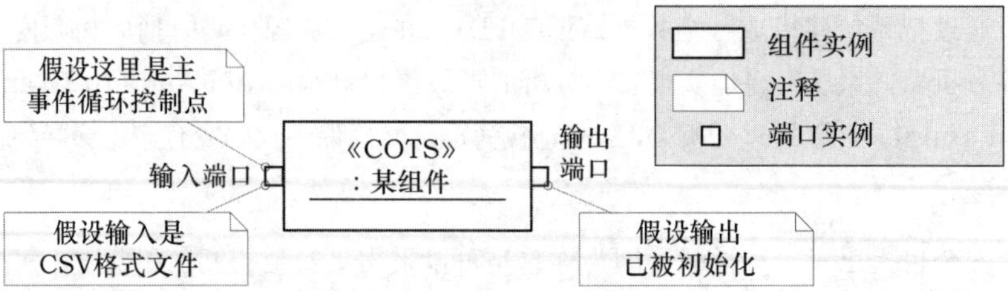

图 15.2 当一个系统中的元素在对架构的假设发生冲突时,会发生架构不匹配的情况。你可以用 UML 注释把这些假设记录下来,这样,其他人就可以看到这些假设

成一个有限状态机,并且可以检查它们是否满足特性,当然,也可以建模为状态机。这种状态机有助于并发建模,也有助于发现哪里发生了协议死锁。

模型和现实世界之间是有差异的。检测出这些差异需要经验,只有建模专家才有能根除这种差异的敏锐感觉。这些差异也许只能由人来识别,因为模型内部可能已经是一致的了。内部模型不一致,也称引用完整性背离,是可以进行自动化检测的。这里是一个内部不一致的例子:一个场景引用了一个组件,而模型中没有定义这个组件。

终于完成了分析技术的简单之旅。下面的章节将讨论架构不匹配、如何规划用户界面、指定性模型和描述性模型,以及如何对现有系统建模。

15.7 架构不匹配
Architectural mismatch

术语“架构不匹配(architectural mismatch)”是 David Garlan 领导的一个小组,在装配现有部件来构建系统时创造的。他们肩负着一些困难,做过相似 COTS 集成的人都明白,困难包括代码膨胀、执行速度慢、函数的重新实现、并发问题、容易出错的结构等。他们总结的经验论文表明,问题不在于集成有多难,而在于架构上的特性造成了两个软件之间的不兼容(Garlan, Allen & Ockerbloom, 1995)。他们列出了这样几种可能的架构不匹配。

(1) 对组件的假设:基础设施,谁有控制权,数据使用。

(2) 对连接器的假设:协议,传输数据的结构。

(3) 对系统的假设:系统的拓扑结构,组件是否出现。

(4) 对建造过程的假设:初始化的次序。

作者们建议了几种要求 COTS 软件作出改变的方案。然而,当你试图与一些现有软件集成时，只有一种是有用的，那就是构建一个能够凸显架构假设的模型。

如果你的模型指出了潜在的、会带来麻烦的假设，你就可以更早地检测出不匹配的地方，从而可以选择一个兼容的 COTS 软件，或者改变你自己的系统设计，去匹配 COTS 软件中固有的假设。

理论上，随便你把这些假设写在哪里，都没有什么问题，但实际上，最好是直接把它们作为注释放在架构图上，否则很容易就被忽略了。图 15.2 显示了一个组件，以及它作出的一些假设。

15.8　选择你的抽象级别
Choose your abstraction level

模型是抽象的，所以，按照定义，它们会忽略细节。当你构建系统模型时，必须作出选择，哪些细节是被包括的，而哪些则不被包括。在构建系统接口模型时尤其难以选择，因为，你必须决定：模型应该包含实际的 API 操作，还是应该更加抽象？

你的第一反应可能是对系统的实际 API 操作进行建模。这样做的好处是，模型很具体，而且可测试，因为，你可以用它和源代码进行直接对照。这个模型也可以被用来检测实际 API 中的问题，而更抽象的模型做不到这一点。例如，数据交换结构是不是充分满足你的要求？另外，你可以使用这个模型作为 API 级别的文档。

但是，这个模型有一些规模方面的缺点，因为，API 级别的模型通常都很大。假设每一个 API 操作有 1000 行实现代码、一个百万行代码的程序，可能有上千个 API 操作要建模。尽管你的代码和 API 之间的比率可能不同，但是对一个大系统来说，建立 API 级别的模型的确需要进行仔细考虑。另外，保持更新可能比最初构建更加困难。API 级别的模型可能遮挡了你对架构的视野，因为，俗话说，只见树叶不见森林。在 API 级别，接口和模块都很容易看到，但架构抽象，像风格、端口或者连接器，则看不到。

也许最严重的问题是很难对 API 级别的模型进行思考。显然，规模会影响理解。回想一下用数学类求解的那个故事问题，比如，判断两列火车何时相遇。你构建的模型从细节中抽象出来了，只保留和回答了手上问题相关的细节。如果你的架构问题关注系统吞吐量，用一个更抽象的模型，而不是 API 级别的模型，来回答这个问题会更容易。适度采用 API 级别的模型是有价值的，但你如果是在为整个系统构建 API 级别模型，那就应该停下来好好想一想了。

你必须明白，任何时候构建模型，都是在显式地或隐式地选择抽象级别。为了进行有效的选择，要了解模型必须回答的问题(例如，安全问题、性能问题、适用性问题),并构建可以回答它们的最经济的模型。

15.9　规划用户界面
Planning for the user interface

关于软件设计,过去的说法是,后端和用户界面(UI)可以各自独立地构建。而新的说法是,后端设计将影响用户界面的可用性,也许会使某些用户界面的设计选择无法实施(Bass & John, 2003)。例如,支持单个 CRUD(创建、读取、更新和删除)操作的后端,可能难以做撤销操作和涉及多元素的操作。另外,当你录入时,为了支持越来越常见的自动完成功能,也需要考虑哪种后端可以提供必要的支持。

因此,用户界面不能亡羊补牢。架构模型通常会包括用户界面模拟,以及会表达用户界面和后端之间预期的交互。用户界面和系统的其他部分一起同步设计,还有一个额外的好处,就是那些模拟的用户界面可以暴露低级别 APIs 中的错误或者遗漏(D'Souza & Wills, 1998)。

15.10　指定性模型对描述性模型
Prescriptive vs. descriptive models

当你使用一个架构模型时,需要知道指定性模型和描述性模型之间的区别。**指定性模型**(prescriptive models)是说,事情应该怎样,而**描述性模型**(descriptive models)是说,事情是怎样的。架构抽象(模块、组件、连接器、端口、角色等)的标准集指出了将来软件开发的正确方向,所以,它是指定性的,在指定中鼓励封装,以及使用清晰的通信通道。

嵌入模型中的架构语言和抽象基本上都是指定性的。在指定中,抽象比代码更清晰,你常常会在实践中发现这一点。当你对现有系统进行建模时,你是在创建一个描述性的模型。这也是有一些挑战的,我们将在下一节中讨论。

15.11　对现有系统进行建模
Modeling existing systems

你可能已经有一个现存的系统,然后想知道是否可以构建一个架构模型,用于解释这个系统。也许系统有一百万行代码,你没有时间去阅读每一行代码。本书一贯主张,构建模型是一种降低复杂性和规模的好办法,因为,你可以在建模过程中使用各种知识、分割和抽象。但你先要问问自己,为什么需要一个模型,以及那个模型应该做什么。

表 15.1　对现存系统建模有很多原因，但应该基于不同的原因构建不同类型的模型。这里是一些例子，包括了原因和对应的候选模型，你可以用模型来调查设计，降低风险

建 模 原 因	候 选 模 型
更好地理解当前系统	低细节级别：领域模型和边界模型 高细节级别：无
评估替代架构方案	低细节级别：边界模型和内部模型 高细节级别：选定部分复杂的细节
重新架构、新平台	低细节级别：边界模型 高细节级别：内部模型、风格和不变量
为外部开发人员提供文档	低细节级别：领域模型和边界模型 高细节级别：风格和不变量
集成和兼容性调查	低细节级别：领域模型、边界模型和内部模型 高细节级别：选定部分领域建模、连接器
采购前调研	低细节级别：边界模型 高细节级别：领域建模、连接器

根据要求进行有限的建模　构建架构模型有很多常见的原因。你可能是想要更好地理解当前的系统，可能是想要评估另一种架构会怎样影响系统的质量属性。模型可以是重新架构或者迁移到一个新平台前的预演。或许，你需要为外部开发人员、合作伙伴或外包团队撰写系统文档。或许，你要调查系统与一个参考架构或第三方集成的兼容性。或许，可能系统并不是你的，但你正在调查是否要采购它。

你应该限制模型，让它们刚刚好能帮助你回答系统这些方面的问题就够了。为了给你一个选择合理子集的思路，表 15.1 列出了一些构建架构模型和一些相应候选模型(Fairbanks, Bierhoff & D'Souza, 2006)的潜在原因。那些候选模型和它们的细节级别只是一个大致的估计，用来说明你从这个可能的模型子集中会得到什么，同时你应该对项目进行一些调整。如果你正在调查兼容性，当心，你并不仅仅要验证技术上的兼容性(例如，数据文件是 XML)，还要保证领域模型是兼容的。

做好发现烂泥的准备　如果构建架构模型是为了更好地理解系统，那你要做

好失望的心理准备。只有在能找到的情况下，架构模型才能清晰地展示，并讲述得出多级别故事(见 11.1 节)。清楚的、考虑周全的设计是系统开发人员经过非常仔细的工作才得到的。如果系统构建得像一个大泥球(见 14.7 节)，那么，随便你怎么建模，都只有烂泥。如果系统构建是一种权宜之计，后续也没有做过重构，那你看到的，就很可能是错综复杂的依赖和通信路径。另一方面，如果设计是清晰的，那么模型可以使设计更明白。

另一件你应该期待的东西是，像风格和不变量这样的通用规则。对系统来说，这样的说法很常见："用了 X 风格，期望……"本书的架构风格是风格的纯粹表达，所以也称柏拉图式风格(见 14.2 节)，在实践中，体验式风格更常见。

构建现存系统的架构模型也是可行的，前提是，你的期望值要合理，并预先决定了希望模型回答哪些问题，然后在正确的细节级别上构建合适的模型。16.1.1 小节描述了一些对现存系统建模时面临的挑战。

15.12　小结
Conclusion

本章的想法是使你避免落入一些建模陷阱，比如，太草率的模型或者过度精确的模型。你应该知道在建模时要追求什么：准确的、预言式的、经济的模型；能够促进理解的、具有一致细节级别的模型；单主题的视图。构建架构模型，不仅仅是在做语法上正确的模型，而且是要用这些模型来加强你的思考能力。

要成为有用的模型，就应该让它与现实世界保持一致，自我一致，以及可以被检验。有些模型的目的在于预言，但所有模型都应该致力于让人理解。一种促进理解的方法就是，把模型结构化成多层级上的故事。

事先决定你的模型应该回答什么问题，然后构建一个充分精确的模型。没有做好这件事，意味着你将不知道何时应该停止建模。你必须拥抱模型不完整却有用这个事实。复杂性和规模强迫你使用长路径，这条长路径围绕着 Shaw 的代偿图(见图 6.1)。你应该恰如其分地建模，因为目标是构建系统，而不是构建模型。

使用视图的一般想法是，遵循分而治之的策略，即把一个大的主模型分成一些小的视图，每一个视图都聚焦在一个单一的关切上，从而更容易对它进行处理。然而，这种策略引入了视图一致性的问题，以及如何能把视图贯穿在一起从而解决整个系统的问题。

幸运的是，功能场景可以帮助我们来贯穿视图，否则，架构视图就可能会变得离散。如果场景写得正确，它们会处理架构细节，并帮助你来找到问题和不一致之处。你可以在头脑中让它们动起来，就像你为了调试而让程序动起来一样，从而获得对系统行为的理解。精确的活动规范是贯穿视图的另一种办法，这是一种很好的思维训练，但要全面使用，通常就太昂贵了。

有一些技术可以提高模型的质量。一些模型是可测试的；另一些必须被证明是正确的。证明通常需要转换你的模型，使之成为可被工具分析的形式，然后，解释产生的结果。说起来可能让人感到惊讶，在看一个清晰的模型时，最有效的分析工具是你自己的大脑。

质量属性讨论会、架构检查单、设计评审及架构权衡分析方法是一些非正式的技术，你可以用它们来分析架构，提高架构的质量。还有一些正式的分析技术和工具。它们通常要求你转换模型，然后再解释这些工具产生的结果，它们让计算机去计算，去发现问题，而不是你自己。

当分析架构的时候，你应该警惕架构不匹配的问题。表面看上去兼容的组件，很可能会集成失败，这往往是由一些关于组件、连接器、系统及初始化过程的隐含假设所造成的。

系统常常是已经存在的，而你想构建这个现存系统的架构模型。如果你的期望合理，并预先决定了模型应该回答什么问题，同时，在正确的细节级别上建立合适的模型，这样做也是可行的。

15.13 延伸阅读
Further reading

本章描述了一份理想的模型特性列表，这份特性列表来自于其他人的工作成果，包括 David Garlan 的软件研究架构课程(Garlan, 2003)、Grady Booch 的软件架构报告(Booch, 2004)，以及 Bran Selic 关于 UML 2 理想特性的演讲(Selic, 2003a)。

不同的作者已经讨论了实现模型质量的技术。Philippe Kruchten 讨论了如何使用场景来贯穿架构视图。Desmond D'Souza 和 Alan Wills(D'Souza & Wills, 1998)继续演进这个想法，并且讨论了如何使用精确的活动规范做同样的事情。许多书都提倡用精确的规范来建模，包括 Cook 和 Daniels (1994)、Coleman (1993)、D'Souza 和 Wills (1998)及 Cheesman 和 Daniels (2000)的论著。

第 16 章

结论

Conclusion

　　本书的第 1 部分描述了软件架构，并且回答了"你应该做多少架构方面的工作"这个难题，即根据你感受到的失败风险来决定架构和设计方面的投入，换句话说，基于错误带来的后果来决定投入的工作量。本书的第 1 部分也展示了，使用模型可以更有效地解决复杂问题，因为，模型可以简化问题。

　　本书的第 2 部分回答了紧随其后的下一个问题："架构模型是什么样子的？"我们鼓励使用标准的架构模型和抽象来构建架构的概念模型。这可以让你像一个教练员观看比赛那样来理解软件。

　　综合来看，本书的这两个部分都是为了帮助你更好地设计软件。理解了这两个部分的内容之后，当你再看一个计算机系统时，眼睛里就不会只有那些用不同语言编写的代码，而会看到一个拥有或缺失各种质量属性的系统、一个使用了架构托举的系统，或者是一个不关心架构的系统。

　　在将要结束全书的这一章中，你将了解到在应用本书知识时所面临的挑战。本章也会再一次重申和强调那些贯穿于本书的主题，包括使用标准架构抽象、聚焦质量属性、审慎地应用像导轨一样的约束及模型的使用。

16.1　挑战
Challenges

在 5.7 节中，我们看到了一些在应用软件架构和风险驱动模型时所面临的挑战。现在，你看过了如何构建架构模型的细节，再重新回顾一下那一章的话题，同时看看还有哪些额外的挑战，是一件很有益的事情。像之前一样，识别出这些挑战，并不是为了打击你，而是在你希望承认挑战并更好地准备战胜它们时，提前得到一些警示。

这些挑战被包含在三个非常广泛的主题中，即架构抽象的适用性、架构建模的技术及模型的有效性。

16.1.1　架构抽象的适用性
Suitability of architecture abstractions

本书描述的架构抽象是已经被发明的架构抽象之中最好的，但并不意味着它们是完美的。要使这些抽象和现有程序、编程语言中的抽象、框架，以及非对象语言全部对齐，还是很困难的。

架构和编程抽象没有对齐　第 10 章讨论了架构抽象如何与编程语言中的抽象进行关联，同时也描述了一组让这种对齐更加可视化的模式。如果本书中讨论的架构抽象与你的编程语言中的抽象一致，那么也许没有什么讨论的必要，但当今业界还做不到这一点。因此，当你试图在代码中实现模型，或者试图解释代码架构时，肯定会有一些阻力。

存在着阻力并不新鲜。在向结构化语言变迁的过程中，一些开发人员就曾说过，他们不能用新的、约束性更强的编程语言来表示他们现有的程序。有些人还争辩说，他们的老程序更有效，并且可理解性非常好，所以不欢迎那些新的抽象。

当你发现没有很好的进行软件架构抽象的代码时，可能会对这些代码进行重构，把它们组织成更加清晰的模块和组件，不过，你可能也不想为此付出太大的代价。比较实际的做法是，把现有系统当做一个大模块或组件的集合，而不是尝试对它们内部的子组件进行建模。

如果做好抽象不对齐的准备，你就不太会排斥架构抽象，而会更愿意把它看做是软件工程中的一种自然现象，抽象可以逐步演化，编程语言也会逐渐跟上抽象的发展。在处理现有程序时，你会碰到一些困难，但当你写新程序时，应该会发现，让代码和架构模型对齐其实是很容易的。

框架 框架是抽象不对齐的一个特例，因为客户端代码和框架之间的交互，与标准架构模型是不对齐的。框架为使用它的客户端提供了深度的、广泛的接口，这些接口通常暴露了框架内部的实现细节(即内部模型)。相比之下，标准架构模型中的端口只提供浅的、窄的接口，同时鼓励封装(即只暴露边界模型)。有些框架存在于运行时，所以，它们可以表现为组件，因为组件有运行时形态。另一些框架，特别是旧的那些，只是代码的集合，它们不能被初始化，除非借助于客户端代码的帮助才可以初始化，所以，他们只能表现为缺少运行时存在的模块。如何对框架进行精确建模是学术界一个公开的研究课题，相信这个挑战会被很快解决。

面向对象语言和其他语言 正如你所见到的，每一个系统在运行时都至少有一个组件实例，那就是系统本身。当用面向对象语言编程时，很自然地就会把组件想象成有着内部运行结构的对象，而进一步想象如何把这些对象组成子组件，也并不是一件很困难的事。

在非面向对象语言中，比如，函数式语言、基于规则的语言或过程式语言，就很难想象运行时实例是什么。整个运行时系统显然是一个组件实例，但其中包含了什么子组件呢？如果你写新代码，自然可以确保这些子组件的划分是明确的。所以，你可以有意地先创建子组件，给它们分配职责，然后用不管什么类型的语言去构建它们，包括用非面向对象语言，只有这样做才是最合适的。

即使使用面向对象语言，在架构抽象和对象抽象相互转换的过程中，也会有一些问题，这是因为这两种抽象分别有着不同的词汇和通信方式。对象、函数、过程在编程语言中是很具体的，而且已经有很多这方面的设计指导。而架构抽象在主流编程语言中并没有那么具体，于是，当你从一种抽象切换到另一种抽象时，就产生了问题。

例如，有一种标准的面向对象模式是，使用适配器(adapter)将一个接口转换为另一个。然而，4.2 节中的家庭媒体播放器也代表了一个适配器，这个适配器作为组件，而不是对象。所以，这里其实有两个选择，一个是把适配器放进现有组件，同时把它暴露出来作为一个新端口，另一个是把适配器作为组件。组件通常是有一定规模的，在家庭媒体播放器的例子中，组件由一个对象组成，这种做法不太常见。

如果使用同一种语言,你可以开发一种编程风格,使组件和连接器都很明显(见 10.3 节)。而在实践中,常常采用权宜之计,使用脚本语言来做这件事,这样就无须关注编码风格方面的工作。要在多种语言中进行架构明显的编码风格工作是困难的,特别是当这些语言之间有着本质区别时,你在一种语言中的约定不能很好地转换为另一种语言中的约定。

16.1.2 建模技术

Modeling mechanics

正如你所见到的,我们已经建立了很多架构抽象,并且有很多指导来帮助你建立好的模型。然而,构建模型还有很多其他的挑战。

何时停止对功能建模 本书中提到的技术覆盖了质量属性建模和功能建模。只描述质量属性的架构模型,在建模时往往会产生一种很自然的细节级别(即你可以说何时停止建模),但包括了功能描述的架构模型很容易会变得异常详细,直到能描述清楚类上每一个操作的细节。

你很少会想要一个模型变得如此深入,所以,何时应该停止建模呢?架构建模能够转换到设计,然后到详细设计,再然后到编码。有能力深入建模是好事,因为你可以在需要时进入细节,但问题是,你必须决定何时进入细节,何时忽略细节。耗时的建模总是存在着一个机会成本,即构建这个系统所花费的时间。

决定应该对系统中的多少功能进行建模,是比较困难的。正如第 4 章家庭媒体播放器例子中讨论的那样,你可以看看你所面临的风险。如果某个功能可以解决一个特定的风险,就对它进行建模。例如,你可能只在被要求做一次解释架构的演讲时才建立系统的用例模型。通常来说,你要当心,别过于深入地对系统的功能进行建模。

非静态组件的结构形态(动态架构) 大多数系统都是运行时组件实例的一个稳定集合,只有在初始化期间才会有一些变化(见 9.7 节)。当你画图来显示组件实例的运行结构形态时,你常常会简化问题,不去画启动和停止之间的中间结构形态。这是因为,动态结构形态考虑起来比较困难,很少有工具或符号能使它变得更容易。

然而,有些系统的确会在运行时发生变化。例如,对等系统,它在运行时会具有不同的组件结构形态,就像框架可以动态载入新组件一样。对于像这样在运行时重新组织结构形态的问题,很难有什么简便的做法,所以,开发人员倾向于避免这样做,但是,有些问题域的确还是需要一个动态架构的。

视图的一致性 软件架构总是建议为你的系统构建多个视图。多个视图可以帮助你在某一个时刻只关注一个方面。有些视图之间可能无法轻易地对应(回想一下 9.7 节中视图类型的定义),而创建单一视图,又可能会导致细节混乱,从而偏离建模的初衷。

多个视图所带来的负面影响是,需要努力保证视图的一致性。现在,工具在捕获不一致性方面的能力还很有限,所以,大多数检查都需要手工完成。有些视图的不一致简直让人厌恶,因为你更新了一个视图,不能忘了更新所有的老视图。另一些一致性问题则来自于设计错误,这些不一致可能会导致一个无法使用的设计。

横向关切 组件、模块及节点可以让你封装自己的设计思想,但有些设计思想可能横切这些抽象。正如 11.2 节中讨论的,选择分解会使某些问题变得容易解决,而另一些则可能会变得更加困难。例如,一个让水平伸缩变得容易的设计可能无法对你的领域类型进行封装。

另一个横向关切的例子是并发。并发常常会横切你的抽象。它也一直是开发系统过程中最具有挑战性的问题之一。注意,开发人员可能很喜欢这个挑战,他们常常找机会来使用并发技术,但迟钝的开发人员总是把它当做产生困难缺陷的源头,他们总是倾向于避免使用。并发被引入系统,可能是出于解决问题域的需要,也可能是期望改善质量属性,例如,性能或可用性。

有了清晰的设计,你也许可以很完美地对齐组件边界和系统中的线程或进程。如果是这样,你可以在这些组件和连接器上加上注解,就像第 4 章中家庭媒体播放器的例子,注明这里使用了并发技术。任何时候,一个横切分解(见15.2 节)的关切都可能很难表达,而并发则尤为困难。

细化 模型将逐渐变得与其他模型和代码不一致。如果模型之间存在着细化关系,要维护它们之间的一致性就更加困难了。例如,当你修订系统的低细节级别模型时,很容易就会忘了修订高细节级别模型。除了遗忘这个原因,正如 10.2 节中讨论的那样,你还可能有意地默许各种模型变得过期,因为要保持它们的更新是一件代价高昂的事情。

让细化图足够精确是可能的,这样你可以从中检查细化问题,但也要避免花费太大的代价。在实践中,很少有开发人员会在高细节级别和低细节级别模型之间保持对应,尽管他们可能会盯着这两个模型,说服自己细化没有问题。

16.1.3　有效建模
Effective modeling

6.5 节讨论了这样的想法，有些人能够阅读模型，较少的人会写语法正确的模型，更少的人能用模型来更有效地解决问题。作为一个软件开发人员，构建模型是写代码之前必要的"消遣"，必要，是因为你很难在没有模型的情况下思考一个庞大而复杂的系统。用模型来辅助思考面临着两个挑战，即对细节的选择和构建预言式模型。

提升细节　选择使用哪些细节来提升架构级别，是一件比较困难的事情。挑战在于，如何选择相关细节，同时又保持模型恰好够用。不同的开发人员可能会选择不同的细节，这意味着有些模型会比其他模型更好一些，但现在还没有关于如何作出最佳选择的指南。

很难知道模型是否已经足够精确，或足够详细了。通常来说，你应该让模型精确到足以回答你的问题，或者充分到能降低你预期的风险。然而，说起来容易做起来难，因为你无法预言风险，除非已经构建了详细的模型。

预言　使用架构模型来预先发现问题，同样是一件很困难的事情，这要比通过简单建模来文档化设计投入更多，因为很小的细节都有可能使预言变形。我的一个朋友构建了一个预言 Web 服务性能的模型。然而，他的性能预言完全错了，因为相比于模型中的预言，实际进入系统的请求呈现出爆炸式的增长。改进后的架构建模技术承诺会作出更好的性能预言，但是，为了要精确预言而去构建一个充分详细的模型，是一件代价昂贵的事情。

对挑战的反思　所有的挑战都会给你的项目带来麻烦，但它们也都是可以被克服的。尽管在技术和抽象上都不完美，但是，带着对架构的理解来开发软件，要远远好于没有架构。

现在，我们把注意力转向几个贯穿本书的主题：聚焦质量属性、解决问题、使用导轨一样的约束，以及使用标准架构抽象。

16.2　聚焦质量属性
Focus on quality attributes

软件架构鼓励我们关注质量属性。一般的软件开发人员通常会更多地关注系统功能，而不是质量属性或超功能需求。但是，架构在很大程度上决定着哪些质量是容易实现的，哪些是比较困难的，所以，在选择系统架构时，你的确应该更多地关注质量属性，比如，性能、安全性及可修改性。

通常来说，任何合理的架构都能支持期望的功能，但是，只有经过仔细选择的架构，才能支持期望的质量。不幸的是，要改变一个即使是维护得很好的系统架构，也是代价昂贵的，所以，早一点考虑质量属性要求是值得的，这可以避免架构失误所带来的巨大成本。

一些领域已经有了一些预制架构。过去的经验表明，这些预制架构对于这些领域所期望的质量属性是非常适用的。通过使用预制架构，开发人员也许能用一种**架构无差别的设计方法**(architecture-indifferent design)取得成功，也就是说，不需要怎么关注架构。而在风险比较高的时候，开发人员也许会使用**以架构为中心的设计方法**(architecture-focused design)来确保架构实现那些要求的质量和特性。他们也许会选择把部分质量托举到架构中，比如，可伸缩性，这样，开发团队可以只关注功能的实现，而不用关注如何提升质量。

16.3　解决问题，而不是仅仅对它们建模
Solve problems, not just model them

本书提倡通过建模来解决复杂性和规模带来的问题。这是一条围绕着代偿图(见图 6.1)的长路，尽管它不能直接解决问题，但能给你以帮助。不过，你应该牢记，我们的目标是构建一个解决问题的系统，而不是构建模型。模型不是运行系统，你也不能吃一张画着三明治的图。

你也许倾向于认为，软件设计好了，问题就解决了，但事实是，只有当你在真实系统中构建出原型或演示产品时，才能确保模型得到验证。为了帮你记住这一点，这里讲一个笑话，强调一下验证的重要性。

有一个消防队员，半夜醒来，发现厨房着火了。他往火上浇水，直到把火扑灭，然后回去睡觉了。有一个工程师，半夜醒来，发现厨房着火了，他做了一些计算，在火上倒了 2.3 桶水，他看到火灭了，就回去睡觉了。有一个数学家(或许是软件架构师)，半夜醒来，发现厨房着火了，他做了一些计算，兴奋地说：“找到啦！找到啦！”然后就回去睡觉了。

这个关于验证的建议，与软件工程中那些明显的，但常常重复出现的谬论有关，比方说，“代码肯定正确，因为编译通过了”。一旦你有了一个设计，那么，要根据这个设计构建出一个可以工作的系统，永远比“转动一下脑子”要困难。

16.4 使用导轨一样的约束
Use constraints as guide rails

贯穿本书的一个思想是，通过架构约束来实现预期结果。这个思想称为**以架构为中心的设计**(architecture-focused design)，而你也已经了解了它与架构无差别设计(2.7 节)的不同。你已经看到了几个以架构为中心的设计例子：

(1) 在引言中，你看到 Rackspace 公司是如何为了实现可伸缩性而从客户端-服务器风格转向 map-reduce 风格的。你可以把架构风格当做一个预制约束的集合，这些约束的优缺点都是已知的。

(2) 你在家庭媒体播放器系统(见 4.2 节)中看到过另外一个例子，即通过把不可靠的 COTS NextGenVideo 组件从主系统中隔离出来，让它运行在自己的进程中，从而保证了整个系统的可靠性。

(3) Yinzer 职位广告和网络系统(见 9.5.10 小节)需要发送电子邮件，同时又要快速响应 Web 请求。为此，它使用了一个异步连接器(比如，消息总线)来对电子邮件消息排序，而不是在发送之后同步等待确认。

权衡 大多都是时间上的限制导致了权衡。与 map-reduce 系统相比，老的 Rackspace 客户端-服务器系统可以得到最新的数据和即时查询结果。家庭媒体播放器系统则在引入并行处理后，变得复杂了，而且效率可能降低了。另外，你很容易就能想象到，开发人员会抱怨 Yinzer 系统中的事件总线使他们过得艰难，因为原来只需要一个简单的方法调用就能解决问题。

导轨 约束并不总是(或应该不是)任意的、变化无常的限制，导轨可以确保系统按照你指定的方向前进。如果你是一个企业架构师，而不是哪个系统的设计师或开发人员，那么约束是你影响系统方向的唯一工具。

分析 除了能让你控制系统往哪里去，约束还会向你提供**分析**(analyze)系统的能力。如果你有 100 行没有约束的代码，它们会做些什么？基本上可以做任何事。它运行得有多快？不知道。它是不是一个安全隐患？也许。如果回答这类问题对你很重要，你可以通过强加约束来帮助你回答。例如，**Android** 操作系统通过限制对系统服务的访问来约束代码，所以，如果代码想访问互联网，就必须声明它所要做的是什么，然后，用户在运行这个应用程序之前会调查这些特性。

流程草图 毫无疑问，约束堵住了设计上的选择。通过选择强加约束，相当于你在说这个系统**不能**(not)怎么做。如果不是只有你一个开发人员，那么你就是在限制其他人可能发明的好方案了。带着这个想法，考虑下面关于怎样选择引入约束的流程。

(1) 从无约束开始。

(2) 决定系统的目标是什么。例如，需要和其他系统进行交互、更安全，还是运行得更快。这些目标可能会交叉，也可能和你的架构驱动元素一样(见 9.5.8 小节)。

(3) 问自己几个困难的、关于如何实现这些目标的问题。你的系统怎么会实现不了这些目标呢？约束可能带来成功吗？这些约束是不是很麻烦？权衡是什么？

(4) 最后，你可能决定强加约束来提升或保证一个预期的特性、质量或风险。

你将注意到，流程在"允许做什么"比"保证能做什么"方面更容易犯错。如果你跟着这个流程，大多数情况下，会最终选择遵循一种架构风格，因为架构风格的约束相对较轻，但足以让项目基于一个合适的基础来实现目标。在有定制要求的项目中，你可能会引入更多严格的约束。

16.5　使用标准架构抽象
Use standard architectural abstractions

开发人员在构建大型系统时，需要与其他开发人员进行沟通。一般开发人员使用的编程语言都能很好地覆盖大多数实实在在的开发制品：对象、类、方法、接口等。然而，当开发人员讨论更大的制品时，就存在差异和不确定性了。一个开发人员可能把某件制品叫做模块，而另一个把它叫做组件。设计模式将对象模式的词汇进行了标准化，而架构风格的名称现在还不是那么统一。当两个开发人员在白板上进行交流时，他们画的类和对象会很接近于标准的 UML 符号，但在交流关于架构的想法时，常常会自己发明一些符号。

如果开发人员没有共享常见的架构抽象和符号，更危险的，不是他们无法进行有效沟通，而是根本无法进行沟通。他们的讨论将集中在他们共享的语言，例如，对象，而不是适合架构讨论的语言。大型系统都是基于架构风格构建的，约束往往跨越了大量的对象。没有拥抱架构抽象的开发人员会处在一个不利的位置上，因为他们在沟通想法时非常低效，如果不算完全无效的话。

即使还没有进行沟通，开发人员也可以从架构抽象中获益。这就好比一个教练看一场比赛，他会把场上所有的细节放在一个整体中进行考虑。开发人员也是如此，他们看系统，然后把对象间低级别的交互放到系统设计的整体中进行思考。如果开发人员不能利用架构抽象来思考，这个整体设计就呈现不出来，问题也就不会变得明显。缺乏架构抽象(如风格、组件及连接器)能力的开发人员总是在挣扎，一方面要识别那些抽象，一方面要清楚地表达为什么自己这么改是合适的，或者为什么是不合适的。

架构抽象和老技术是并存的。例如，协议仍然可以用状态机来描述，类仍然可以用类图来描述。架构抽象就像工具箱里的一个新工具，开发人员应该会在与规模和复杂度战斗时用到。回头来看，你会发现，每隔十年，业界就会引入一些解决新难题的新抽象。改善老工具是有用的，但是，很可能无法克服下一个十年中的困难。

术语表

Glossary

动作规约(action specification)：对某个方法、过程或更为抽象行为的(有时为形式化的)详细说明。通常包括先验条件(为成功运行方法，那些必须为真的事物)和后验条件(在方法执行完成后，那些由方法保证将会为真的事物)。参见《契约式设计》(《design by contract》)。

敏捷过程(agile process)：一种特点在于迭代开发的软件开发过程风格。参见瀑布过程(waterfall process)、极限编程(extreme programming)、迭代过程(iterative process)、敏捷过程(agile process)及螺旋过程(spiral process)。

部署要素(allocation element)：(例如，UML 节点或环境要素)指可以承载模块和组建实例的硬件(例如，计算机)和地理位置(例如，数据中心)。UML(Booch, Rumbaugh & Jacobson, 2005)把可以部署软件的地方称为节点(nodes)，而 SEI 的作者(Bass, Clements & Kazman, 2003)将其称为环境要素(environmental element)。

部署视图类型(allocation viewtype)：这种视图类型包含若干视图，图中包含了将软件部署到硬件的相关要素。它包括：若干部署图、如服务器等环境要素的说明，以及如以太网链接等通信信道的说明，还可能包括地理要素。这样你就可以描述位于不同城市的两台服务器。参见运行时视图类型(runtime viewtype)和模块视图类型(module viewtype)。

类比模型(analogic model)：在类比模型中，每个模型元素在感兴趣的领域中都有对应的类似物。雷达屏幕就是一些地带的类比模型，而屏幕上的一个个亮点对应着一架架飞机——那些飞机就是类比物。类比模型仅支持间接分析，而且通常需要领域知识和人类的推理。参见分析模型(analytic model)。

分析瘫痪(analysis paralysis)：指开发者花费过多时间进行分析或构建模型，却没有构建解决方案的一种状态。

分析模型(analytic model)：分析模型直接支持对感兴趣的领域进行分析。各种数学方程式就是各种分析模型的示例，同样也是一些状态机(state machine)。你可以想象一种有关飞机的分析模型，其中每架飞机都用一个向量来表示。这样就将数学用于分析模型，以便计算那些向量，所以你才能定量解答那些有关碰撞航线的问题。参见类比模型(analogic model)。

匿名实例(anonymous instance)：尚未给定名称的实例。当以图形方式显示时，它被标记为"：TypeName"。相比之下，命名实例会在冒号前面有个实例名。

应用程序架构师(application architect)：应用程序架构师是为某个单一应用程序负责的开发者。这对他们而言可能意味着，要理解和管理组成其系统的成千上万的对象。应用程序架构师与电影导演的日常活动很相似，都是在创造产品形态。

应用程序编程接口(application programming interface，缩写为API)：可以在模块、组件或对象上执行的一组操作。当我们提到 API 级别的操作时，指的是那些操作不仅是非抽象的，而且是完全能以编程语言的形式见到的。

架构风格(architectural style)：(架构模式)。架构风格是"元素和关系类型的特化，连同一套有关如何使用它们的约束"(Clements et al., 2010)。

架构显见的编码风格(architecturally-evident coding style)：一种编程风格，它通过提供有关系统架构提示的方式来编码额外的设计意图。它鼓励你在源代码中嵌入提示，从而使得该架构对于阅读此代码的开发者显而易见。它遵循模型位于代码中的原则(model-in-code principle)。

架构(architecture)：参见《软件架构》(《software architecture》)。

架构描述语言(architecture description language，ADL)：一种用于描述架构的语言，其中定义了各种元素(例如，组件、连接器、模块、端口)和关系。此类示例包括 UML、C2、AADL 及 Acme。

架构漂移(architecture drift)：架构漂移是指系统随着时间的推移而违反其初始设计的趋势(Perry & Wolf, 1992)。

架构驱动因素(architecture driver)：质量特性场景(quality attribute scenarios)或功能场景(functionality scenarios)不仅对利益相关者(stakeholder)很重要，而且难以实现。因此，当你设计系统时，应格外关注这些场景(Bass, Clements & Kazman, 2003)。

架构提升(architecture hoisting)：一旦遵循架构提升(architecture hoisting)的方法，开发者就会设计出以保证系统目标或属性为目的的架构。此想法是，一旦某个目标或属性被提升到架构中，开发者便无须编写任何额外的代码来实现它。参见专注架构的设计(architecture-focused design)及架构无关的设计(architecture-indifferent design)。

架构重构(architecture refactoring)：一次系统级的架构重构(refactoring)，可能是从一种架构风格转变为另一种架构风格，或是引入之前未考虑的一致性(参见约束条件(constraints))。

专注架构的设计(architecture-focused design)：在专注架构的设计(architecture- focused design)中，开发者应当了解他们系统的软件架构，并且此架构是他们经过深思熟虑之后选择的，因此，他们的系统可以实现相应的目标。参见架构无关的设计(architecture-indifferent design)和架构提升(architecture hoisting)。

架构无关的设计 (architecture-indifferent design)：在架构无关的设计 (architecture-indifferent design)中，开发者对于他们的系统架构浑然不知，而且不会自觉选择某种架构来帮助他们降低风险、实现功能或确保质量。开发者可能完全无视他们的架构，他们会从上一个项目中复制其架构，并在他们的领域中使用此推定架构(presumptive architecture)，或是按照公司标准行事。参见专注架构的设计(architecture-focused design)和架构提升(architecture hoisting)。

焙干的风险(baked-in risks)：当过程被设计为始终解决某种特定风险时，称这种风险对于此过程已被焙干了。例如，敏捷过程通过对系统的增量构建及交付来解决客户拒收的风险。

大量预先设计(big design up front，BDUF)：当进行大量预先设计时，项目的早期几周或几个月时间会主要用于设计，而不是用于原型开发或构建程序。这是个贬义术语，是由如敏捷提倡者等一些人所创造的，他们对分析瘫痪(analysis paralysis)感到担忧，那是一种在项目中花费了过多时间进行设计，却没有足够时间进行构建的状态。相对于螺旋过程(spiral process)而言，大量预先设计(BDUF)与瀑布过程(waterfall process)联系得更紧密一些。

二元连接器(binary connector)：只能附加两个组件的连接器。参见 N 路连接器(N-way connector)。

绑定(binding)：(1)使用绑定时，外部组件端口被绑定到兼容或相同的内部组件端口上。内部组件必须满足外部组件的不变量和质量特性场景。(2)绑定关系用于表明模式中的各部分与使用该模式模型中的各元素之间的对应关系。

边界模型(boundary model)：边界模型是从该系统(或者系统中的某个元素)外部可见的内容，其中包括模型的行为、数据交换及质量特性。边界就是对某个接口的承诺，而非实现细节。边界模型描述了用户需要知道的相关内容，以便理解系统如何运作。它是该系统隐藏了内部细节的封装视图。当开发者改变内部设计时，用户则完全不受干扰。参见内部模型(internals model)。

业务模型(business model)：业务模型描述企业或组织做什么，以及它为何那么做。业务模型很少谈及软件。即便同一领域中的不同企业也有不同的策略、能力、组织机构、过程及目标，因此也会有不同的业务模型。它不仅描述事实(那些应出现在领域模型中的)，而且还有组织机构必须完成的决定和目标。

规范模型结构(canonical model structure)：涉及从抽象到具体的一组模型，它使用视图向下追溯到每个模型的细节。它由三个主模型组成：领域模型(domain model)、设计模型(design model)及代码模型(code model)。规范模型结构在顶部有最抽象的模型(领域模型)，而在底部是最具体的模型(代码模型)。指定(designation)和细化(refinement)两种关系确保了模型之间的对应，还使得它们在各自的抽象层次上有所区别。

分类关系(classification relationship)：分类关系与面向对象编程中类与对象之间所存在的关系是一样的。

封闭语义(closed semantics)：具有封闭语义的细化会通过列举不可更改的项目类型来限制可引入的新项目的类型。参见开放语义(open semantics)。

代码模型(code model)：代码模型描述了系统的源代码。代码模型要么是系统的源代码实现，要么是一个等效模型。它可能是实际的 Java 代码，或是某款代码转 UML 工具的运行结果，但是其重要特征是，它拥有一套完整的设计承诺。设计模型所拥有的是一套不完整的设计承诺，而代码模型拥有一套完整的设计承诺，或者说至少是一套足够完整、可供在计算机上执行的设计承诺。注意与领域模型(domain model)和设计模型(design model)相比较。这三个模型都属于规范模型结构(canonical model structure)。

现成商业(commercial off-the-shelf，COTS)：指来自第三方的可用模块(module)、组件(component)或者其他源代码。即便它们是开源的或者来自非商业团体，也经常会使用该术语。

通信信道(communication channel)：(即连接(connection)或环境要素(environmental element))指允许部署要素(allocation elements)进行通信的硬件。UML(Booch, Rumbaugh & Jacobson, 2005)把节点(nodes)之间的通信信道称为连接(connections)，而 SEI 的作者(Bass, Clements & Kazman, 2003)将其称为环境要素(environmental element)。

组件(component)："组件是在系统中执行的主要的计算元素和数据存储"(Clements et al., 2010)，通常泛指组件实例(component instance)，不过也可以泛指组件类型。参见模块(module)。

组件装配(component assembly)：(即组件和连接器图)组件装配表明了组件、端口及连接器实例或类型间的特定配置。这些元素的排列就是组件设计，而且不同的排列会产生不同的品质。它可能会显示外部与内部端口(port)之间的绑定(binding)。

基于组件的开发(component-based development，CBD)：一种软件开发形式，其最终产品是可在组件市场出售的松耦合组件。

概念模型(conceptual model)：概念模型主要用于标识显著特征及其运作方式。例如，在入门级物理课上讲授牛顿力学时，就有关于物理对象行为方式的概念模型，其中包括诸如质量和力等特征。

连接器(connector)：连接器是两个或更多组件之间在运行时交互的途径。此定义与Clements 等人(2010)的论著中所给出的定义略有不同，那里的定义是，"连接器是两个或更多组件之间交互的运行时途径"。

约束条件(constraint)：参见不变量(invariant)。

契约式设计(design by contract)：由 Bertrand Meyer 所推广的契约式设计概念，通过一些自动化工具在方法中插入先验条件(precondition)、后验条件(postcondition)及对象不变量(invariants)(Meyer, 2000)。依靠某个方法的契约，客户可以安全地忽略任何内部实现，并将该方法或整个对象视为黑盒。

设计决策(design decision)：开发者在系统设计阶段作出的决策，从而为项目提供特定的设计选择保证，或是对设计空间加以限制。参见不变量(invariant)。

设计意图(design intent)：指系统开发者的意图。设计意图无法完全包含在源代码之中，因此迫使开发者要把未包含的部分推断出来。

设计模型(design model)：设计模型描述将构建的系统，而且基本上在你的控制之下。要构建的系统应出现在设计模型中。设计模型是设计承诺的子集。也就是说，你留下一些(常常是低层次的)未定的、有关设计将如何工作的细节，将它们推迟到代码模型中去完成。设计模型由一些边界模型(boundary model)和内部模型(internals model)递归嵌套而成。注意与领域模型(domain model)和代码模型(code model)相比较。这三个模型都属于规范模型结构(canonical model structure)。

指定(designation)：指定关系允许你表明两个领域之间的对应关系，例如，现实世界与问题域模型之间的对应关系。它指明的是，从一个领域的某物对应至另一领域中的某物。

文档包(documentation package)：一份完整或基本完整的软件架构书面说明。

领域连接器(domain connector)：一种连接器，用于将与其有联系的组件所在的不同领域桥接起来。当两个组件交互时，通常会有一些逻辑要依赖于两个组件所在的领域。通过将这部分逻辑放入领域连接器之中，你就可以把那些有关其他组件、不必知道的细节从每个组件中隔离开来。

领域驱动设计(domain driven design)：领域驱动设计主张在源代码中嵌入领域模型(domain model)(Evans, 2003)。它不但兼容模型位于代码中原则(model-in-code principle)，而且更进一步的是，鼓励敏捷(agile)过程，并且不鼓励在纸上表达领域模型。

领域模型(domain model)：领域模型描述了与你的系统相关领域有关的持久事实。一般情况下，领域是不受你控制的，所以你不能决定每周有 6 天，或者每周你都有一次生日派对。将要构建的系统不出现在领域模型中。注意与设计模型(design model)和代码模型(code model)相比较。这三个模型都属于规范模型结构(canonical model structure)。

主导分解(dominant decomposition)：指某系统中，促进某种单一关系的组织结构系统(organizational system)。涉及主导关系的问题将更容易解决，不过涉及其他关系的问题则会更难解决。例如，如果你根据开本尺寸把书组织在一起，那么会很容易找到最厚的书，而要找出特定作者所写的书则要难得多。这种一个关系主导其他关系的问题称为主导分解专制(tyranny of the dominant decomposition)(Tarr et al., 1999)。

驱动因素(driver)：参见架构驱动因素(architecture driver)。

动态架构模型(dynamic architecture model)：指概括了架构所有可能瞬时配置(例如，组件实例的拓扑结构)的模型。大多数系统都会在启动和关闭期间发生改变，不过在此期间则拥有长期的稳定状态配置，并且会把此配置建模为静态架构模型(static architecture model)。

有效封装(effective encapsulation)：指在其边界上不会越过其接口无谓地泄露抽象的封装。归根结底，评价有效与否还是主观的，而且需要良好的判断力。

封装(encapsulation)："划分抽象概念要素的过程，从而构成其结构和行为；封装用来将抽象概念的契约接口与其实现相分离"(Booch et al., 2007)。

工程风险(engineering risk)：与产品分析、设计及实现有关的风险。参见项目管理风险(project management risk)。

企业架构师(enterprise architect)：指负责许多应用程序的架构师，他并不控制任一应用程序的功能，而是负责设计一个生态系统，从而使位于其中的各个应用程序都可以为企业做出贡献。企业架构师就像电影制片人一样，他们只能间接影响结果。参见应用程序架构师(application architect)。

企业架构(enterprise architecture)：某个组织的软件架构，它覆盖多个应用程序(系统)。

环境要素(environmental element)：(即 UML 节点)指以运行软件为主要目的的硬件，彼此之间通过通信信道(communication channels)进行通信。

事件总线(event bus)：一种 N 路发布-订阅连接器。

演进式设计(evolutionary design)：演进式设计"意味着系统设计伴随系统的实现而发展"(Fowler, 2004)。通常与重构(refactoring)搭配使用。注意与计划式设计(planned design)相比较。

外延式元素(extensional element)：列举外延式元素，例如，"某系统由客户、订单处理器及订单存储组件所组成"。此类示例包括模块、组件、连接器、端口及组件装配。参见内涵式元素(intensional element)。

极限编程(extreme programming, XP)：一种对迭代(iterative)和敏捷(agile)过程的特化，因此，它包含多个迭代(Beck & Andres, 2004)。极限编程建议避免进行前期设计工作，尽管一些项目添加了第 0 次迭代(iteration zero)(Schuh, 2004)，然而在第 0 次迭代中并不交付任何用户可见的功能。极限编程引导开发者完全应用演进式设计(evolutionary design)，尽管有些项目对其进行了修改，以便加入少量的计划式设计(planned design)。每个迭代优先级排序是根据客户对特征的估值而不是风险确定的。注意与瀑布过程(waterfall process)、迭代过程(iterative process)、敏捷过程(agile process)及螺旋过程(spiral process)相比较。

框架(framework)：(例如，软件框架或面向对象框架)一种通过控制反转来描述软件重用的形式。相对于代码库而言，框架是一种共享或重用软件架构的有效手段。

功能场景(functionality scenario)：功能场景(scenarios)也可简称场景，表述一系列导致模型发生改变的事件。场景描述的是单一的可能路径，而不是概括许多路径。参见用例(use case)。

泛化(generalization)：更一般类型与更具体类型之间的关系，例如，家具和椅子。

目标连接器(goal connector)：目标连接器拥有指定的目标或任务，其职责就是完成它。构建目标连接器的开发者必须通过调查问题、发现可能的故障案例，并确保连接器可以处理他们来避免失败。由于目标连接器不仅有实际的领域工作要做，还要负责检查工作是否完成，因此它们通常会比较复杂。参见微控连接器(micromanaged connector)。

信息模型(information model)：信息模型是一套类型及其定义，用于描述某领域中所存在的事物。它还描述那些类型之间的关系(relationship)。它可以用文本方式制定，通常是一张表格，或者用图形表示，通常使用 UML 类图语法。

信息技术(information technology，IT)：指软件设计内的一项专门研究，其专注于"研究、设计、开发、实现、支持或管理基于计算机的信息系统，尤其是软件应用程序和计算机硬件"(Information Technology Association of America，即美国信息技术协会)。

内涵式元素(intensional element)：内涵式元素是指那些被普遍量化的事物，例如，"所有筛选器都可以通过管道沟通"。此类示例包括风格、不变量、职责分配、设计决策、基本原理、协议及质量特性。参见外延式元素(extensional element)。

内部模型(internals model)：内部模型是对边界模型(boundary model)的细化。尽管二者都是设计模型的视图，但是它们的区别在于各自所反映的细节上。在边界模型中任何为真的事物，必须在内部模型中也为真。在边界模型中作出的任何承诺(端口的数量和类型、质量保证场景)，必须在内部模型中兑现。参见边界模型(boundary model)。

不变量(invariant)：约束条件(constraint)的同义词。可表示为在系统或设计方面始终为真的断言(predicate)。有时被划分为用于处理静态结构的静态不变量(或表示形式不变量)和用于处理行为的动态不变量。术语"不变量(invariant)"更多时候被用于源代码或数据结构。而当提及系统时，更多时候是用"约束条件(constraint)"这一术语。

迭代(iteration)：迭代过程中的一段时间，在其中，一切软件开发活动都可能发生。

迭代过程(iterative process)：迭代过程用称之为迭代(iterations)(Larman & Basili, 2003)的多个工作块构建系统。每次迭代中，允许开发者对系统现有的部分进行返工，所以它不仅仅是增量式构建。迭代开发可以选择性地拥有前期设计工作，但是它既不在各次迭代之间强加优先顺序，也不对设计工作本质提供指导。参见瀑布过程(waterfall process)、极限编程(extreme programming)、敏捷过程(agile process)及螺旋过程(spiral process)。

层(layer)：分层系统组织其模块的方式，以致更低的层为更高的层充当虚拟机。依赖关系是(几乎)完全向下的，其中更高的层可以使用、依赖更低的层，但不能反过来。

衔接(link)：在快照(或实例图)中，两个对象之间的边缘。

主模型(master model)：包含一套完整的细节的模型，它对于规划你要构建的视图是必不可少的。

方法签名(method signature)：对于某个方法或过程的规约，通常包括方法名、返回值类型及其参数类型。可以通过先验条件和后验条件来扩充方法签名，从而形成动作规约(action specification)。

微控连接器(micromanaged connector)：一种仅仅完成你分配的工作的连接器。要是其执行失败，那就是因为你对其监管不足。微控连接器是单纯的连接器。参见目标连接器(goal connector)。

最小计划式设计(minimal planned design)：(即小量预先设计，little design up front)介于演进式设计(evolutionary design)与计划式设计(planned design)之间的是最小计划式设计(Martin, 2009)。最小计划式设计的倡导者担心，要是他们完全采用演进式设计的话，他们有可能是在挖个坑儿给自己跳，不过他们同样担心，完全采用计划式设计会困难重重，而且很可能误入歧途。

模型(model)：某一系统的符号表示，其中仅包含刻意选定的细节。

模型与代码间的差距(model-code gap)：我们在设计模型中如何表达解决方案与在源代码中如何表达解决方案之间所存在的差异。参见内涵式元素(intensional element)和外延式元素(extensional element)。

模型位于代码中原则(model-in-code principle)：以系统代码的形式来表达模式，这有助于理解和演进。该原则的必然结果是，与对解决方案所做的必需工作比较而言，以代码形式表达模型必然涉及更多要做的工作。

模块(module)：(即包(package))实现工件的集合，例如，源代码(类、函数、过程、规则等等)、配置文件及数据库方案定义。模块可以将相关代码组织到一起，公开某个接口却隐藏其实现。

模块视图类型(module viewtype)：该视图类型包含了那些在编译时可见的元素视图。它包括一些工件，例如，源代码和配置文件。组件类型、连接器类型及端口类型的定义同样位于模块视图类型下，因为它们都是类和接口的定义。参见运行时视图类型(runtime viewtype)和部署视图类型(allocation viewtype)。

N 路连接器(N-way connector)：可以连接一至多个(通常是三个或三个以上)组件的连接器，例如，事件总线(event bus)。参见二元连接器(binary connector)。

导航(navigation)：你可以越过边界在某个模型中从一个节点遍历到另一节点。例如，你可以越过关联关系(association)在 UML 类图中从一个类导航到另一个类。参见对象约束语言(object constraint language)。

对象约束语言(object constraint language，OCL)：一种用于表达 UML 模型中不变量(invariant)和约束条件(constraint)的精确语言。参见导航(navigation)。

开放语义(open semantics)：在具有开放语义的细化中，细化可以随意引入各种新类型。参见封闭语义(closed semantics)。

Parnas 模块(Parnas module)：一种模块化技术，其确保你可以将可能改变的细节隐藏在模块内部，而且那些细节的变化不会影响到该模块的接口。Parnas 模块隐藏着最小化耦合的秘密，而不仅仅是将相关代码组合在一起那么简单。参见封装(encapsulation)和有效封装(effective encapsulation)[1]。

分区(partition)：(1)当作为名词使用时，指的是部分与整体之间的关系，即那些部分合并起来就可以刚好精确地构成整体。(2)当作为动词使用时，它是"划分(divide)"或"拆分(decompose)"的不太确切的同义词。或是正如(1)中所说，将系统划分为一些不相交的片段。

模式(pattern)：模式是解决反复出现的问题的可重用解决方案(Gamma et al., 1995)。

计划式设计(planned design)：(即预先设计)一种软件开发过程，其在进入实现阶段前设计已基本或彻底完成。参见演进式设计(evolutionary design)和最小计划式设计(minimal

---

[1] 译者注：David Parnas 被视为软件设计中关于信息隐藏和变化封装等概念的首要提出者。

planned design)。

端口(port)：所有进出组件的通信都是通过组件上的端口完成的。所有组件支持的公用方法，还有所有可响应的公共事件，都会在其端口中指定。组件上的端口与操作系统的中端口没有必然联系。

先验条件和后验条件(precondition & postcondition)：参见动作规约(action specification)。

推定架构(presumptive architecture)：在特定领域中占主导地位的软件架构(或者更严格地说，是由一些架构所组成的架构族)。在该领域中的开发者无须给出选用此架构的理由，不过他们可能必须给出选择非推定架构的理由。例如，在许多信息技术(IT)组中，三层架构就是推定架构。参见参考架构(reference architecture)。

投影(projection)：参见视图(view)。

项目管理风险(project management risk)：与进度安排、工作顺序、交付、团队规模、地理位置等有关的风险。参见工程风险(engineering risk)。

属性(property)：模型元素可以用属性来注释，从而详细说明有关该元素的各种细节。例如，连接器可以用某个属性来注释，从而描述其协议或吞吐量。

原型(prototype)：(即架构激增(architectural spike)或概念验证(proof of concept))通过示范可行性、评估属性或者其他类似方法，从而达到减少风险目的的一种实现。本书中所用之处绝无任何贬义(即"一次性代码")。

原型风险(prototypical risk)：每个领域都有一套不同于其他领域的原型风险。例如，与信息技术项目比较而言，多系统项目通常会更多地考虑性能问题。

质量特性(quality attribute)：(即质量保证的、非功能需求、或某些"性质")质量特性是某种非功能需求，例如，性能、安全性、可扩展性、可修改性或可靠性。

质量特性场景(quality attribute scenario)：(即 QA 场景)一份对于非功能需求的简要说明，包括来源、促进因素、环境、工件、响应及响应测量。

理性的架构选择(rational architecture choice)：理性的架构选择是指你在权衡了质量特性优先级之后所做的选择。它们通常遵循此模板：由于<x>是头等大事，因此我们选择了设计<y>，并接受缺点<z>。

Rational 统一过程 (Rational Unified Process，RUP)：一种可定制的元过程(meta-process)，例如，分为迭代(iterative)过程、螺旋(spiral)过程及瀑布(waterfall)过程。

重构(refactoring)：针对代码或设计的转变，以便改善其结构或其他质量，同时保持其行为不变。参见架构重构(architecture refactoring)。(Fowler, 1999)

参考架构(reference architecture)：一份用于描述了针对某一问题的规定架构解决方案的设计说明书。参考架构通常作为针对给定问题的规范架构，由一些厂商或专家提出的。参见推定架构(presumptive architecture)。(Bass, Clements & Kazman, 2003)

细化(refinement)：细化是针对同一事物的低层细节模型与高层细节模型之间的关系。

职责驱动设计(responsibility-driven design)：与有关数据和算法的思考比较而言，职责驱动设计专注于角色和职责。

风险(risk)：本书中，风险等于觉察到的失败概率乘以觉察到的影响力。

风险驱动模型(risk-driven model)：软件架构的风险驱动模型指导开发者应用最小的架构技术集合来减少他们的最紧迫风险。这意味着一个不懈质疑的过程："我的风险是什么？减少风险的最佳技术是什么？风险减轻了么，并且我可以开始编码了么？"风险驱动模型的关键因素是促进凸显风险。

角色(role)：(1)在 UML 类图中，角色指的是位于关联关系(association)末端的名字。(2)在类型化的连接器端，角色大致等效于组件上的端口。(3)在模式中，角色指的是可被绑定或替换为某一具体实现部分的那部分。

运行时视图类型(runtime viewtype)：(即组件和连接器视图类型)该视图类型包含了那些你在运行时可见元素的视图。它包括一些工件，例如，功能场景、职责列表及组件装配。组件实例、连接器实例及端口实例都位于运行时视图类型下，因为它们都是对象(类实例)。参见模块视图类型(module viewtype)和部署视图类型(allocation viewtype)。

规模(scale)：当用于软件时，规模通常指的是系统的绝对大小，通常以代码行计算。可扩展性(scalability)(质量特性之一)是指系统处理比当前更大负载的能力，如运行在更大型的硬件上(正如垂直扩展性一样)，或者更多的硬件副本(水平扩展性)。"它能扩展么(Will it scale)？"是个有些容易混淆的问题，它指的是系统的可扩展性，而不是其代码行。

场景(scenario)：通常指的是功能场景(functionality scenario)，不过也可以指质量特性场景(quality attribute scenario)。

快照(snapshot)：(即实例图)展示在某一瞬时对象或组件实例的图表。

软件架构(software architecture)：来自 SEI(美国卡内基·梅隆大学软件工程研究所)的标准定义是：计算系统的软件架构是一套推理系统所需的结构，其中包括各种软件元素、它们之间的关系，以及二者的外部可见属性(Clements et al., 2010)。

美国卡内基·梅隆大学软件工程研究所(Software Engineering Institute，SEI)：是一所由美国联邦政府资助的研发中心，其使命是"推进软件工程及相关学科的发展，从而确保以可预测和可改善的成本、进度及质量来进行系统的开发和运营"。

源代码(source code)：一些由开发者输入的编程语言语句，它对于外行而言显得很神秘。

跨越式视图类型(spanning viewtype)：此类视图类型包括那些横跨两个或更多视图类型的视图。跨越多个视图类型权衡的例子是：为了获得更大的事务吞吐量(本应在运行时视图类型中描述)，你决定使数据库方案非规范化(本应在模块视图类型中描述)，因此你用跨越式视图类型来描述这个权衡。

螺旋过程(spiral process)：螺旋过程(Boehm, 1988)是一种迭代过程，因此它有多次迭代，不过它常常被描述为没有前期设计工作。根据风险对迭代进行优先级排序，伴随着首次迭代将会处理项目中那些风险最高的部分。螺旋模型处理管理风险和工程风险两种风险。例如，它可能会把"人员短缺"作为风险。螺旋过程对于设计工作本质或者关于使用何种架构和设计技术并没有提供指导。参见瀑布过程(waterfall process)、极限编程(extreme programming)、迭代过程(iterative process)以及敏捷过程(agile process)。

利益相关者(stakeholder)：指与系统功能或成功有利害关系的客户或其他人。

静态架构模型(static architecture model)：一种系统模型，用于表明系统瞬时或处于稳定状态下的配置。参见动态架构模型(dynamic architecture model)。

多层级故事(story at many levels)：一种构造软件的方式，即嵌套的每一层都讲述一个关于这些部分如何交互的故事。不熟悉系统的开发者可在任意级别上访问，且仍能弄明白，而不会焦头烂额、深陷其中。其主要优点是认知上的而非技术上的。

主题专家(subject matter expert，SME)：领域专家，有时就是客户。

系统上下文图(system context diagram)：位于顶级边界模型(top-level boundary model)中的组件装配(component assembly)图，其中包括系统(如某个组件)及其与外部系统的连接(如各种连接器)。参见用例图(use case diagram)。

战术(tactic)：在特性驱动设计(attribute driven design)中，战术是一种大于设计模式又小于架构风格的模式。此类战术包括 ping/echo、主动冗余(active redundancy)、运行时注册(runtime registration)、用户身份验证(authenticate users)及入侵检测(intrusion detection)(Bass, Clements & Kazman, 2003)。

技术债(technical debt)：关于对问题的当前理解反映在代码上的积累误差(Cunningham, 1992; Fowler, 2009)。

技术(technique)：由开发者完成的软件工程活动。技术存在于从纯分析(例如，计算应力)到纯解决方案(例如，将飞拱用于大教堂)的范围中。其他软件架构和设计书籍已对该范围中解决方案一端的技术进行了盘点，并将这些技术称为战术(tactic)(Bass, Clements & Kazman, 2003)或模式(pattern)(Schmidt et al., 2000; Gamma et al., 1995)。本书则专注于该范围上分析一端的、过程性的，且与问题域无关的技术。

自顶向下设计(top-down design)：自顶向下设计是将高层元素(组件、模块等)规范细化为详细设计的过程，借助于把元素分拆为更小的片段，并通过分配职责来指定那些片段。

顶级边界模型(top-level boundary model)：顶级边界模型是单一的，对于设计模型(design model)最顶层的封装视图。它可以细化为内部模型(internals model)，从而表明内部的、非封装的设计细节。

权衡(tradeoff)：有时为了能多得些"鱼"就需要少得些"熊掌"。权衡可能存在于一些质量特性(quality attribute)之间，例如，为了增加安全性(security)可能就要权衡减少可用性(usability)。

两级场景(two-level scenarios)：一种精心设计的功能场景(functionality scenario)，以便显示额外的内部消息级别，例如，位于内部模型(internals model)中的那些组件(component)间的通信。

通用语言(ubiquitous language)：由开发者与领域专家共享的公共语言，而不是对于同一概念，开发者使用一个术语，领域专家使用另一个不同的术语。参见领域驱动设计(domain driven design)。

统一建模语(unified modeling language，UML)：适用于面向对象设计和软件架构的通用建模语言。

用例(use case)：用例大体上等效于功能场景(functionality scenarios)，但还是存在一些重要的差异。用例是高级的且系统用户可见的活动。用例通常被定义为完成某个系统外部角色的目标，因此内部的系统活动不应算作用例。此外，功能场景是单一行为轨迹，用例则可包括若干变化步骤，从而使得用例可描述多条轨迹。

用例图(use case diagram)：表明角色、系统及用例(use case)的 UML 图。

视图(view)：(即投影)视图显示了与模型(model)细节有关的明确子集，也可能是经过某种转换后得来的。

视点(viewpoint)：来自某单一角度的系统视图，例如，单一利益相关者的视图。曾用在 IEEE 软件架构中的定义是，视点用于视图即需求(views as requirements)法的视图，而不用于主模型(master model)法的视图。

视图类型(viewtype)：彼此之间很容易协调的一套或一类视图(Clements et al., 2010)。参见模块视图类型(module viewtype)、运行时视图类型(runtime viewtype)和部署视图类型(allocation viewtype)。

瀑布过程(waterfall process)：瀑布过程(Royce,1970)自始至终将交付整个项目视为单个的长期工作块。它假定计划式设计工作在项目的分析和设计阶段就已完成。这些工作领先于构造阶段，并把构造阶段视为单个迭代。由于仅有一次迭代，因此工作无法在迭代之间按优先级排序，但可以在构造阶段内以增量方式构建。参见极限编程(extreme programming)、迭代过程(iterative process)、敏捷过程(agile process)及螺旋过程(spiral process)。

XP：参见极限编程(extreme programming)。

Yinzer：一种俚语，用于代表来自匹兹堡、家住卡内基·梅隆大学的人，而且该词源于匹兹堡方言 yinz，相当于 y'all，即 you 的复数形式。

参考文献

Bibliography

Abi-Antoun, Marwan, Wang, Daniel and Torr, Peter, Checking Threat Modeling Data Flow Diagrams for Implementation Conformance and Security. in: ASE '07: Proceedings of the Twenty-Second IEEE/ACM International Conference on Automated Software Engineering. ACM, 2007, pp. 393–396.

Aldrich, Jonathan, Chambers, Craig and Notkin, David, ArchJava: Connecting Software Architecture to Implementation. in: ICSE '02: Proceedings of the 24th International Conference on Software Engineering. New York, NY, USA: ACM Press, 2002, pp. 187–197.

Alexander, Christopher, A Pattern Language: Towns, Buildings, Construction (Center for Environmental Structure Series). Oxford University Press, USA, 1977.

Alexander, Christopher, The Timeless Way of Building. Oxford University Press, 1979.

Ambler, Scott, Agile Modeling: Effective Practices for Extreme Programming and the Unified Process. Wiley, 2002.

Ambler, Scott, Agile Adoption Rate Survey Results: February 2008. Dr. Dobb's Journal, May 2008 ⟨http://www.ambysoft.com/surveys/agileFebruary2008.html⟩.

Ambler, Scott, Agile Architecture: Strategies for Scaling Agile Development. 2009 ⟨http://www.agilemodeling.com/essays/agileArchitecture.htm⟩.

Amdahl, Gene, Validity of the Single Processor Approach to Achieving Large-Scale Computing Capabilities. AFIPS Conference Proceedings, 30 1967, pp. 483–485.

Apache Software Foundation, Hadoop Website. 2010 ⟨http://hadoop.apache.org⟩.

Babar, Muhammad Ali, An Exploratory Study of Architectural Practices and Challenges in Using Agile Software Development Approaches. Joint Working IEEE/IFIP Conference on Software Architecture 2009 & European Conference on Software Architecture 2009 September 2009.

Bach, James, Good Enough Quality: Beyond the Buzzword. IEEE Computer, 30 1997:8, pp. 96–98.

Barbacci, Mario et al., Quality Attributes. Software Engineering Institute, Carnegie Mellon University, 1995 (CMU/SEI-95-TR-021, ESC-TR-95-021). – Technical report.

Barbacci, Mario R. et al., Quality Attribute Workshops (QAWs), Third Edition. Software Engineering Institute, Carnegie Mellon University, 2003 (CMU/SEI-2003-TR-016). – Technical report.

Barrett, Anthony et al., Mission Planning and Execution Within the Mission Data System. in: Proceedings of the International Workshop on Planning and Scheduling for Space (IWPSS). 2004.

Bass, Len, Clements, Paul and Kazman, Rick, Software Architecture in Practice. 2nd edition. Addison-Wesley, 2003.

Bass, Len and John, Bonnie E., Linking Usability to Software Architecture Patterns through General Scenarios. Journal of Systems and Software, 66 2003:3, pp. 187–197.

Beck, Kent, Smalltalk Best Practice Patterns. Prentice Hall PTR, 1996.

Beck, Kent and Andres, Cynthia, Extreme Programming Explained: Embrace Change (2nd Edition). 2nd edition. Addison-Wesley Professional, 2004.

Beck, Kent et al., Manifesto for Agile Software Development. 2001 ⟨http://agilemanifesto.org⟩.

Beck, Kent and Cunningham, Ward, A Laboratory for Teaching Object Oriented Thinking. OOPSLA '89: Conference Proceedings on Object-Oriented Programming Systems, Languages and Applications, 1989, pp. 1–6.

Bloch, Joshua, Extra, Extra - Read All About It: Nearly All Binary Searches and Mergesorts are Broken. June 2006 ⟨http://googleresearch.blogspot.com/2006/06/extra-extra-read-all-about-it-nearly.html⟩.

Boehm, Barry, A Spiral Model of Software Development and Enhancement. IEEE Computer, 21(5) 1988, pp. 61–72.

Boehm, Barry and Turner, Richard, Balancing Agility and Discipline: A Guide for the Perplexed. Addison-Wesley Professional, 2003.

Booch, Grady, Software Architecture presentation. 2004 ⟨http://www.booch.com/architecture/blog/artifacts/Software%20Architecture.ppt⟩.

Booch, Grady et al., Object-Oriented Analysis and Design with Applications. 3rd edition. Addison-Wesley Professional, 2007.

Booch, Grady, Rumbaugh, James and Jacobson, Ivar, The Unified Modeling Language User Guide. 2nd edition. Addison-Wesley Professional, 2005.

Bosch, Jan, Design and Use of Software Architectures: Adopting and Evolving a Product-Line Approach (ACM Press). Addison-Wesley Professional, 2000.

Bowker, Geoffrey C. and Star, Susan Leigh, Sorting Things Out: Classification and its Consequences. MIT Press, 1999.

Box, George E. P. and Draper, Norman R., Empirical Model-Building and Response Surfaces (Wiley Series in Probability and Statistics). Wiley, 1987.

Bredemeyer, Dana and Malan, Ruth, Bredemeyer Consulting. 2010 ⟨http://bredemeyer.com⟩.

Brooks, Frederick P, The Mythical Man-Month: Essays on Software Engineering. 2nd edition. Addison-Wesley Professional, 1995.

Buschmann, Frank et al., Pattern-Oriented Software Architecture Volume 1: A System of Patterns. Wiley, 1996.

Butler, Shawn A., Security Attribute Evaluation Method: A Cost-Benefit Approach. Proceedings of ICSE 2002, 2002, pp. 232–240.

Carr, Marvin J. et al., Taxonomy-Based Risk Identification. Software Engineering Institute, Carnegie Mellon University, June 1993 (CMU/SEI-93-TR-6). – Technical report.

Cheesman, John and Daniels, John, UML Components: A Simple Process for Specifying Component-Based Software. Addison-Wesley, 2000.

Chomsky, Noam, Syntactic Structures. 2nd edition. Walter de Gruyter, 2002.

Clements, Paul et al., Documenting Software Architectures: Views and Beyond. 2nd edition. Addison-Wesley, 2010.

Clerc, Viktor, Lago, Patricia and Vliet, Hans van, The Architect's Mindset. Third International Conference on Quality of Software Architectures (QoSA), 2007, pp. 231–248.

Cockburn, Alistair, Writing Effective Use Cases (Agile Software Development Series). Addison-Wesley Professional, 2000.

Coleman, Derek, Object-Oriented Development: The Fusion Method. Prentice Hall, 1993.

Conway, Melvin, How do Committees Invent? Datamation, 14 (5) 1968, pp. 28–31.

Cook, Steve and Daniels, John, Designing Object Systems: Object-Oriented Modelling with Syntropy. Prentice Hall, 1994.

Cook, William, On Understanding Data Abstraction, Revisited. OOPSLA: Conference Proceedings on Object-Oriented Programming Systems, Languages and Applications 2009.

Coplien, James O. and Schmidt, Douglas C., Pattern Languages of Program Design. Addison-Wesley Professional, 1995.

Cunningham, Ward, The WyCash Portfolio Management System. OOPSLA '92: Addendum to the proceedings on Object-Oriented Programming Systems, Languages, and Applications, 1992, pp. 29–30.

Dean, Jeffrey and Ghemawat, Sanjay, MapReduce: Simplified Data Processing on Large Clusters. OSDI'04: Sixth Symposium on Operating System Design and Implementation December 2004.

Denne, Mark and Cleland-Huang, Jane, Software by Numbers: Low-Risk, High-Return Development. Prentice Hall, 2003.

Dijkstra, Edsger, Go-to Statement Considered Harmful. Communications of the ACM, 11 1968:3, pp. 147–148.

D'Souza, Desmond F., MAp: Model-driven Approach for Business-Aligned Architecture RoadMAps. 2006 〈http://www.kinetium.com/map/demo/demo_index.html〉.

D'Souza, Desmond F. and Wills, Alan Cameron, Objects, Components and Frameworks with UML: The Catalysis Approach. Addison-Wesley, 1998.

Dvorak, Daniel, Challenging Encapsulation in the Design of High-Risk Control Systems. Proceedings of 2002 Conference on Object-Oriented Programming, Systems, Languages, and Applications (OOPSLA) 2002.

Eden, Amnon H. and Kazman, Rick, Architecture, Design, Implementation. International Conference on Software Engineering (ICSE), 2003, pp. 149–159.

Eeles, Peter and Cripps, Peter, The Process of Software Architecting. Addison-Wesley Professional, 2009.

Evans, Eric, Domain-Driven Design: Tackling Complexity in the Heart of Software. Addison-Wesley Professional, 2003.

Fairbanks, George, Why Can't They Create Architecture Models Like "Developer X"?: An Experience Report. in: ICSE '03: Proceedings of the 25th International Conference on Software Engineering. 2003, pp. 548–552.

Fairbanks, George, Bierhoff, Kevin and D'Souza, Desmond, Software Architecture at a Large Financial Firm. Proceedings of ACM SIGPLAN Conference on Object Oriented Programs, Systems, Languages, and Applications (OOPSLA) 2006.

Fay, Dan, An Architecture for Distributed Applications on the Internet: Overview of Microsoft's .NET Platform. IEEE International Parallel and Distributed Processing Symposium April 2003.

Feather, Steven Cornford Martin and Hicks, Kenneth, DDP: A Tool for Life-Cycle Risk Management. IEEE Aerospace and Electronics Systems Magazine, 21 2006:6, pp. 13–22.

Firesmith, Donald G., Common Concepts Underlying Safety, Security, and Survivability Engineering. Software Engineering Institute, Carnegie Mellon University, December 2003 (CMU/SEI-2003-TN-033). – Technical Note.

Foote, Brian and Yoder, Joseph, Chap. 29, Big Ball of Mud. In Pattern Languages of Program Design 4. Addison-Wesley, 2000.

Fowler, Martin, Analysis Patterns: Reusable Object Models. Addison-Wesley Professional, 1996.

Fowler, Martin, Refactoring: Improving the Design of Existing Code. Addison-Wesley Professional, 1999.

Fowler, Martin, Patterns of Enterprise Application Architecture. Addison-Wesley Professional, 2002.

Fowler, Martin, UML Distilled: A Brief Guide to the Standard Object Modeling Language. 3rd edition. Addison-Wesley Professional, 2003a.

Fowler, Martin, Who Needs an Architect? IEEE Software, 20 (5) 2003b, pp. 11–13.

Fowler, Martin, Is Design Dead? 2004 ⟨http://martinfowler.com/articles/designDead.html⟩.

Fowler, Martin, Technical Debt. February 2009 ⟨http://martinfowler.com/bliki/TechnicalDebt.html⟩.

Gabriel, Richard P., Lisp: Good News Bad News How to Win Big. AI Expert, 6 1994, pp. 31–39 ⟨http://www.laputan.org/gabriel/worse-is-better.html⟩.

Gamma, Erich et al., Design Patterns: Elements of Reusable Object-Oriented Software (Addison-WesleyProfessional Computing Series). Addison-Wesley Professional, 1995.

Garlan, David, Software Architecture Course. 2003 ⟨http://www.cs.cmu.edu/~garlan/courses/Architectures-S03.html⟩.

Garlan, David, Allen, Robert and Ockerbloom, John, Architectural Mismatch, or, Why It's Hard to Build Systems Out of Existing Parts. in: Proceedings of the 17th International Conference on Software Engineering (ICSE). Seattle, Washington, April 1995, pp. 179–185.

Garlan, David, Monroe, Robert T. and Wile, David, Acme: Architectural Description of Component-Based Systems. in: **Leavens, Gary T. and Sitaraman, Murali, editors:** Foundations of Component-Based Systems. Cambridge University Press, 2000. – chapter 3, pp. 47–67.

Garlan, David and Schmerl, Bradley, AcmeStudio web page. 2009 ⟨http://www.cs.cmu.edu/~acme/AcmeStudio/index.html⟩.

Gluch, David P., A Construct for Describing Software Development Risks. Software Engineering Institute, Carnegie Mellon University, July 1994 (CMU/SEI-94-TR-14). – Technical report.

Gorton, Ian, Essential Software Architecture. Springer, 2006.

Harrison, William H. and Ossher, Harold, Subject-Oriented Programming (A Critique of Pure Objects). Proceedings of 1993 Conference on Object-Oriented Programming, Systems, Languages, and Applications (OOPSLA), 1993, pp. 411–428.

Heineman, George T. and Councill, William T., Component-Based Software Engineering: Putting the Pieces Together. Addison-Wesley Professional, 2001.

Hoff, Todd, Amazon Architecture. 2008a ⟨http://highscalability.com/amazon-architecture⟩.

Hoff, Todd, How Rackspace Now Uses MapReduce and Hadoop to Query Terabytes of Data. HighScalability.com, January 30 2008b ⟨http://highscalability.com/how-rackspace-now-uses-mapreduce-and-hadoop-query-terabytes-data⟩.

Hofmeister, Christine, Nord, Robert and Soni, Dilip, Applied Software Architecture. Addison-Wesley, 2000.

Holmes, James, Struts: The Complete Reference, 2nd Edition. McGraw-Hill Osborne Media, 2006.

Holmevik, Jan R., Compiling SIMULA: A Historical Study of Technological Genesis. IEEE Annals of the History of Computing, 16 1994:4, pp. 25–37.

Holzmann, Gerard J., The SPIN Model Checker: Primer and Reference Manual. Addison-Wesley Professional, 2003.

Hood, Stu, MapReduce at Rackspace. January 2008 ⟨http://blog.racklabs.com/?p=66⟩.

Ingham, Michel D. et al., Engineering Complex Embedded Systems with State Analysis and the Mission Data System. AIAA Journal of Aerospace Computing, Information and Communication, 2 December 2005:12, pp. 507–536.

Jackson, Daniel, Alloy: A Lightweight Object Modelling Notation. ACM Transactions on Software Engineering and Methodology (TOSEM'02), 11 April 2002:2, pp. 256–290.

Jackson, Michael, Software Requirements and Specifications. Addison-Wesley, 1995.

Jackson, Michael, Problem Frames: Analyzing and Structuring Software Development Problems. Addison-Wesley, 2000.

Jacobson, Ivar, Booch, Grady and Rumbaugh, James, The Unified Software Development Process. Addison-Wesley Professional, 1999.

Kay, Alan, Predicting the Future. Stanford Engineering, 1 Autumn 1989:1, pp. 1–6.

Kruchten, Philippe, The Rational Unified Process: An Introduction. 3rd edition. Addison-Wesley Professional, 2003.

Larman, Craig and Basili, Victor R., Iterative and Incremental Development: A Brief History. IEEE Computer, 36 2003:6, pp. 47–56.

Lattanze, Anthony J., Architecting Software Intensive Systems: A Practitioners Guide. Auerbach Publications, 2008.

Liskov, Barbara, Keynote address - Data Abstraction and Hierarchy. Conference on Object Oriented Programming Systems Languages and Applications, 1987, pp. 17 – 34.

Luhmann, Niklas, Modern Society Shocked by its Risks. Social Sciences Research Centre: Occasional Papers, 1996 ⟨http://hub.hku.hk/handle/123456789/38822⟩.

Magee, Jeff and Kramer, Jeff, Concurrency: State Models and Java Programs. 2nd edition. Wiley, 2006.

Maranzano, Joseph, Architecture Reviews: Practice and Experience. IEEE Computer, 2005, pp. 34–43.

Martin, Robert, The Scatology of Agile Architecture. April 2009 〈http://blog.objectmentor.com/articles/2009/04/25/the-scatology-of-agile-architecture〉.

Meier, J.D. et al., Checklists for Application Architecture. 2003 〈http://www.codeplex.com/wikipage?ProjectName=AppArch&title=Checklists〉.

Meyer, Bertrand, Object-Oriented Software Construction. 2nd edition. Prentice Hall PTR, 2000.

Meyer, Kenny, Mission Data System Website. 2009 〈http://mds.jpl.nasa.gov〉.

Miller, Granville, Second Generation Agile Software Development. March 2006 〈http://blogs.msdn.com/randymiller/archive/2006/03/23/559229.aspx〉.

Monson-Haefel, Richard, Enterprise JavaBeans. 3rd edition. O'Reilly, 2001.

Moriconi, Mark, Qian, Xiaolei and Riemenschneider, R. A., Correct Architecture Refinement. IEEE Transactions on Software Engineering, 21 1995:4, pp. 356–372.

Nyfjord, Jaana, Towards Integrating Agile Development and Risk Management. Ph. D thesis, Stockholm University, 2008.

Oreizy, Peyman, Medvidović, Nenad and Taylor, Richard N., Runtime Software Adaptation: Framework, Approaches, and Styles. in: ICSE Companion '08: Companion of the 30th International Conference on Software Engineering. ACM, 2008, pp. 899–910.

OSGi Alliance, OSGi website. 2009 〈http://www.osgi.org〉.

Ould, Martin, Business Processes - Modeling and Analysis for Re-engineering and Improvement. John Wiley and Sons, 1995.

Parnas, David, Software Fundamentals: Collected Papers by David L. Parnas. Addison-Wesley Professional, 2001, Editors: Daniel M. Hoffman and David M. Weiss.

Perry, Dewayne E. and Wolf, Alex L., Foundation for the Study of Software Architecture. ACM SIGSOFT Software Engineering Notes, 17 1992:4, pp. 40–52.

Petroski, Henry, Design Paradigms: Case Histories of Error and Judgment in Engineering. Cambridge University Press, 1994.

Polya, George, How to Solve It: A New Aspect of Mathematical Method (Princeton Science Library). Princeton University Press, 2004.

Rosch, Elanor and Lloyd, Barbara; Rosch, Elanor and Lloyd, Barbara, editors, Cognition and Categorization. Lawrence Erlbaum, 1978.

Ross, Jeanne W., Weill, Peter and Robertson, David, Enterprise Architecture as Strategy: Creating a Foundation for Business Execution. Harvard Business School Press, 2006.

Royce, Winston W., Managing the Development of Large Software Systems: Concepts and Techniques. in: Technical Papers of Western Electronic Show and Convention (WesCon). 1970.

Rozanski, Nick and Woods, Eóin, Software Systems Architecture: Working With Stakeholders Using Viewpoints and Perspectives. Addison-Wesley Professional, 2005.

Schmidt, Douglas et al., Pattern-Oriented Software Architecture Volume 2: Patterns for Concurrent and Networked Objects. Wiley, 2000.

Schmidt, Douglas C. and Buschmann, Frank, Patterns, Frameworks, and Middleware: Their Synergistic Relationships. in: ICSE '03: Proceedings of the 25th International Conference on Software Engineering. Washington, DC, USA: IEEE Computer Society, 2003, pp. 694–704.

Schuh, Peter, Integrating Agile Development in the Real World. Charles River Media, 2004.

SEI Library, Software Engineering Institute Library. 2009 ⟨http://www.sei.cmu.edu/library⟩.

Selic, Bran, Brass Bubbles: An Overview of UML 2.0 (and MDA). 2003a ⟨http://www.omg.org/news/meetings/workshops/UML%202003%20Manual/Tutorial7-Hogg.pdf⟩.

Selic, Bran, The Pragmatics of Model-Driven Development. IEEE Software, 20 2003b:5, pp. 19–25.

Shaw, Mary, Abstraction, Data Types, and Models for Software. ACM SIGPLAN Notices, 16 January 1981:1, pp. 189–91.

Shaw, Mary and Clements, Paul, A Field Guide to Boxology: Preliminary Classification of Architectural Styles for Software Systems. Proc. COMPSAC97 21st Int'l Computer Software and Applications Conference, 1997, pp. 6–13.

Shaw, Mary and Garlan, David, Software Architecture: Perspectives on an Emerging Discipline. Prentice-Hall, 1996.

Simon, Herb, The Sciences of the Artificial. 2nd edition. MIT Press, 1981.

Society, IEEE Computer, IEEE 1471-2000 IEEE Recommended Practice for Architectural Description of Software-Intensive Systems. IEEE Std 1471-2000 edition. Software Engineering Standards Committee of the IEEE Computer Society, 2000.

Sutherland, Dean, The Code of Many Colors: Semi-automated Reasoning about Multi-Thread Policy for Java. Ph. D thesis, Carnegie Mellon University Institute for Software Research, 2008, ⟨http://reports-archive.adm.cs.cmu.edu/anon/isr2008/CMU-ISR-08-112.pdf⟩.

Szyperski, Clemens, Component Software: Beyond Object-Oriented Programming. 2nd edition. Addison-Wesley Professional, 2002.

Tarr, Peri L. et al., N Degrees of Separation: Multi-Dimensional Separation of Concerns. in: International Conference on Software Engineering. 1999, pp. 107–119.

Taylor, Richard, Medvidović, Nenad and Dashofy, Eric, Software Architecture: Foundations, Theory, and Practice. Wiley, 2009.

The Open Group, TOGAF Version 9 - A Manual. 9th edition. Van Haren Publishing, 2008.

Venners, Bill, A Conversation with Martin Fowler, Part III. Artima Developer, 2002 ⟨http://www.artima.com/intv/evolutionP.html⟩.

Warmer, Jos and Kleppe, Anneke, The Object Constraint Language: Getting Your Models Ready for MDA. 2nd edition. Addison-Wesley Professional, 2003.

Whitehead, Alfred North, An Introduction to Mathematics. Forgotten Books Reprint 2009, 1911.

Wing, Jeannette M., A Study of 12 Specifications of the Library Problem. IEEE Software, 5 1988:4, pp. 66–76.

Wirfs-Brock, Rebecca, Wilkerson, Brian and Wiener, Lauren, Designing Object-Oriented Software. PTR Prentice Hall, 1990.

Wisnosky, Dennis E., DoDAF Wizdom: A Practical Guide. Wizdom Press, 2004.

Zachman, John, A Framework for Information Systems Architecture. IBM Systems Journal, 26 (3) 1987, pp. 276–292.

索引

Index

4+1 architectural views, 119, 125, 160, 304, 311

abstract data type (ADT), 124, 204, 205, 208
abstraction, 3, 6, 27, 90, 104, 105, 112, 123, 194, 200, 299, 317
   leaking, 202
accidental complexity, 169
accuracy, 297
Ackoff, Russell, 45
action specification, 174, 204, 307, 333
activity diagram, 136, 144, 236
agile, ix, 8, 9, 52, 55–57, 62, 333
Aldrich, Jonathan, viii
allocation element, 212, 333
allocation viewtype, 46, 158, 177, 258, 304, 333
Alloy model checker, 315
Ambler, Scott, 9
analogic model, 45, 333
analysis, 8, 258
analysis paralysis, 94, 111, 130, 333, 335
analysis pattern, 275
analytic model, 45, 333
anonymous instance, 214, 334
Apache Struts, 183, 190
Apache web server, 156
Application Programming Interface (API), 45, 69, 189, 201, 243, 317, 334
archetype, 198
architect, 7
   application, 30, 334

enterprise, 30, 338
vs. developer, viii, 30
architectural style, 5, 56, 156, 266, 271, 334
   Platonic and embodied, 273
Architectural Tradeoff Analysis Method (ATAM), 248, 313
architecturally-evident coding style, 165, 169, 172, 326, 334
architecture, 16, 342
   and functionality, 5, 20
   checklist, 312
   drift, 67, 71, 334
   driver, 42, 70, 75, 80, 150, 151, 199, 200, 248, 250, 334
   enterprise, 30, 34
   erosion, 67
   hoisting, 16, 24, 27, 29, 30, 32, 183, 187, 189, 274, 329, 334
   just enough, 8, 10, 60, 90
   pattern, 275
   refactoring, 58, 334
   review, 41, 312, 313
architecture description language (ADL), 46, 162, 318, 334
architecture-focused design, 26, 27, 50, 78, 274, 329, 330, 334
architecture-indifferent design, 25, 329, 334
ArchJava, 112, 168
aspect-oriented programming, 209
assert statements, 182
association, 131
attachment, *see* port attachment

attention, 32, 298
Attribute Driven Design (ADD), 62, 199, 247, 249

baked-in risks, 335
batch-sequential style, 281
Beck, Kent, 173
Bierhoff, Kevin, 62
big ball of mud style, 7, 24, 28, 57, 169, 278, 319
Big Design Up Front (BDUF), 49, 89, 93, 335
binding, 77, 153, 218, 230, 243, 266, 335
Bloch, Joshua, 265
Boehm, Barry, 9, 59, 61
Booch, Grady, 61, 296, 321
Bosch, Jan, 124, 198
boundary model, 76, 115, 122, 141, 157, 196, 197, 229, 263, 317, 335, 337
bridges of Königsberg, 265
Brooks, Frederick, 3, 21, 33
brother, 17, 255, 259
brownfield, 62, 297
business model, 121, 122, 125, 127, 335
Butler, Shawn, 315

canonical model structure, 114, 116, 139, 335
cartoon, 105, 106, 296
Catalysis, 137, 164, 269
chain of intentionality, 18, 249
checklist, architectural, 41, 124
Cheesman, John, 124, 198
Chomsky, Noam, 162
Class Responsibility and Collaborator (CRC), 154
class vs. type, 260
classification, 134, 260, 335
Cleland-Huang, Jane, 61
client-server style, 6, 286
closed refinement semantics, 219, 263, 335
coach, 1, 5, 11, 90, 111, 139
code model, 115, 122, 165, 335
code smell, 57
communication channel, 149, 212, 336
commuting diagram, 104, 329
component, 5, 71, 146, 213–216, 336
    instance, 146, 213
    type, 146, 147, 213

component and connector diagram, *see* component assembly
component and connector viewtype, *see* runtime viewtype
component assembly, 145, 152, 217–220, 336
component-based development, 216, 336
composition, 259
conceptual integrity, 21, 246, 278
conceptual model, 5, 10, 336
concern, 160, 256, 301
connection, 212, 336
connector, 71, 146, 147, 221–224, 226–230, 336
    binary, 226, 335
    choosing, 223
    delegation (UML), 244
    domain, 228, 337
    goal, 227, 338
    instance, 221
    micromanaged, 227, 339
    N-way, 226, 340
    properties, 224
    refinement, 229
    substitution, 223
    type, 221
consistency, 297
consistent level of detail, 299
constraint, 6, 20–22, 154, 237, 272, 277, 339
continuous integration, 49
Conway's Law, 95
Cook, William, 209
core type, 198
COTS (Commercial Off-The-Shelf), 75, 336
CRUD, 318
Cunningham, Ward, 176

D'Souza, Desmond, 21, 125, 269, 321
Daniels, John, 124, 198
Dashofy, Eric, 164
data flow diagram (DFD), 315
data-centered style, *see* model-centered style
database, 4, 23, 26, 105, 216
declarative knowledge, vii
define vs. designate, 262
Denne, Mark, 61
dependency, 39, 69, 149, 186, 238, 267, 304
descriptive vs. prescriptive model, 318

design by contract, 174, 336
design decision, 33, 49, 50, 58, 71, 93, 148, 166, 168, 231, 251, 336
design intent, 165, 172, 173, 232, 336
design model, 115, 140, 337
design pattern, 2, 62, 104, 113, 174, 177, 179–181, 187, 216, 271–273, 283, 325
designation, 114, 116, 140, 261, 335, 337
detail knob, 300
detailed design, 16
developer vs. architect, viii, 30
Dijkstra, Edsger, 6, 159
distributed file system, 4, 6
divide and conquer, 2, 160, 301
documentation package, 36, 38, 58, 124, 337
DODAF, 34
domain driven design, 175, 337
domain model, 115, 122, 337
dominant decomposition, 196, 337
driver, *see* architecture driver
Dvorak, Daniel, 32, 196
dynamic architecture model, 161, 337
dynamic invariant, 237

Eclipse, viii, 29, 182, 183
Eden, Amnon, 167
effective encapsulation, 202
embodied architectural style, 273, 320
encapsulation, 140, 201, 202, 337
    effective, 337
enterprise architecture, *see* architecture, enterprise, 338
Enterprise Java Beans (EJB), 124, 183, 271
environmental element, 5, 149, 212, 333, 336, 338
Euler, Leonhard, 265
event bus, 285, 338
evolutionary design, 49, 63, 338
extensional, 167, 168, 338
Extreme Programming (XP), 52, 54, 338

failure, 35
failure scenarios, 40
falsifiability, 298
father, 8, 36, 103, 259
feature backlog, 56
Finite State Processes (FSP), 315

Foote, Brian, 7, 57, 278
Fowler, Martin, 9, 33, 62
framework, 20, 45, 56, 96, 338
    enterprise architecture, 34
functionality, 3, 5, 19, 245
functionality scenario, 135, 151, 160, 232–235, 338
    animating, 236, 306
    two-level, 235, 236, 343

Gabriel, Richard, 279
Gamma, Erich, 62
Garlan, David, viii, 16, 93, 125, 164, 296, 308, 316
generalization, 133, 213, 260, 338
global analysis, 61
Gorton, Ian, 124
GOTO Considered Harmful, 6, 159
greenfield, 62, 297
guide rails, 20, 154, 237, 272, 276, 330

Hadoop distributed file system, 4
Hadoop map-reduce, 4, 291
hierarchical decomposition, 195
Hofmeister, Christine, 61
hoisting, *see* architecture hoisting

icon (UML), 243
IEEE 1471-2000 standard, 125
inexpensive, 300
information model, 131, 338
information technology (IT), 339
instance, 134, 260
instance diagram, 134
intensional, 167, 168, 339
interface, 76, 115, 124, 140, 141, 145, 148, 153, 157, 159, 174, 193, 199, 202, 204, 205, 214, 217, 223, 229, 234, 238, 240–242, 277, 278, 317, 325, *see* Application Programming Interface (API)
internals model, 115, 122, 141, 197, 229, 337, 339
invariant, 133, 174, 237, 336, 339
iteration, 56, 339
iteration zero, 54, 56, 338
iterative development, 53, 339

Jackson, Michael, 45, 125, 228, 262, 269
Jacobson, Ivar, 61
Java Modeling Language (JML), 182
Johnson, Ralph, viii, 33
joke
    bus driver, 97
    car keys, 296
    fireman, 329
    nature of an object, 231

Kay, Alan, 2, 113
Kazman, Rick, 167
Kruchten, Philippe, 119, 160, 304, 321

Labelled Transition System Analyser (LTSA),
    315
law
    Amdahl's, 23, 33
    Brooks', 33
    Conway's, 33
layer, 239, 277, 339
layer diagram, 68
layered style, 239, 275
link, 134, 339
Liskov substitution principle, 260
little design up front, 50
local design, 49
loom, 142

mailbox, 8, 36
map-reduce style, 4, 6, 8, 200, 289, 330
marketecture, 298
Martin, Robert, 9
master model, 120, 140, 257, 301, 302, 339
Medvidović, Nenad, 164
Message-Oriented Middleware (MOM), 124
Meta Object Facility (MOF), 261
meta-modeling, 261
Meyer, Bertrand, 174, 336
Meyer, Kenny, 33
Microsoft .NET, 184
MIL-STD-882D, 42
Miller, Granville, 9
minimal planned design, 50, 339
mirrored style, 291
Mission Data System (MDS), 32, 161, 272,
    274
model checker, 315

model driven engineering, 49
model-centered style, 282
model-code gap, 168, 340
model-in-code principle, 172, 175, 340
module, 5, 148, 237, 340
    .NET assembly, 184
    OSGi bundle, 184
    properties, 238
module viewtype, 46, 157, 176, 258, 304,
    340
monothematic views, 300
Monte Carlo analysis, 315
mother, 142
movie producer, 30, 338
multi-dimensional separation of concerns,
    209

N-tier style, 7, 8, 185, 287
narrow bridge, 262
NASA/JPL, 32, 161, 272
navigation, 133, 340
needless creativity, 21
nesting, 140, 194, 195, 215, 238, 263
node, 5, 149, 212, 336
Nord, Robert, 61
note (UML), 133
Nyfjord, Jaana, 62

Object Constraint Language (OCL), 133, 237,
    340
offensive strategy, 2, 90
Opdyke, William, 57
open refinement semantics, 263, 340
opportunity cost, 44
optimization problem, 44
OSGi, 183

Parnas module, 203, 340
Parnas, David, 202
partition, 2, 195, 259, 340
pattern, 43, 271, 340, 343
    enterprise architecture, 34
peer-to-peer style, 8, 185, 288
Petroski, Henry, 35
Philippe Kruchten, 311
pipe-and-filter style, 185, 186, 198, 279
planned design, vii, 7, 36, 49, 51, 53, 63, 89
planning game, 56

Platonic architectural style, 273, 320
Polya, George, 45
port, 77, 122, 145–148, 153, 180, 200, 206,
    207, 239–243, 340
    attachment, 244
    provided and required, 239
post-condition, *see* action specification
PowerPoint architecture, 298
pre-condition, *see* action specification
predictive, 298
prescriptive vs. descriptive model, 318
presumptive architecture, 23, 341
prioritizing risks, 42
problems to find vs. prove, 45
procedural knowledge, vii
project management risk, 341
projection, 119, 254, 344
promote comprehension, 298
proof of concept, 341
property, 148, 341
prototype, 66, 96, 260, 329, 341
prototypical risks in domain, 41, 341
proving and testing, 310
publish-subscribe style, 284

quality attribute, 5, 18, 19, 99, 142, 150,
    244–246, 250, 251, 341
    emergent nature, 142
quality attribute scenario, 150, 151, 232,
    247, 248, 312, 341
quality attribute workshop, 41, 248, 312
queueing theory, 47, 315

rack style, 292
Rackspace, 3–5
rate monotonic analysis, 47, 315
rational architecture choice, 92, 341
Rational Unified Process (RUP), 54, 94, 125,
    341
refactor, 49, 341
    architecture, *see* architecture refactoring
reference architecture, 23, 341
referential integrity, 298
refinement, 114, 117, 141, 142, 229, 262,
    269, 335, 341
refinement map, 263, 327
reification, 178
Reinholtz, Kirk, 32

relationship (information model), 131, 338
repository style, *see* model-centered style
Representational State Transfer (REST), 275
requirement
    extra-functional, 244, 341
responsibility, 71, 154
responsibility-driven design, 154, 184, 341
review, *see* architecture review
risk, 8, 37, 39–42, 341
    backlog, 56
    baked-in, 52
    engineering risk, 40
    matrix, 42
    project management risk, 40
risk-driven model, 8, 36, 37, 342
Robertson, David, 34
role, 342
    connector end, 226
    UML, 133
rookie, 2, 5, 90, 111, 139
Rosch, Elanor, 260
Ross, Jeanne, 34
Rouquette, Nicholas, 32
Rumbaugh, James, 61
runtime diagram, *see* component assembly
runtime viewtype, 46, 68, 158–160, 177,
    186, 190, 213, 214, 221, 237, 258,
    271, 304, 342

scenario, *see* functionality scenario, *see* qual-
    ity attribute scenario
Scherlis, William, viii
Selic, Bran, 296, 321
sequence diagram, 232, 236
server farm style, 292
Service Oriented Architecture (SOA), 124
shared-data style, *see* model-centered style
Shaw, Mary, 2, 16, 104
silver bullet, 3
Simon, Herbert, 209, 298
sink and source, 279
Skype, 289
snapshot, 83–85, 134, 135, 206, 207, 342
software architecture, *see* architecture
software development process, vii, viii, 7–10,
    27, 30, 36, 39, 48, 49, 51–53, 55,
    57, 89, 91, 94

Software Engineering Institute (SEI), 15, 33, 62, 113, 122, 164, 199, 212, 246, 249, 342
solution space, 22, 99
Soni, Dilip, 61
source and sink, 279
spanning view, 158–160, 342
Spec#, 182
Spin model checker, 315
spiral model, 9, 54, 55, 90, 94, 342
SQL, 72, 151, 222, 225
stage, 281
stakeholder, viii, 27, 40, 42, 90, 107, 109, 119, 125, 151, 157, 247, 248, 257, 297, 312, 315, 343
state diagram, 136, 224, 236
static architecture model, 343
static invariant, 237
steady state configuration, 161, 315
stereotype, 122, 132, 224, 225, 238, 243
story at many levels, 193–195, 299, 319, 343
style, architectural, *see* architectural style
subcomponent, 77, 194–196, 198, 213, 215, 230, 235, 243, 265, 299, 303
subject matter expert (SME), 120, 128, 132, 136, 297, 343
subject-oriented programming, 209
subtypes and supertypes, 260
Syntropy, 121
system context diagram, 145, 217, 336, 343
Szyperski, Clemens, 217

tactic, 43, 199, 343
taxonomy, 261
Taylor, Richard, 164
technical debt, 57, 80, 176, 278, 343
technique, 35–39, 42–44, 343
test case, 45, 49, 151, 310
test-driven design, 49
testing and proving, 310
threat modeling, 47
tier, 287
TOGAF, 34
top-down design, 95, 196, 343
tradeoff, 5, 29, 51, 68, 70, 92, 99, 107, 152, 158, 160, 250, 251, 274, 302, 313, 330, 343
Turner, Richard, 61

type (information model), 131, 338
type vs. class, 260
tyranny of the dominant decomposition, 196, 337

ubiquitous language, 128, 136, 343
Unified Modeling Language (UML), 46, 113, 122, 123, 132, 162, 164, 166, 261, 331, 343
Unified Process, 54
up-front design, *see* planned design
use case, 143, 232, 344
use case diagram, 143, 344
user interface, 318
uses relationship, 277

view, 114, 118, 160, 254, 344
view consistency, 119, 255, 257, 327
viewpoint, 157, 344
views-as-requirements, 257
viewtype, 46, 157, 160, 258, 344
virtual machine, 277
virtuoso, 3, 43, 112

waterfall, 27, 53, 111, 344
Weill, Peter, 34
Whitehead, Alfred, 113
Wills, Alan, 269, 321
worse is better, 279
Wright brothers, 44

XP, *see* Extreme Programming (XP)

Yinzer, 113, 344
Yoder, Joseph, 7, 278

Zachman Framework, 34
zoom in and out, 264